U0244903

本书配有电子课件及习题解答，
请登录 www.cmpedu.com 免费下载

普通高等教育“十二五”规划教材

电工技术（电工学Ⅰ）

主　编　武　丽
副主编　熊莉英
参　编　靳玉红　郭　颖

机 械 工 业 出 版 社

本书是以教育部颁发的高等工科院校本科电工技术（电工学Ⅰ）课程教学基本要求为依据，结合多年教学实践经验编写的。

本书内容共8章，内容包括电路分析基础、供电与用电、变压器与异步电动机、电气控制与PLC的基础知识等。

本书结构合理，重点突出，内容阐述深入浅出，简洁易懂。

本书主要素材均来源于电子产品的实际电路及教师多年的经验积累，特别适合作为高等工科院校非电类专业的基础课程教材，亦可作为电子技术从业人员的岗前培训和自学用书。

（编辑邮箱：jinacmp@163.com）

图书在版编目（CIP）数据

电工技术．电工学Ⅰ/武丽主编．—北京：机械工业出版社，2013.12（2018.8重印）

普通高等教育“十二五”规划教材

ISBN 978-7-111-44610-1

Ⅰ.①电… Ⅱ.①武… Ⅲ.①电工技术-高等学校-教材②电工学-高等学校-教材 Ⅳ.①TM

中国版本图书馆CIP数据核字（2013）第257597号

机械工业出版社（北京市百万庄大街22号 邮政编码100037）

策划编辑：贡克勤 责任编辑：贡克勤 王小东 吉 玲

版式设计：霍永明 责任校对：胡艳萍

封面设计：陈 沛 责任印制：常天培

北京京丰印刷厂印刷

2018年8月第1版·第3次印刷

184mm×260mm·12.5印张·304千字

标准书号：ISBN 978-7-111-44610-1

定价：26.00元

凡购本书，如有缺页、倒页、脱页，由本社发行部调换

电话服务	网络服务
社服务中心：(010)88361066	教材网：http://www.cmpedu.com
销售一部：(010)68326294	机工官网：http://www.cmpbook.com
销售二部：(010)88379649	机工官博：http://weibo.com/cmp1952
读者购书热线：(010)88379203	**封面无防伪标均为盗版**

前　　言

本书是以教育部颁发的高等工科院校本科电工技术（电工学Ⅰ）课程教学基本要求为依据，结合多年教学实践经验编写的。

电工学的内容包括电磁能量和信息在产生、传输、控制和应用这一全过程中所涉及的各种手段和活动。从19世纪电的应用进入人类社会的生产活动以来，电工技术的内涵和外延随着电工领域的扩大不断拓展。电工发展的早期，电工技术的主要内容围绕电报和电弧灯的应用。随后，电力系统的出现，使发电、输电、配电和用电一体化。电能的应用遍及人类生产和生活的各个方面，电工技术的内容除了涉及电力生产和电工制造两大工业生产体系所需的技术外，还与电子技术、自动控制技术、系统工程等相关技术学科互相渗透与交融。

电工学教材包括《电工技术（电工学Ⅰ）》与《电子技术（电工学Ⅱ）》。本书为电工技术，共8章，内容包括电路分析基础、供电与用电、变压器与异步电动机、电气控制与PLC的基础知识等，其中带＊的章节为可选学的内容。

本书的主要素材均来源于电子产品的实际电路或教师多年的经验积累，特别适合作为高等工科院校非电类专业的基础课程教材，亦可作为电子技术从业人员的岗前培训和自学用书。编写中突出了以下特点：

1）教材定位于理论以够用为本，加强应用技术能力的培养。在注重讲解基本概念、基本原理和分析方法的同时，通过生产实例强化实际应用能力的训练，避免繁琐的数学公式推导和大篇幅的理论分析。

2）教材内容以技术应用为主旨，贴近生产实践。使学生在打下牢固理论的基础上，与生产实践相联系，提高分析问题与解决问题的能力。

3）注重内容的实用性、先进性。元器件主要介绍其结构，学会合理选择，正确使用。单元电路主要介绍基本原理和使用中的调试方法。习题的选择注重对基本理论的理解与实践的应用，兼顾学生自学能力的培养。

全书各章均配有适量的习题，供学生课后复习巩固使用，还可供有关专业师生及工程技术人员参考。

本书在题目组织和编写安排上，力求防止面面俱到，针对非电类专业学生的特点，具有内容排列层次分明、文字叙述通俗易懂、概念阐述清晰准确、讲授全面重点突出、注重实际应用和简化理论推导等特点。

参与本书编写工作的老师有靳玉红、熊莉英、郭颖和武丽，全书的统稿和修改由武丽、靳玉红和熊莉英完成。感谢尚丽平老师在本书编写的过程中给予的支持和帮助，并在此对所有对本书进行审阅并提供宝贵意见以及在编写过程中给予大力支持和帮助的各位朋友，一并表示衷心的感谢。

由于水平有限，书中错误和不妥之处在所难免，殷切希望使用本教材的师生及各位读者给予批评指正。

目　录

绪　论

电工学研究电磁领域的客观规律及其应用技术，以电工学中的理论和方法为基础形成的工程技术称为电工技术。电工技术与电力生产和电力使用两大工业生产体系紧密相连，电力生产是发、输、变、配、用电及设备制造相关技术；电力使用是与电子及电气相关的技术，是研究信息和电磁运动的科学。电工技术的发展水平已成为衡量社会现代化程度的重要标志之一。

1. 电工技术在国民经济中的地位及作用

在国防和工农业发展以及人民生活水平提高的过程中，电工技术的进步具有广泛的影响和巨大的作用。它既是国民经济中的重要基础工业，如电力生产、电工制造等所依靠的技术基础，又是尖端科技和综合技术如生物仪器、机电一体化、卫星、核弹等的重要组成部分，是与人们日常生活和科技发展、国防建设等息息相关的科学技术。因而，电工技术在国民经济生产中具有重要的地位。

由于新材料、新技术和新理论的迅速发展，使得电工技术在深度和广度上都有了深刻变化，电工新技术的研发和应用日趋活跃。一方面，在传统电工制造领域的应用促使电力生产、电工制造、交通运输及其他工业领域的技术更新换代，产生了更高效环保的超临界机组、更节能的超高压输电、高可靠性的断路器和变压器、高效灵活小型化的电力电子设备等；另一方面，与其他科学如医学、生物、材料等学科的“交叉渗透”和“边缘生长”又形成了电工科学的一个新兴的大分支——电工新技术。

2. 电工技术发展概况

我国的电力工业，到20世纪90年代末，基本扭转了长期缺电的局面，电力供需基本平衡，初步解决了工业发展的瓶颈问题。到21世纪初，发电厂的装机容量已经超过了3亿千瓦，全国电网覆盖率已超过97%，许多边远地区的农户也能用上电。目前已经拥有水电、火电、核电、风力、地热、太阳能、潮汐等多种发电手段，计划到2020年装机容量为8亿千瓦以上，将大大地促进国民经济及国防事业的发展。

（1）20世纪后半期的发展概况

20世纪中期以前，电工学的发展主要基于电磁场与固体的相互作用，电机学主要在发展旋转电机；20世纪后半期，电工新技术侧重于基于电磁场与流体（导电气体与液体）相互作用的研究和直线电机深入的研究，并随着计算机与微电子技术的飞跃发展，使电工的各个领域得到了迅速和长足的发展。电磁场的数值计算成为了近年来发展的热点，一些长期以来依赖于复杂分析与精密实验解决的难题得以迎刃而解。电力电子技术的迅速发展使大功率整流、逆变、变频设备实现了革新，进一步拓宽了电能的应用，提高了用电效率，创造了很大的效益。

（2）21世纪上半期的发展展望

从能源发展看，我国在21世纪上半期还不大可能扭转以煤为主的能源结构，因而在提高煤的利用效率，特别是燃煤发电效率方面还要做出很大的努力。与此同时，还要大力促进核能和可再生能源的应用发展，使之更快地在技术和经济上成熟起来，期望得以较快地改变以石化能源为主的能源结构，走上能源、环境与生态等持续协调发展的稳定道路。随着新原理、新技术与新材料的发展，还将出现一些新兴的领域，包括受控核聚变、磁流体发电、太阳能与风力发电、磁浮列车、磁流体船舶推进与超导电工等。

1）受控核聚变：它的实现将为人类提供实际上用之不竭的洁净能源，从根本上解决人类能源、环境与生态的持续协调发展。

2）磁流体发电：它是将高温导电燃气与磁场相互作用而将热能直接转化成电能的新型发电方式。由于其初温可高达3000K，与已有的燃气及蒸汽发电组成联合循环，可望将燃煤电站的热电转换效率提高到50%以上，具有高效率、低污染和少用水的优越性。

3）太阳能与风力发电：近年来，在太阳能与风力发电技术方面取得了可喜的进展，建设投资与电能成本有了大幅度下降，越来越多的人相信太阳能与风力发电能够在21世纪整个电力生产中占有一定的份额。为此，需要继续努力提高效率，降低造价与成本，扶植相应产业的发展，以及解决并网运行的有关技术问题。

4）磁浮列车：磁浮列车的实现要解决磁悬浮、直线电机驱动、车辆设计与研制、轨道设施、供电系统、列车检测与控制等一系列高新技术的关键问题，推动着电工新技术登上新的高峰。高速磁浮列车中超导技术的采用，使其悬浮气隙大，轨道结构简单，造价低以及车身轻。随着高温超导的发展与应用，将具有更大的优越性。

5）超导电工：实用超导线与超导磁体技术与应用的发展，以及初步产业化的实现无疑是20世纪下半期电工新技术的重大成就。

电工新技术有一些已发展成为新兴产业或对传统产业的技术改造发挥了重大作用，另一些将为21世纪电力生产、交通运输及其他工业的发展带来重大的革新性变化。对于国民经济的发展和科学技术的进步，有着重大的意义。

3. 电工技术的主要内容

本课程内容包含电路分析基础部分、变压器与电机、电器及其控制等部分。

电路分析基础包含直流电路分析、电路的瞬态分析、交流电路及供电用电基础。直流电路分析部分介绍了电路元件、模型及基本定律和常用分析方法，这些方法和定理的应用贯穿于整个电工技术及电子技术内容中；电路的瞬态分析研究的是电路中有储能元件时电路变化的过渡过程，用以解决如时间继电器的器件性能、电气设备过电保护等工程问题；交流电路部分是用正弦交流电路分析方法解决供电用电过程中的一些理论问题；供电、用电部分介绍电力系统的基本知识和一些安全用电常识。

变压器与电机部分不仅涉及电路还涉及磁路问题，此部分内容讲解磁路理论，并介绍部分变压器和电机的种类与特点。

电器及其控制部分介绍一些常用的控制电器、保护电器和典型的以三相电机为控制对象的控制电路，还介绍了可编程序控制器等较新技术的相关知识。

4. 学习本课程的目的及学习方法

（1）学习本课程的目的

“电工学”课程是高等学校本科非电类专业的一门技术基础课程。目前，电工电子技术应用十分广泛，发展迅速，并且日益渗透到其他学科领域，在我国社会主义现代化建设中具有重要的作用。学习本课程的目的：使学生通过本课程的学习，获得电工电子技术必要的基本理论、基本知识和基本技能，了解电工电子技术应用和我国电工电子事业发展的概况，为今后学习和从事与本专业有关的工作打下一定的基础。

（2）本课程的学习方法

1）注重基础研究：电工科学是一门技术科学，它依赖于基础理论，指引和支撑生产技术的创新。基础理论、电工技术与生产技术是密不可分的。基础理论科研是电工技术的源，生产技术为电工技术提供“用武之地”。只有来源和用处都同时明确了，电工技术才能成为有活力的应用技术。

在学习过程中掌握和理解“电工学”课程内容的基本概念、基本原理和基本分析方法；通过典型例题来消化理解相关的基础知识，掌握科学结论。

2）关注多学科协调发展，重视实训能力的培养：阅读有关的参考书、网络资源及相关电子期刊；拓展思路，开阔视野，了解最新发展动态；重视实践环节课程。通过实验、工艺训练等实践教学环节提高分析问题及解决问题的能力，以深化和提高对基础理论的理解；在现代数字化信息技术的帮助下，利用网络教学平台个性化教育的优点，通过在平台上的学习，综合加深对教学内容的理解和掌握。

第 1 章　电路的基本概念与基本定律

本章概要

本章介绍电路分析的建模思路，以及模型中电量的求解思路；建立电路中电量（电压、电流）的概念；介绍电路功率和能量；确定电路求解的两大约束条件：一为电路组成元器件的伏安关系；二为基尔霍夫两大定律。

重点：掌握电路模型和理想元器件的意义；掌握电路模型的两大约束条件及方程的建立。

难点：理解电压和电流参考方向的意义；了解元器件电功率和额定值的意义。

1.1　电路和电路模型

电路分析中，应对实际电工和电子技术装置进行理想化建模，构造其电路模型（包含理想电路元件 R、L 和 C，以及理想电压源 u、电流源 i），在给定激励（u_s，i_s）的条件下求解电路中各响应（u，i），所以首先应为电路建立适当的模型。

无论是简单电路还是复杂电路，其应用的目的都是满足某个特定的要求。电路的作用主要有：

1）实现能量传输、分配与转换，如供电电路。

2）传输处理信号，如电话线路。

3）测量电量，如万用表电路。

4）存储信息，如移动硬盘等。

为了实现这些用途，要将电路元器件组合，所用的电路元器件就叫做此电路的组成部分。一个简单的实际电路如图 1-1 所示。

此电路由 3 部分组成：电池、白炽灯和电线。电池作为电路中的供电电源；白炽灯作为负载，其作用是用电，通电时发光；电线使电流构成通路。为了便于分析，通常将实际电路元器件理想化，建立理想的数学模型。比如电池和导线的内阻忽略不计，看作一个理想电源和理想导体，白炽灯只具有线性电阻特性，是一个理想电阻元件。由这些理想电路元器件构成的电路，叫做实际电路的电路模型，可用通用的模型符号表示，如图 1-2 所示。

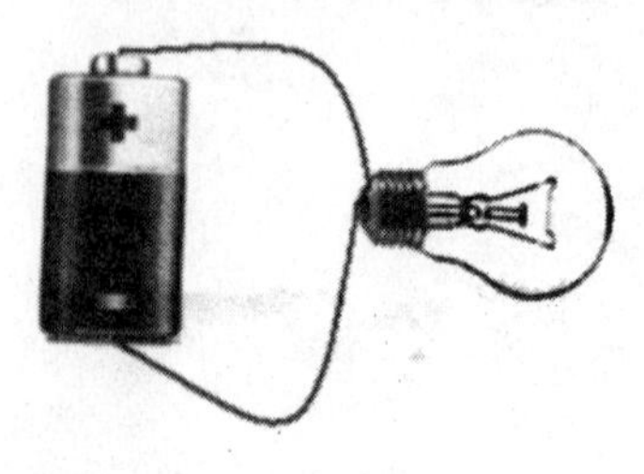

图 1-1　一个简单的实际电路

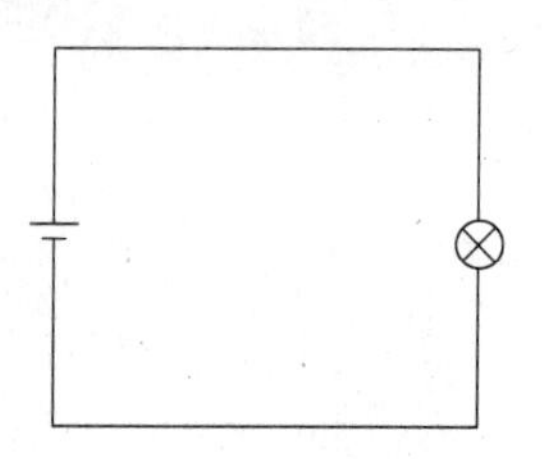

图 1-2　电路模型

1.2　电路中基本物理量及其参考方向

1.2.1　电流的参考方向

为了研究这些电路，首先要学习一些常用的基本概念，包括电荷、电流、电压、功率和能量。

自然界带电粒子中电子带负电荷，质子带正电荷，用电量来描述电荷的多少。电量的符号是 Q 或 q，单位为 C（库仑），6.24×10^{18} 个电子所带电量为 1C。当带电粒子有秩序地移动就会形成电流，定义为

$$i(t)=\frac{\mathrm{d}q}{\mathrm{d}t} \tag{1-1}$$

式（1-1）中电流 i 表示的是单位时间内通过导体横截面的电荷量。电流的实际方向规定为正电荷运动的方向。电流的单位为 A（安培）。

当电流 i 不随时间变化，保持常数不变，就叫做直流（DC 或 dc），可用 I 来表示。如果电流随时间变化，就叫做时变电流。常见的时变电流是正弦形式，日常生活中的供电系统就是这种电流，简称交流（AC 或 ac）。直流和交流电流的波形图如图 1-3 所示。

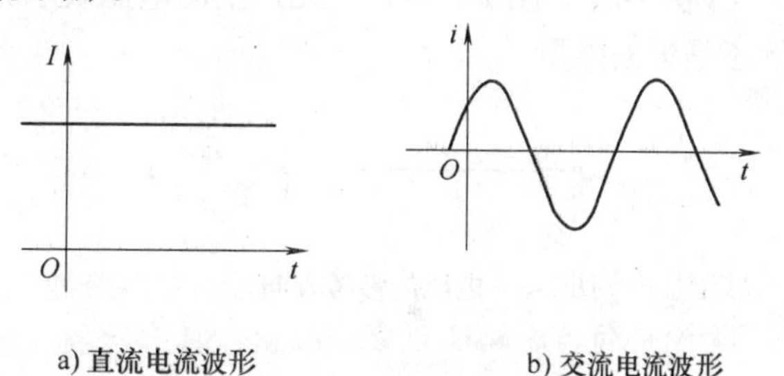

a) 直流电流波形　　b) 交流电流波形

图 1-3　直流和交流电流的波形图

因为电流的实际方向是正电荷运动方向，当电流是交流时，无法在电路图中标明电流的实际方向，因此采用电流的参考方向和电流数值的正负来联合表示。电流的参考方向是任意指定的，当电流的实际方向与参考方向一致时，电流为正；如果相反，电流为负。电流参考方向的表示如图 1-4 所示，可用箭头来表示，也可用下标 I_{ab} 来表示。当参考方向选定以后，电流就有正负之分了。

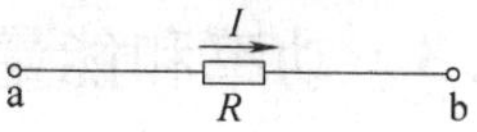

图 1-4　电流的参考方向

【例 1-1】　如图 1-5a 所示导线中，从 a 点流向 b 点有一个 5A 电流，请问该如何表示这一电流？

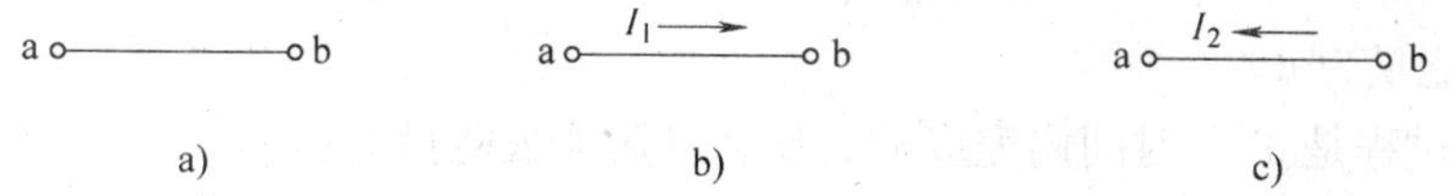

图 1-5　例 1-1 的电路

解： 有两种表示方式，分别如图 1-5b 和图 1-5c 所示。

第一种用图 1-5b 中的 I_1 表示，因为 I_1 的参考方向与电流实际方向一致。

$$I_1=5\mathrm{A}$$

第二种用图 1-5c 中的 I_2 表示，因为 I_2 的参考方向与电流实际方向相反。

$$I_2 = -5\mathrm{A}$$

1.2.2　电压的参考方向

电压又叫电位差，表示的是单位正电荷从 a 点转移到 b 点所做的功。数学表达式为

$$u(t) = \frac{\mathrm{d}w}{\mathrm{d}q} \tag{1-2}$$

式中，u 为电压，单位为 V（伏特）；w 为能量，单位为 J（焦耳）；q 为电荷，单位为 C（库仑）。

同样的，当电压不随时间变化时称做直流电压，用 U 表示。当电压随时间变化时，称做交变电压。电压的实际方向规定为从高电位指向低电位的方向。同电流一样，也采用参考方向和正负来表示其实际方向。当电压的实际方向与参考方向一致，电压为正；如果相反，电压为负。电压的参考方向如图 1-6 所示，在元件或电路的两端标注“＋”“－”号，或用下标 U_{ab}来表示。同样当参考方向选定之后，电压就有正负之分了。

【例 1-2】　图 1-7 中是一元件上的电压表示方法，判断正电荷从 b 转移到 a 时是获得能量还是失去能量。

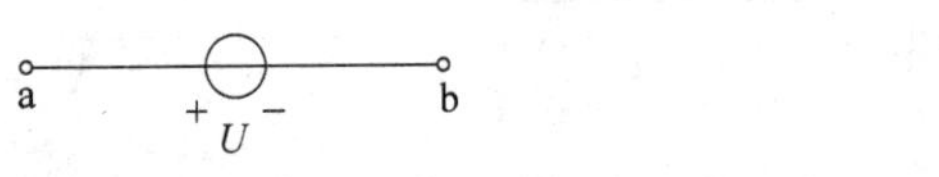

图 1-6　电压的参考方向

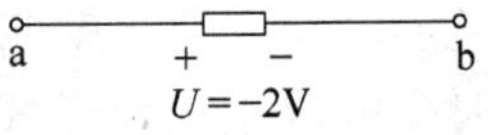

图 1-7　例 1-2 的电路

解：由电压的数值可知，电压的实际方向与标注的参考方向相反，所以 b 点电位应高于 a 点电位。正电荷从高电位转移到低电位，失去能量。

1.3　功率和能量

在实际生活中，除了电流和电压两个基本变量之外，还需要了解电器设备的功率，以便计算它消耗的能量，所交的电费也是基于此。

已知：

$$\mathrm{d}w = u\mathrm{d}q \tag{1-3}$$

式（1-3）表示的是电荷 $\mathrm{d}q$ 由 a 点转移到 b 点时，若高电位 a 点到低电位 b 点的电位差为 u，则失去能量为 $\mathrm{d}w$。

如果转移过程是在 $\mathrm{d}t$ 时间内完成的，那么电荷失去能量的速率如式（1-4）所示。

$$p = \frac{\mathrm{d}w}{\mathrm{d}t} = \frac{\mathrm{d}w}{\mathrm{d}q}\frac{\mathrm{d}q}{\mathrm{d}t} = ui \tag{1-4}$$

电荷失去的能量就是电路吸收的能量，电荷失去能量的速率就是电路吸收能量的速率，p 表示的是单位时间内能量的变化，也叫做功率，单位为 W（瓦特）。

电路吸收的能量则可表示为

$$W = \int_{t_0}^{t} p\mathrm{d}t = \int_{t_0}^{t} ui\mathrm{d}t \tag{1-5}$$

能量的单位为J（焦耳）。

注意，式（1-4）的u和i的参考方向是一致的，i的方向是从高电位指向低电位的。如果u和i的参考方向不一致，功率的表达式就变为

$$p=-ui \tag{1-6}$$

负值的功率表示的是电路发出功率，也就是在为其他的部分提供能量。

【例1-3】 图1-7中，电流从a流向b，大小为-1A，求该元件是吸收功率还是发出功率，大小是多少？

解： 图1-7中，电压和电流的参考方向一致，所以采用公式$p=ui=[(-2)\times(-1)]\text{W}=2\text{W}$，功率为正值，是吸收功率，大小为2W。

【例1-4】 图1-8中求各元件吸收和发出功率的情况。

解： $p_1=-ui=-20\text{W}$，$p_2=ui=8\text{W}$，$p_3=ui=3\text{W}$，$p_4=ui=9\text{W}$

可知元件1发出功率，元件2、3、4都是吸收功率。

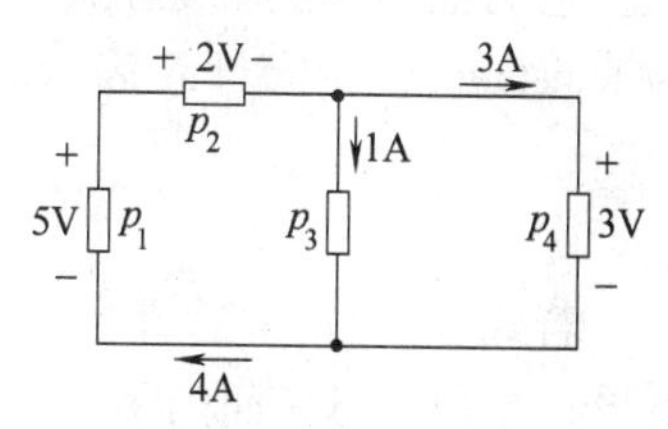

图1-8　例1-4的电路

从例1-4可知，$p_1+p_2+p_3+p_4=0$，这就是功率守衡定律，即在任一电路中，吸收的功率之和等于发出的功率之和，如式（1-7）所示。

$$\sum p_{吸收}=\sum p_{发出} \tag{1-7}$$

日常生活所说的1度电指的是1kW·h，即功率为1 kW的用电设备在1h内消耗的能量，即

$$w=pt=1000\text{W}\times3600\text{s}=3600\text{kJ}=1\text{kW}\cdot\text{h} \tag{1-8}$$

所以

$$1度电=3600\text{kJ}$$

【例1-5】 45W的白炽灯工作3h消耗多少能量？

解： 由式（1-8）可得　$w=pt=(45\times3\times60\times60)\text{J}=486\text{kJ}$

另解：　$w=pt=(45\times3)\text{W}\cdot\text{h}=135\text{W}\cdot\text{h}=0.135$ 度电

练习与思考

1.3.1　一额定值为5W的电阻阻值为500Ω，其额定电流值为多少？

1.3.2　一额定值为100V、600W的电热器接在90V的电源上，试求其功率的值。

1.3.3　图1-9示电路中，求各元件功率，并说明哪些元件是电源，哪些元件是负载？并验证功率守恒。

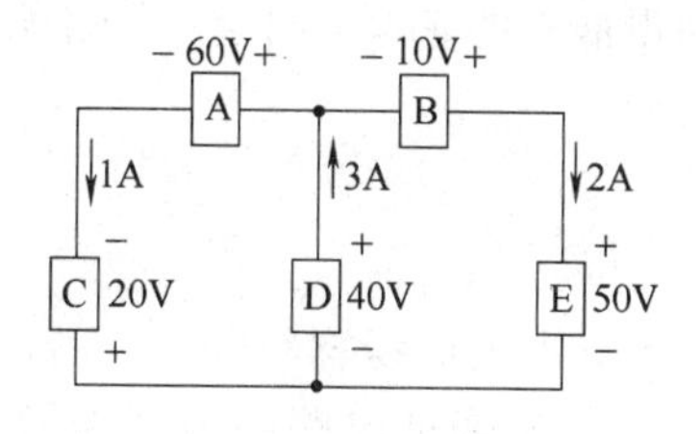

图1-9　练习与思考题1.3.3图

1.4　电路中的基本元件

组成电路最基本的元件有电阻、电容、电感和电源等。只有掌握了各个电路元件的电压和电流关系，才能分析整个电路的电压和电流关系。

1.4.1　电阻

常见的电阻器、电炉和白炽灯都可以用电阻元件来建模，表征的是导体的一种基本性质。它的主要职能就是阻碍电流流过，它与导体的尺寸、材料、温度有关，电阻的英文名称为 resistance，用字母 R 表示。某些电阻元件两端的电压和电流以及电阻的关系是

$$R = \frac{u}{i} \tag{1-9}$$

若式（1-9）中的 R 是常数，此电阻就是线性电阻，单位是 Ω（欧姆）。电阻的倒数是电导，单位是 S（西门子）。

$$G = \frac{1}{R} \tag{1-10}$$

图 1-10 是电阻元件的电路符号。

描述线性电阻元件电压电流关系的是欧姆定律，欧姆定律体现了线性电阻的伏安关系，表述为式（1-11）所示。

$$u = Ri \tag{1-11}$$

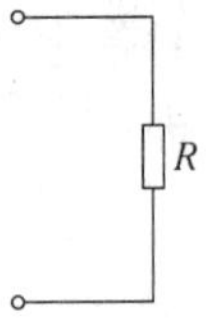

式（1-11）成立的前提是电压和电流的参考方向相同，就是说电流参考方向是从电压参考方向的“+”指向“-”。如果电压、电流的参考方向相反的话，即电流参考方向从电压参考方向的“-”指向“+”，那么欧姆定律就是式（1-12）的形式：

图 1-10　电阻元件的电路符号

$$u = -Ri \tag{1-12}$$

计算电阻的能量，当关联时

$$\int_0^t p_{\mathrm{R}} \mathrm{d}t = \int_0^t ui \mathrm{d}t = \int_0^t Ri^2 \mathrm{d}t \tag{1-13}$$

或非关联时

$$\int_0^t p_{\mathrm{R}} \mathrm{d}t = \int_0^t -ui \mathrm{d}t = \int_0^t -(-Ri) i \mathrm{d}t = \int_0^t Ri^2 \mathrm{d}t \tag{1-14}$$

从式（1-13）和式（1-14）可知，电阻一直消耗能量，是耗能元件。

电阻是电气和电子设备中用得最多的基本元件之一。主要用于控制和调节电路中的电流和电压，或用作消耗电能的负载。

1.4.2　电容

任意两块金属导体，中间用不导电的绝缘材料隔开，就形成一个电容器。忽略电容器的介质损耗和漏电流，用一个理想元件来表征电路中电场能储存这一物理性质，即是电容元件，电容的英文名称是 capacitance，用字母 C 表示。某些电容元件两端的电压和电荷以及电容的关系如式（1-15）所示。

$$C = \frac{q}{u} \tag{1-15}$$

式（1-15）中，若 C 是常数，则此电容就是线性电容，单位是F（法拉）。

图1-11是电容元件的电路符号。

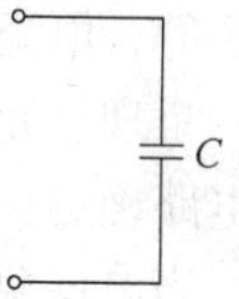

线性电容元件电压和电流的关系如式（1-16）所示。

$$i = C\frac{\mathrm{d}u}{\mathrm{d}t} \tag{1-16}$$

图1-11　电容元件的电路符号

式（1-16）成立的前提是电压和电流的参考方向一致，如果电压和电流的参考方向相反，则表达式为

$$i = -C\frac{\mathrm{d}u}{\mathrm{d}t} \tag{1-17}$$

计算电容的能量，当关联时

$$\int_0^t p_C \mathrm{d}t = \int_0^t ui\mathrm{d}t = \int_0^t uC\frac{\mathrm{d}u}{\mathrm{d}t}\mathrm{d}t = \int_0^u uC\mathrm{d}u = \frac{1}{2}Cu^2 \tag{1-18}$$

同电阻一样，电压电流参考方向不一致时也是如此，式（1-18）说明电容在能量变化过程中，是发出还是吸收能量与其电压是增加还是降低相关，有时候吸收能量，有时候发出能量。因此，电容元件可以进行能量的存储。

1.4.3　电感

一个圆柱线圈，当线圈中通入电流时，在线圈中就会产生磁通 Φ，忽略线圈的漏磁通和损耗，用一个理想元件来表征电路中磁场能储存的物理性质，就是电感元件。电感的英文名称是inductance，用字母 L 表示。某些电感元件上磁通和电流的关系如式（1-19）所示。

$$L = \frac{N\Phi}{i} \tag{1-19}$$

式（1-19）中，若 L 是常数，则此电感就是线性电感，单位是H（亨利）。

图1-12是电感元件的电路符号。

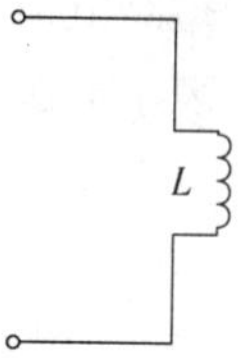

线性电感元件电压和电流的关系描述为

$$u = L\frac{\mathrm{d}i}{\mathrm{d}t} \tag{1-20}$$

式（1-20）成立的前提是电压和电流的参考方向相同，同样，如果电压和电流的参考方向相反，则表达式的形式为

图1-12　电感元件的电路符号

$$u = -L\frac{\mathrm{d}i}{\mathrm{d}t} \tag{1-21}$$

计算电感的能量，当关联时

$$\int_0^t p_L \mathrm{d}t = \int_0^t ui\mathrm{d}t = \int_0^t iL\frac{\mathrm{d}i}{\mathrm{d}t}\mathrm{d}t = \int_0^i Li\mathrm{d}i = \frac{1}{2}Li^2 \tag{1-22}$$

同电阻一样，电压、电流参考方向不一致时也是如此，式（1-22）说明电感在能量变化过程中，是发出还是吸收能量与其电流是增加还是降低相关，有时候吸收能量，有时候发出能量。因此，电感元件和电容元件一样可以进行能量的存储。

1.4.4　电源

除了前面介绍的无源元件外，电路元件还有有源元件。常见的电源有电池、发电机和信号源等，电源常常是为电路提供能量的，常用电压源和电流源模型来描述这些电源。电压源是一个理想元件，其端电压与通过它的电流无关，保持一个稳定的值，流过它的电流大小由外电路确定。理想电压源的符号和伏安特性如图 1-13 所示。

当电压源的端电压值随时间变化时，图 1-13 中的一条直线就变成一族直线。

常用电源都不是理想的，存在着内阻 R_0，当与外电路形成回路有电流流过时，如图 1-14a 所示。

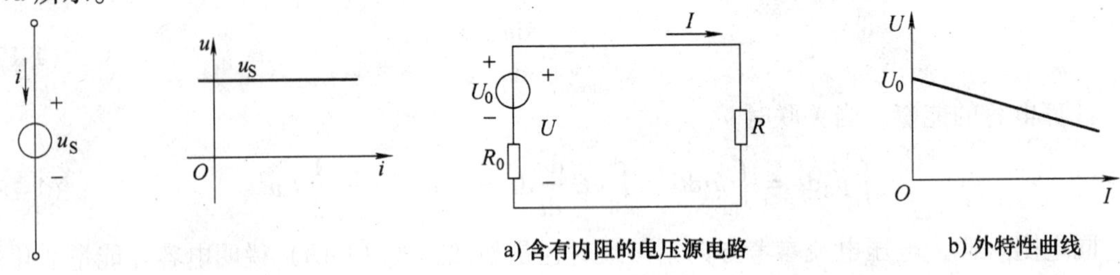

a) 含有内阻的电压源电路　　b) 外特性曲线

图 1-13　理想电压源的符号和伏安特性

图 1-14　电压源的外特性曲线

由图 1-14a，可列写电路方程为

$$U_0 = IR + IR_0 = U + IR_0 \tag{1-23}$$

得到

$$U = U_0 - IR_0 \tag{1-24}$$

画出式（1-24）中电压源的外电压电流关系如图 1-14b 所示，此图形也称作电源的外特性。

在电路的外特性中，当 $I = 0$ 时，$U = U_0$，电源开路；当 $U = 0$ 时，$I = U_0/R_0$，电源短路。短路电流很大，容易烧毁电源。除了这两种状态外，电源处于有载工作状态。

表示电源的另一个模型是电流源模型，将在第 2 章电源等效变换处讲解。

练习与思考

1.4.1　图 1-15 所示电路中，已知电流 $I_1 = 6\text{A}$，求电流 I。

1.4.2　通过电压源的电流如何确定？

1.4.3　与电压源并联的元件量值变化时，是否会影响电路其余部分的电压和电流？

1.4.4　电压源之间的串、并联等效如何分析？

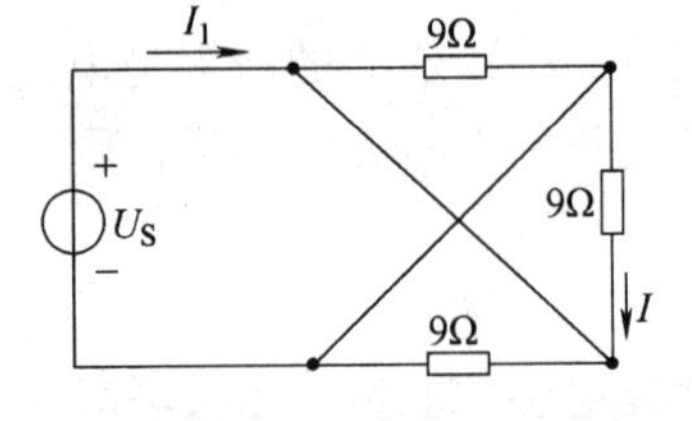

图 1-15　练习与思考题 1.4.1 图

1.5　基尔霍夫定律

电路中的电压电流关系不仅要遵循各个元件自身的伏安关系，还要满足基尔霍夫定律。基尔霍夫定律是 1847 年由德国物理学家基尔霍夫提出来的，分为基尔霍夫电流定律（KCL）

和基尔霍夫电压定律（KVL）。

在电路中，每一个分支都叫做一个支路，每个支路流过同一个电流，简称支路电流。3条或3条以上支路的连接点叫做节点。由支路构成的闭合路径叫做回路。当一个回路的内部不含支路时又叫做网孔。

【例1-6】 电路如图1-16所示，请说明有多少个支路、节点、回路和网孔？

解：从图1-16可以看出，共有5条支路、3个节点、7个回路、3个网孔。

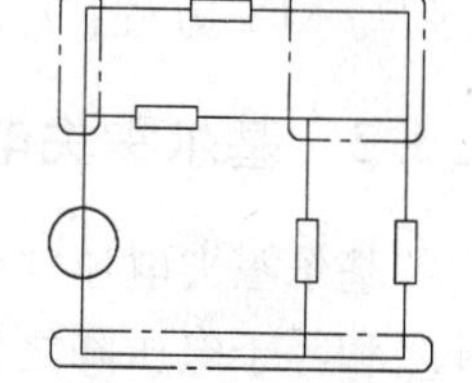

图1-16　例1-6的电路

1.5.1　基尔霍夫电流定律

基尔霍夫电流定律的第一种表示形式，是在任一瞬间，流向任一节点的电流等于流出该节点的电流。数学表达式为

$$\sum i_{入} = \sum i_{出} \tag{1-25}$$

如果设定流入（或流出）的电流为正，流出（或流入）的电流为负，那么KCL的形式还可以表达成第二种形式，即任一瞬间，任一节点上支路电流的代数和恒等于零。数学表达式为

$$\sum i = 0 \tag{1-26}$$

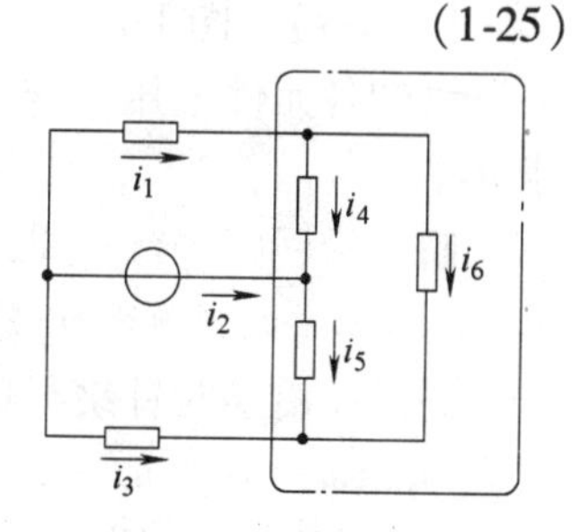

图1-17　例1-7的电路

【例1-7】 电路如图1-17所示，在不同时刻电流的数值见表1-1，试填写表中B、C时刻所缺各项（单位为A）。

解：B时刻，对i_2、i_4、i_5相关节点列写KCL方程（第一种形式）：$i_2 + i_4 = i_5$，求得i_5的值为3A。对i_3、i_5、i_6列写KCL方程（第二种形式，设流入为正）：$i_3 + i_5 + i_6 = 0$，求得i_3的值为-1A。

表1-1　例1-7表　（单位：A）

时刻	i_1	i_2	i_3	i_4	i_5	i_6
A	4	4	−8	3	7	1
B	3	−2		5		−2
C	4		1	6	1	
D	−3		5		1	

C时刻，对i_2、i_4、i_5列写KCL方程（第二种形式，设流入为正）：$i_2 + i_4 - i_5 = 0$，求得i_2的值为-5A。对i_3、i_5、i_6列写KCL方程：$i_3 + i_5 + i_6 = 0$，求得i_6的值为-2A。

注意，应用KCL定律时，有两套符号：一套是公式符号；另一套是数值符号，它们都有各自的取决依据。

在例1-7中发现，对于电路中点画线框内的闭合面，有3个电流流入流出：i_1、i_2、i_3。这3个电流的关系也满足KCL定律，这就是基尔霍夫电流定律的推广应用，即任一瞬间，任一闭合面，流入电流的和等于流出的电流和。

【例1-8】 在例1-7中，填写表中D时刻的电流值。

解：D 时刻，对闭合面应用 KCL 推广定律，列写方程：$i_1+i_2+i_3=0$，求得 i_2 的值为 $-2A$。再对 i_2、i_4、i_5 相关节点列写 KCL 方程：$i_2+i_4=i_5$，求得 i_4 的值为 3A。最后对 i_3、i_5、i_6 列写 KCL 方程：$i_3+i_5+i_6=0$，求得 i_6 的值为 $-6A$。

1.5.2　基尔霍夫电压定律

基尔霍夫电压定律的第一种表示形式，是指任一瞬间，沿任一回路循行一周，所有电压升之和等于电压降之和。数学表达式为

$$\sum u_{升}=\sum u_{降} \tag{1-27}$$

如果设定回路的循行方向，电压参考方向与回路一致的为正，电压参考方向与回路相反的为负，那么 KVL 的形式还可以表示为第二种形式，即任一瞬间，沿任一回路循行方向，回路中电压的代数和恒等于零。数学表达式为

$$\sum u=0 \tag{1-28}$$

【例 1-9】　图 1-18 所示电路是一复杂电路中一个回路。已知各元件电压 $u_1=3V$，$u_2=-2V$，$u_3=5V$，$u_4=-2V$，求 u_5。

解：沿回路绕行一周，列写 KVL 方程（第一种形式）：$u_1+u_2+u_5=u_3+u_4$，解得 u_5 的值为 2V。

另解：沿逆时针绕行回路一周，列写 KVL 方程（第二种形式）：$u_1+u_2-u_3-u_4+u_5=0$，解得 u_5 的值为 2V。

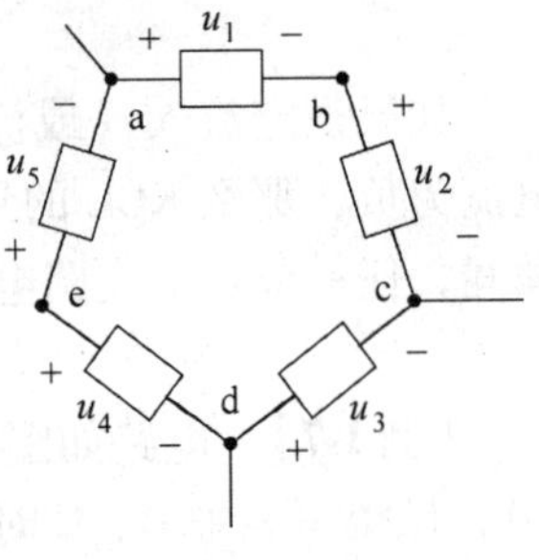

图 1-18　例 1-9 的电路

【例 1-10】　在例 1-9 中求解 u_{ad} 的值。

解：选择路径 abcd，列写 KVL 方程：$u_{ad}=u_1+u_2-u_3$，解得 u_{ad} 的值为 $-4V$。

另解：选择路径 aed，列写 KVL 方程：$u_{ad}=-u_5+u_4$，解得 u_{ad} 的值为 $-4V$。

从例 1-10 可以看出，任何两点间的电压与所选择的路径无关。

同样，在应用 KVL 定律时，有两套符号：一套是公式符号；另一套是数值符号，它们都有各自的取决依据。

由于电压是对于电路中某两点来说的，因此，在比较复杂的电路中，要一一说明电路中每两点间的电压是很繁琐的。可以在电路中任意选取某一点作为参考点，把其他点到此参考点的电压称为各点的电位。

参考点的电位一般都设为 0，在电路图中用接地符号表示，因为电压与路径无关，所以参考点电位一定，各点电位就是确定的值。当然，参考点的选择是任意的，选取不同的点为参考点，电路中各点的电位也就不同了，但两点间的电位差即电压却不会改变。

【例 1-11】　分别以图 1-19 电路中 a、b 作为参考点，求解各点电位 V_a、V_b 和 V_c。

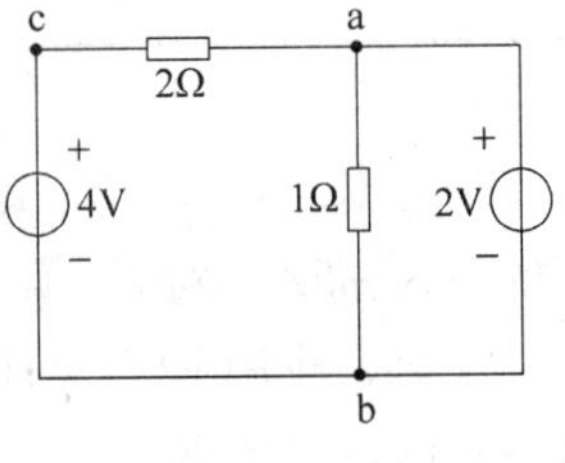

图 1-19　例 1-11 的电路

解：以 a 点为参考点，则 $V_a=0$，$V_b=-2V$，$V_c=2V$。

以 b 点为参考点，则 $V_a=2V$，$V_b=0V$，$V_c=4V$。

由本例可以看出，当参考点选取不同时，电路中各节点的电位也会随之改变。但是两点间的电压值是固定的，与参考点的选取无关。

练习与思考

1.5.1　图1-20示电路中，当开关闭合时A点电位是多少？

1.5.2　图1-21示电路中，已知$U_S=2V$，$I_S=1A$，试求节点A与节点B的电压差。

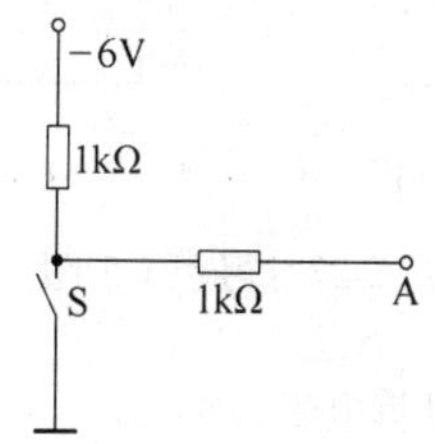

图1-20　练习与思考题1.5.1图

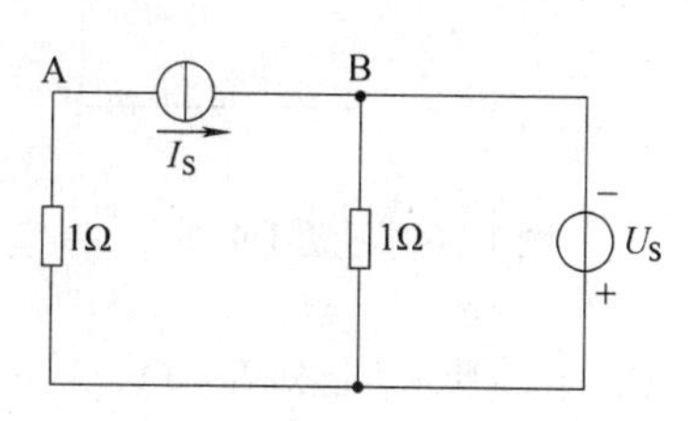

图1-21　练习与思考题1.5.2图

1.5.3　分析图1-22示电路中电压电流的关系式。

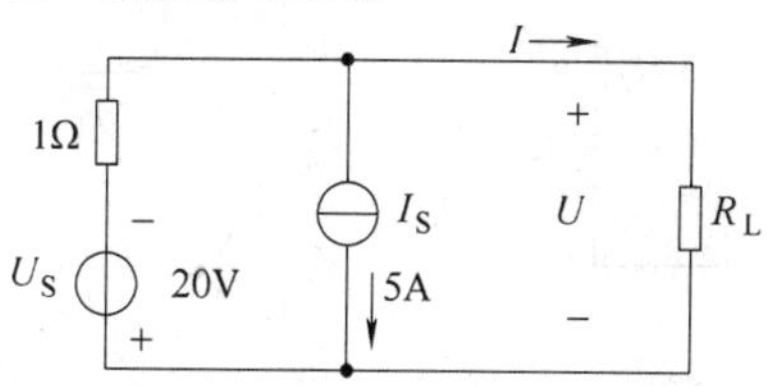

图1-22　练习与思考题1.5.3图

习　题

1-1　如图1-23所示，指出图中电流电压的实际方向。

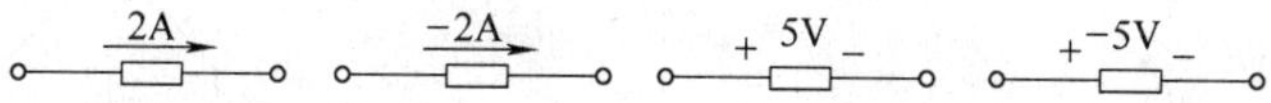

图1-23　习题1-1图

1-2　如图1-24所示，已知电阻$R=5\Omega$，电流$I=-2A$，求电压U的值。

1-3　如图1-25所示，求解中间支路电流和电压的值，并说明它在电路中的作用是电源还是负载，并检验电路的功率守衡。

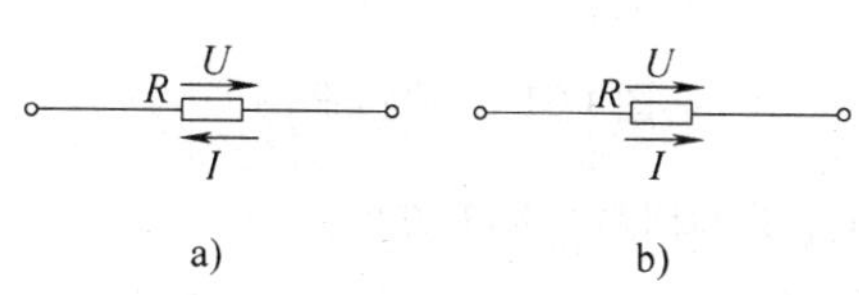

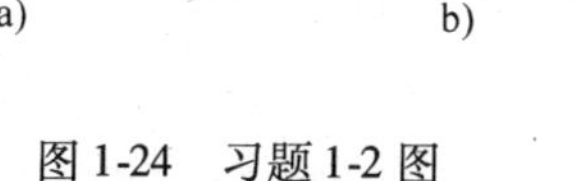

图1-24　习题1-2图

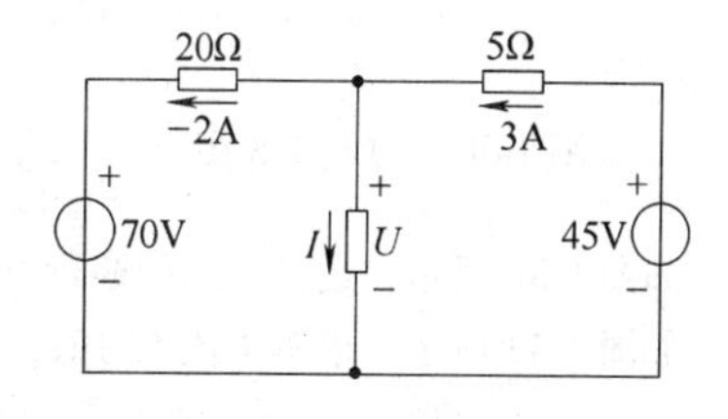

图1-25　习题1-3图

1-4　如图1-26所示，若电源端电压为137V，负载电阻10Ω，电源内阻1Ω，求

（1）电源提供的功率P_S，内阻消耗的功率P_0及负载得到的功率P_L。

（2）计算负载连续工作24h消耗的电能。

1-5　如图1-27所示，写出图中的电流I和电压U的关系式。

1-6　如图1-28所示，r_0是电源内阻，当开关分别处于1、2和3的位置时，说明电路所处的状态以及电压表和电流表的显示值。

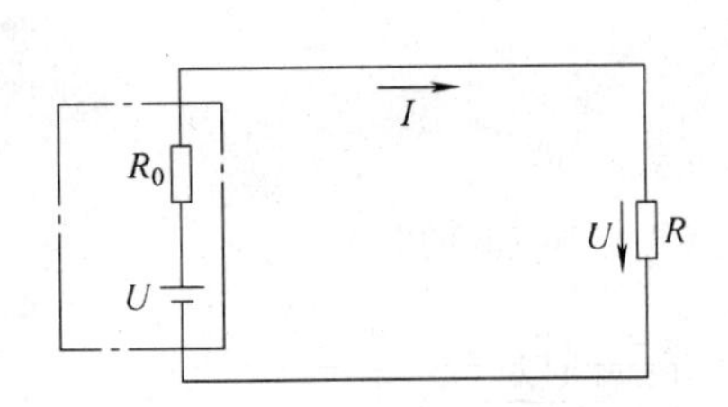

图 1-26　习题 1-4 图

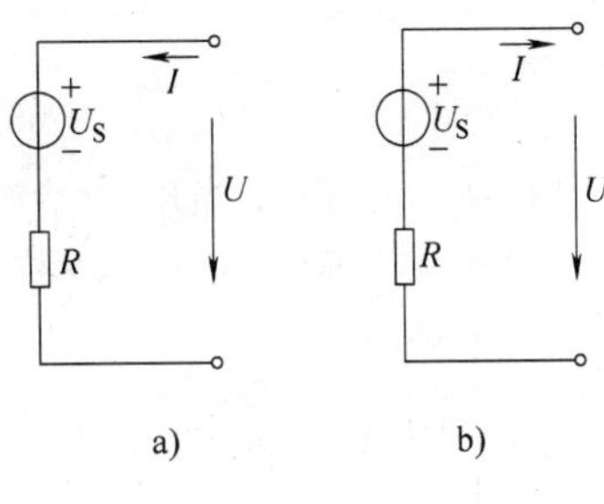

图 1-27　习题 1-5 图

1-7　如图 1-29 所示，已知 $I_1=3\text{A}$，$I_2=-4\text{A}$，$I_3=5\text{A}$，$I_4=7\text{A}$，计算电流 I_5 的值。

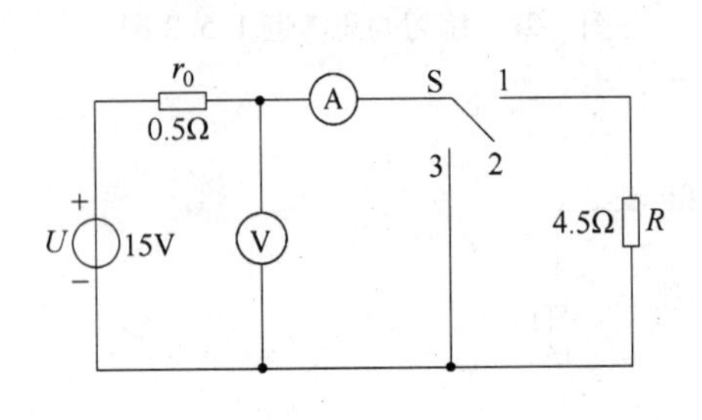

图 1-28　习题 1-6 图

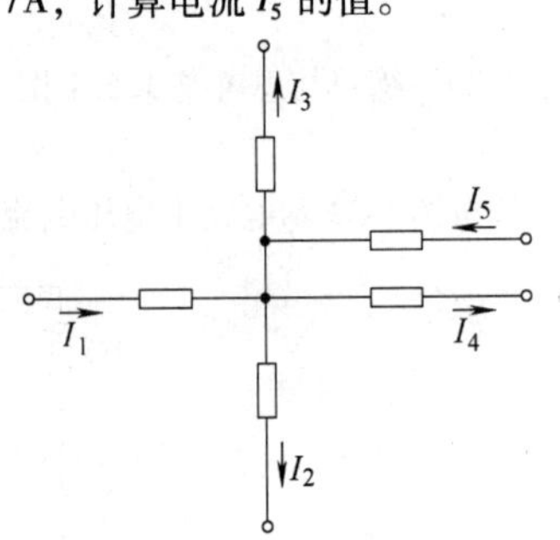

图 1-29　习题 1-7 图

1-8　如图 1-30 所示，已知 $I_a=3\text{A}$，$I_b=8\text{A}$，$I_c=2\text{A}$，计算电流 I_d。

1-9　如图 1-31 所示，计算 a、b 间的电压和电流。

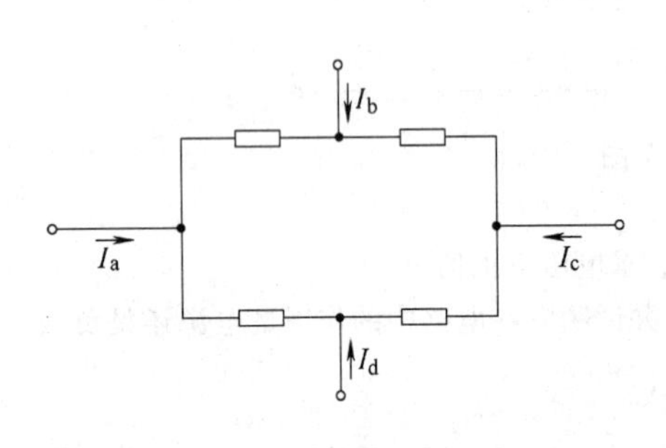

图 1-30　习题 1-8 图

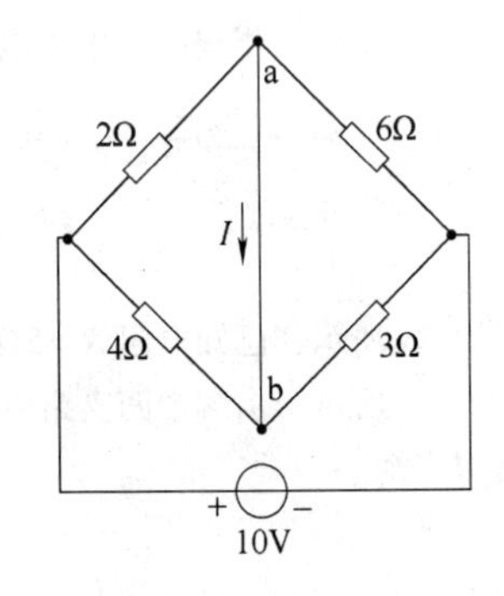

图 1-31　习题 1-9 图

1-10　如图 1-32 所示，选择回路的巡行方向为逆时针方向，列写回路的 KVL 方程。

1-11　如图 1-33 所示，求解电流 I 的值，并计算电压 U_{AB}、U_{AC}。

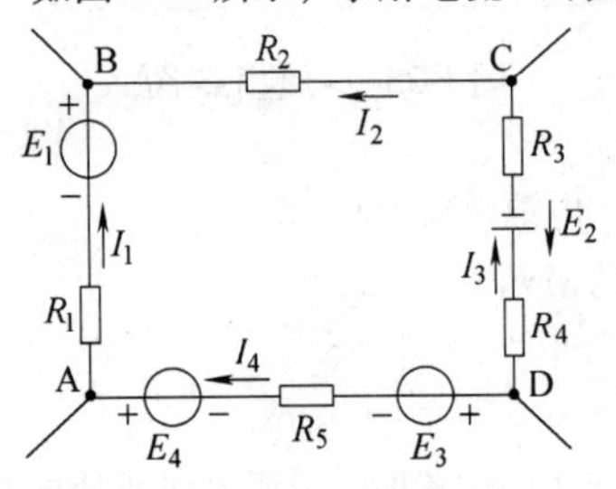

图 1-32　习题 1-10 图

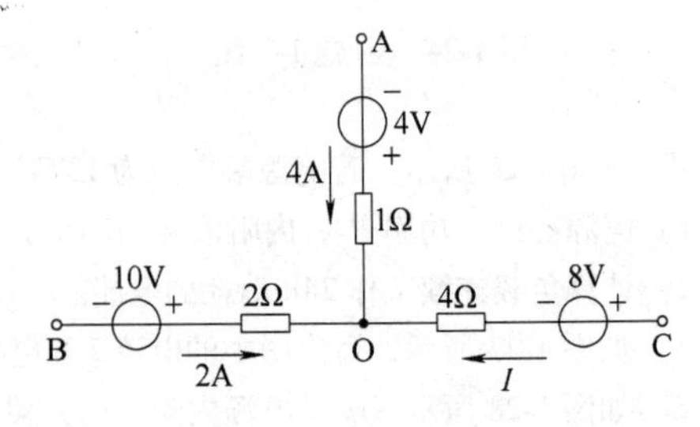

图 1-33　习题 1-11 图

1-12　如图 1-34 所示，求电阻 R 的值，分别设 B 点和 F 点为参考点，求各点电位值。

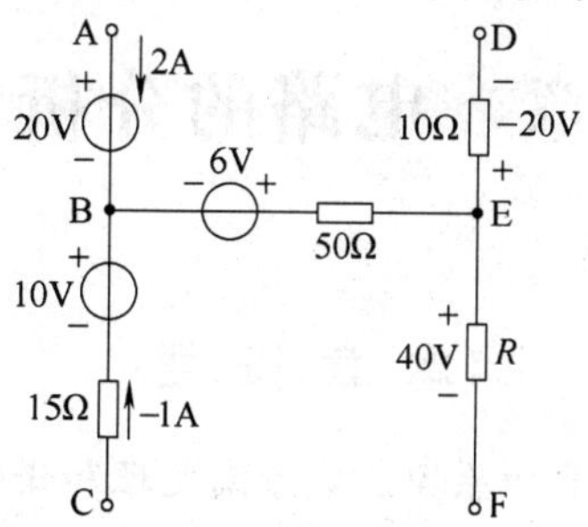

图 1-34　习题 1-12 图

第 2 章　电路的分析方法

本 章 概 要

本章要求掌握支路电流法、叠加原理、戴维南定理和诺顿定理；要求了解含受控源的电路和非线性电阻电路的分析。

重点： 支路电流法、叠加原理、戴维南定理、诺顿定理。

难点： 等效变换的概念及非线性电阻的静态电阻、动态电阻的意义。

2.1　电阻的等效变换

在电路中，电阻的连接形式是多种多样的，其中最简单和最常用的是串联与并联。

2.1.1　电阻的串联

1. 串联电阻的等效电阻

若干个电阻一个接一个首尾依次相连接起来，并使其中没有分岔支路，这种连接方式称电阻的串联。如图 2-1a 所示，点画线框中 R_1、R_2、…、R_n 是串联。电阻串联时，各电阻上的电流相等。

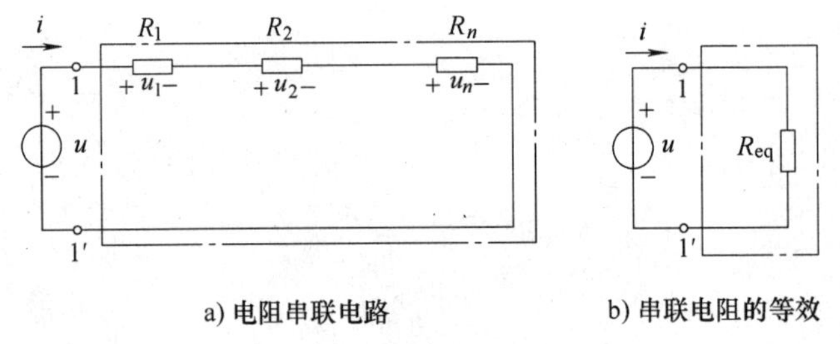

a) 电阻串联电路　　b) 串联电阻的等效

图 2-1　串联电阻的等效变换

设在端口 1-1′处外加的电压源为 u，按 KVL 定律可知

$$u = u_1 + u_2 + \cdots + u_n \tag{2-1}$$

式中，u_1，u_2，…，u_n 是各串联电阻 R_k 上的电压，$k=1$，2，…，n。

设流过各电阻的电流为 i，则根据欧姆公式 $u_k = R_k i$，可将上式变换如式（2-2）所示。

$$\begin{aligned} u &= R_1 i + R_2 i + \cdots + R_n i \\ &= (R_1 + R_2 + \cdots + R_n) i \\ &= R_{eq} i \end{aligned} \tag{2-2}$$

其中

$$R_{eq} \overset{\text{def}}{=} \frac{u}{i} = R_1 + R_2 + \cdots + R_n = \sum_{k=1}^{n} R_k \tag{2-3}$$

电阻 R_{eq}称为这些串联电阻的等效电阻，见图 2-1b。

等效电路的条件是伏安关系相等，即等效电路端子上的电流和电压与原电路端子上的电流和电压相等，这就是等效变换的基本概念。做等效变换的目的是简化电路，便于分析计算电路。

从图 2-1 两图可看出，等效电路的对象是点画线框所示的外电路，等效变换对对点画线框内部是不等效的，这点可通过电源开路或短路状态下对内外电路确定其电压电流来理解。

2. 串联电阻的分压公式

串联电阻上的电流相等，但电阻上的电压不一定相等，即

$$u_k = \frac{R_k}{R}u,\ k=1,\ 2,\ \cdots,\ n \tag{2-4}$$

式中，u 为串联电阻电路的总电压；R 为串联电阻电路的等效电阻。

可见，各个串联电阻的电压与电阻值成正比，电阻越大，分压越大。式（2-4）称为电压分配公式。

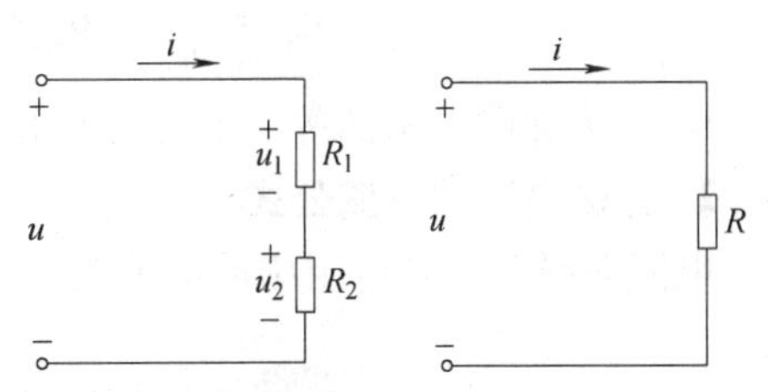

a) 两个串联电阻电路　b) 串联电阻的等效电路

图 2-2　两个串联电阻的电压分配

特别对于两个电阻的串联，可以将图 2-2a 等效成图 2-2b 的等效电路。图 2-2a 中的电压分配公式有

$$\begin{cases} u_1 = R_1 i = \dfrac{R_1}{R_1 + R_2}u \\ u_2 = R_2 i = \dfrac{R_2}{R_1 + R_2}u \end{cases} \tag{2-5}$$

电阻串联的作用主要是分压和限流。

2.1.2　电阻的并联

1. 并联电阻的等效电阻

若干电阻有共同的两个端点，这种连接方式称为并联。如图 2-3a 所示，点画线框中 R_1、R_2、…、R_n 是并联。电阻并联时，各电阻上的电压相等。

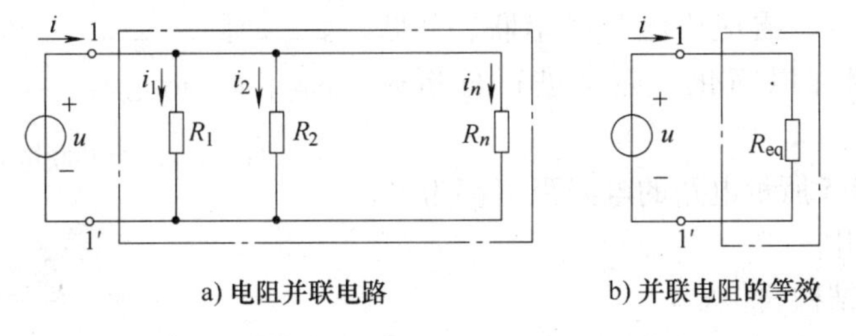

a) 电阻并联电路　b) 并联电阻的等效

图 2-3　并联电阻的等效变换

利用第 1 章介绍的电导

$$G = \frac{1}{R}$$

则任一电阻的欧姆公式也可以变为

$$i = Gu \tag{2-6}$$

设在图 2-3a 端口 1-1′处外加的电压源为 u，i 为总电流，G_1，G_2，…，G_n 表示各电阻的电导，按 KCL 和欧姆定律可知

$$\begin{aligned} i &= i_1 + i_2 + \cdots + i_n \\ &= G_1 u + G_2 u + \cdots + G_n u \\ &= (G_1 + G_2 + \cdots + G_n) u \\ &= G_{eq} u \end{aligned} \tag{2-7}$$

其中

$$G_{eq} \overset{\text{def}}{=} \frac{i}{u} = G_1 + G_2 + \cdots + G_n = \sum_{k=1}^{n} G_k = \frac{1}{R_{eq}} \tag{2-8}$$

G_{eq}称为并联电阻的等效电导。则并联电阻的等效电阻 R_{eq}就等于 G_{eq}的倒数，见图 2-3b。

2. 并联电阻的分流公式

电阻并联时，各电阻中的电流为

$$i_k = G_k u = \frac{G_k}{G} i,\ k = 1,\ 2,\ \cdots,\ n \tag{2-9}$$

可见，各个并联电阻的电流与它们各自的电导值成正比，与各自的电阻值成反比，电阻越大，分流越小。式（2-9）称做电流分配公式。

特别对于两个电阻的并联，可以将图 2-4a 等效成图 2-4b 的等效电路，图 2-4a 的电流分配公式有

$$\left.\begin{aligned} i_1 = G_1 u = \frac{G_1}{G_{eq}} i = \frac{R_2}{R_1 + R_2} i \\ i_2 = G_2 u = \frac{G_2}{G_{eq}} i = \frac{R_1}{R_1 + R_2} i \end{aligned}\right\} \tag{2-10}$$

电阻并联的作用主要是分流。

实际使用的电路往往十分复杂，就电阻元件来讲，往往既有串联又有并联，这样的连接方式叫电阻的混联（复联）。分析电阻混联电路时，可以先写出电阻结构式，再应用电阻的串联、并联的等效公式将电路加以简化，逐步进行分析研究。

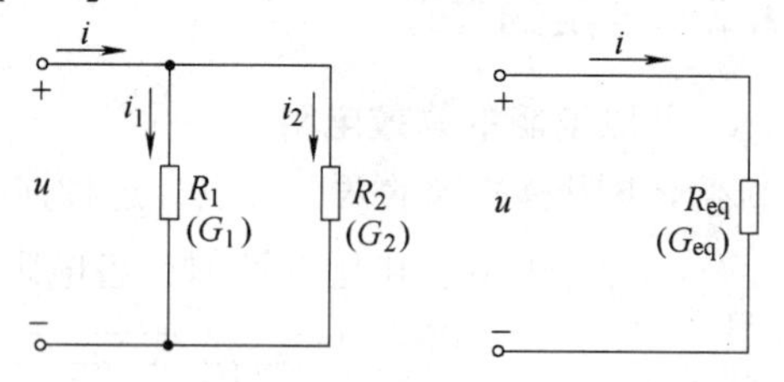

图 2-4　两个并联电阻的电流分配

【**例 2-1**】　图 2-5 所示电路的电阻阻值都为 1，计算端口的等效电阻。

解：（1）写出结构式

提示：用“+”表示电阻串联，用“//”表示电阻并联。列写技巧：由内到外，由简到繁。

$R = R_1 + R_2//(R_3 + R_4) + R_5//(R_6 + R_7)$

（2）代入串并联公式

$R = [1 + 1//(1 + 1) + 1//(1 + 1)]\Omega$

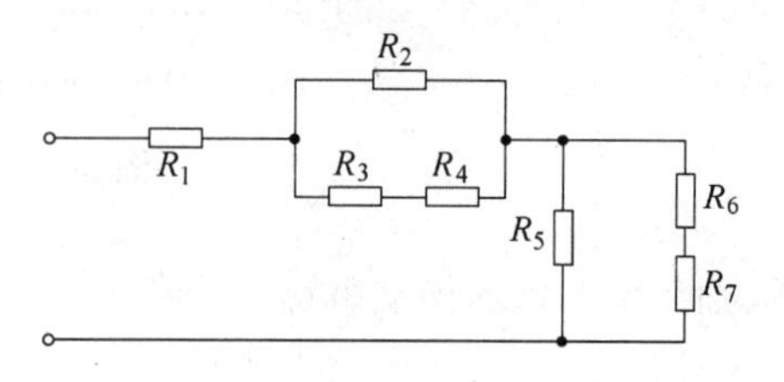

图 2-5　混联电阻的等效变换

（3）计算结果

$$R=(1+1//2+1//2)\Omega=7/3\Omega$$

【例2-2】 求图2-6所示电路的电阻 R_{ab}。

解： 由于含有理想导线，要能直接看出哪些电阻间是串联或并联，不是很容易。计算这类电路的等效电阻，可以用到设点法。

设点法的具体步骤如下：

1）先确定图中共有几个非等位点，标出不同字母；等位点标出相同的字母。

2）按端子放两头、其余节点放中间的原则将各独立节点画在一条线上。

3）添加所有的电阻，确保电阻两端的节点保持不变。

4）写出结构式，计算结果。

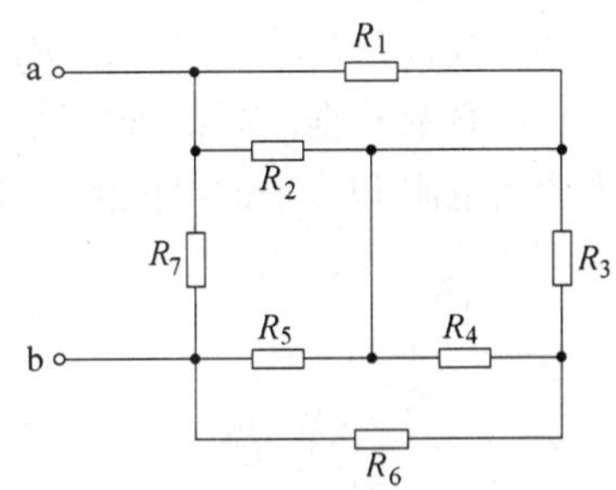

图2-6　含理想导线的电阻混联

图2-7是按设点法画出的等效电路，在图中可以很容易看出各电阻的连接方式，写出结构式并计算出结果。其结构式为

$$R_{ab}=[R_1//R_2+(R_3//R_4+R_6)//R_5]//R_7$$

在电路中，有时电阻的连接既非串联又非并联，就不能用电阻串、并联来化简。

【例2-3】 如图2-8所示电路，计算端口处的等效电阻。

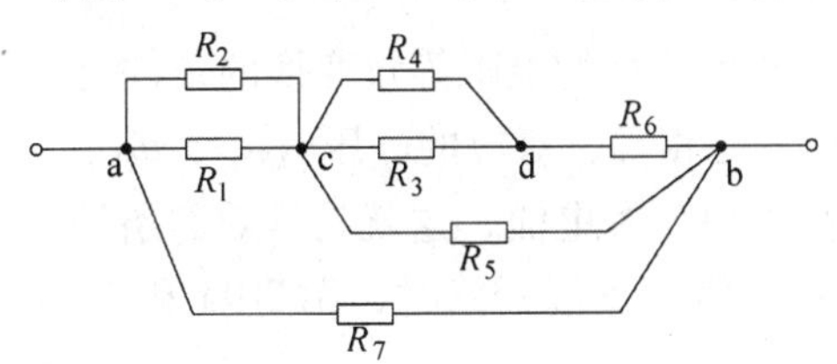

图2-7　含理想导线的混联电阻的等效变换

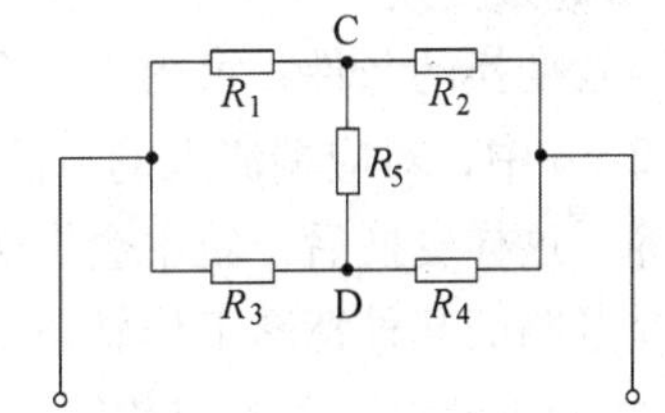

图2-8　电阻的电桥电路

解： 这是一个电阻电桥，如果满足 $R_1/R_3=R_2/R_4$，此为电阻平衡电桥电路，C、D两点是等位点，则可将C、D之间短路或是开路，其等效电阻为

$$R_{eq}=R_1//R_3+R_2//R_4$$

或

$$R_{eq}=(R_1+R_2)//(R_3+R_4)$$

计算结果都是一样的。

但当此电路不满足平衡电桥电路的条件时，以上等位点处理的方法就不再适用。那么有什么办法可以解决呢？下节的星-三角形等效变换可以解决这个问题。

*2.1.3　电阻的星形联结与三角形联结的等效变换

1. Y形联结电阻与△形联结电阻

电阻的星形和三角形联结如图2-9所示，首先定义任一电阻的两个端子分别为首端和尾端，在图2-9a中，3个电阻的首端接在一起，3个尾端与外电路相连，这种连接称为电阻星形联结或Y形联结。在图2-9b中，3个电阻两两首尾相连，新形成的3个端子与外电路相连，这种连接称为电阻三角形联结或△形联结。

在电路分析中，有时需要将Y形联结的电阻与△形联结的电阻进行等效变换，使电路简化方便计算。在图2-8的电路中，可以看出R_1、R_5、R_3和R_2、R_5、R_4都是△形联结，而R_1、R_5、R_2和R_3、R_5、R_4都是Y形联结。如果能将其中一种联结方式变换成另一种联结方式，电路的结构发生了变化，有可能形成串并联的简单结构，那么计算等效电阻就变得容易了。如果我们选择将R_1、R_5、R_3的△形联结等效变换成Y形联结后，得到图2-10所示的电路，则很容易根据混联的步骤写出ab两端的等效电阻。那么Y-△或△-Y等效变换后所形成的3个新电阻和原来的电阻的大小关系是怎样的呢？

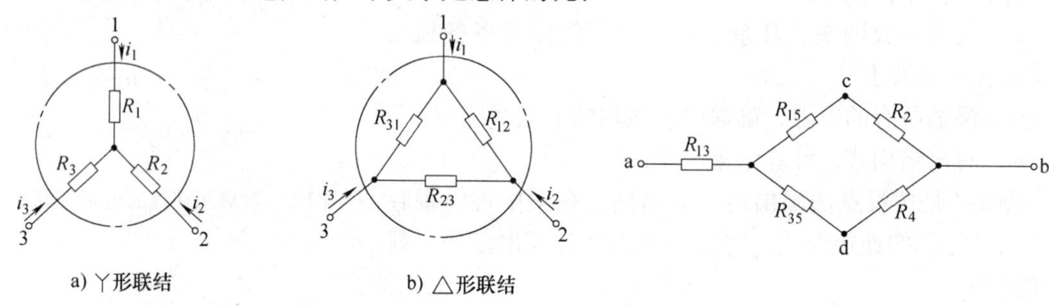

图2-9　电阻的星形和三角形联结

图2-10　电桥中的△-Y变换

2. Y-△等效变换

根据等效变换的条件，可得出Y形联结的电阻与△形联结的电阻等效变换的条件是：如图2-9a和2-9b中，对应端流入的电流（i_1，i_2，i_3）一一相等，对应的电压（u_{12}，u_{23}，u_{31}）也一一相等。这样变换后，就不会影响电路其他部分的电压和电流，这就是等效的条件。

可选择电路的某种特殊工作状态来简化推导过程。假设3端开路时，图2-9a和2-9b中两端1、2间的等效电阻关系也相等，即

$$R_1+R_2=\frac{R_{12}\ (R_{23}+R_{13})}{R_{12}+R_{23}+R_{13}} \tag{2-11}$$

同理可得到1、2端开路时，余下两端间的等效电阻关系为

$$R_2+R_3=\frac{R_{23}\ (R_{31}+R_{12})}{R_{12}+R_{23}+R_{13}} \tag{2-12}$$

$$R_3+R_1=\frac{R_{31}\ (R_{12}+R_{23})}{R_{12}+R_{23}+R_{13}} \tag{2-13}$$

将上式进行整理，可得到△-Y形等效变换时的电阻变换公式

$$\begin{cases} R_1=\dfrac{R_{31}R_{12}}{R_{12}+R_{23}+R_{13}} \\ R_2=\dfrac{R_{12}R_{23}}{R_{12}+R_{23}+R_{13}} \\ R_3=\dfrac{R_{23}R_{13}}{R_{12}+R_{23}+R_{13}} \end{cases} \tag{2-14}$$

此公式可记忆为

$$星形（Y形）电阻 = \frac{三角形（\triangle形）相邻电阻的乘积}{三角形（\triangle形）电阻之和} \tag{2-15}$$

同样对式（2-11）~式（2-13）进行整理，可得到Y-△形等效变换时的电阻变换公式

$$\begin{cases} R_{12} = \dfrac{R_1R_2 + R_2R_3 + R_3R_1}{R_3} \\ R_{23} = \dfrac{R_1R_2 + R_2R_3 + R_3R_1}{R_1} \\ R_{13} = \dfrac{R_1R_2 + R_2R_3 + R_3R_1}{R_2} \end{cases} \tag{2-16}$$

再将式（2-16）取倒数，用电导来表示，则可写成

$$\begin{cases} G_{12} = \dfrac{G_1G_2}{G_1 + G_2 + G_3} \\ G_{23} = \dfrac{G_2G_3}{G_1 + G_2 + G_3} \\ G_{13} = \dfrac{G_1G_3}{G_1 + G_2 + G_3} \end{cases} \tag{2-17}$$

此公式可记忆为

$$三角形（\triangle形）电导 = \frac{星形（Y形）相邻电导的乘积}{星形（Y形）电导之和} \tag{2-18}$$

回到例2-3中，根据式（2-14），则2-10图中，

$$R_{15} = \frac{R_1R_5}{R_1 + R_3 + R_5}$$

$$R_{53} = \frac{R_5R_3}{R_1 + R_3 + R_5}$$

$$R_{31} = \frac{R_3R_1}{R_1 + R_3 + R_5}$$

特别当Y-△电阻的3个电阻相等时，称为Y-△电阻对称，则有

$$R_{\triangle} = 3R_{Y} \quad 或 \quad R_{Y} = \frac{1}{3}R_{\triangle} \tag{2-19}$$

Y-△等效变换在后面的三相电路中有着十分重要的作用。

练习与思考

2.1.1　一根粗细均匀的电阻丝，其阻值为4Ω，将其等分为两段再并联使用，等效电阻是否是2Ω？

2.1.2　如图2-11a所示电路，若$R_1 = 1\Omega$，$R_2 = 2\Omega$，$R_3 = 3\Omega$，$R_4 = 4\Omega$，$R_5 = 5\Omega$，求等效电阻R_{AC}。

2.1.3　在12V的直流电源上，要使“6V，5mA”的小灯泡正常发光，能否采用图2-11b所示的电路？为什么？

2.1.4　两电阻串联，已知$R_1/R_2 = 1/2$，则电阻上的电压之比和功率之比分别是多少？

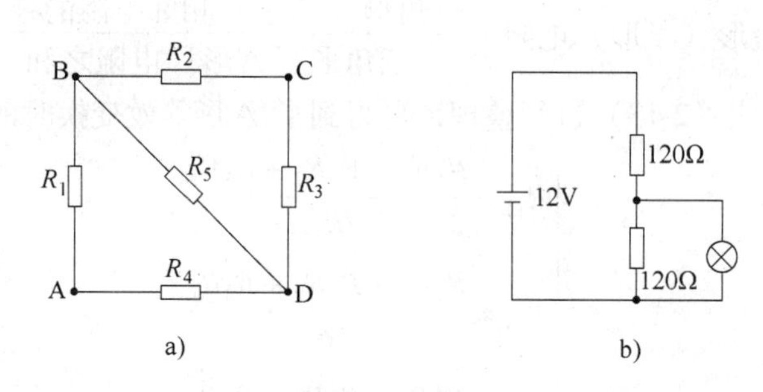

图 2-11　练习与思考题 2.1.2 图

2.2　电源的两种模型及其等效变换

一个实际电源可以用两种不同的电路模型来表示：一种是用理想电压源（简称电压源）和内阻串联的形式来表示；另一种是用理想电流源（简称电流源）和内阻并联的形式来表示。

2.2.1　理想电压源和理想电流源模型

1. 理想电压源模型

理想电压源的内电阻为零，它的端电压与通过它的电流无关，在数值上等于电源电动势，因此在电压源两输出端间并联任何元件，输出电压将不受影响；而通过它的电流的大小、方向则由外电路决定。

理想电压源模型如图 2-12a 所示，其中 u_S 为电压源的电压，而"+"、"-"号是其参考极性。如果电压源的电压 u_S 为常数，即有 $u_S = U_S$，其中 U_S 为常数，这种电压源称为直流电压源，直流电压源还可以用图 2-12b 的符号来表示，长线段表示电压源的"+"端，短线段表示电压源的"-"端。图 2-12b 也是用来表示干电池的图形符号。

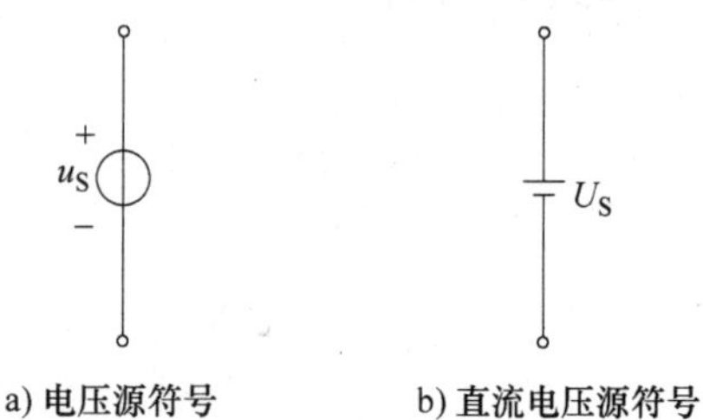

图 2-12　理想电压源

2. 理想电流源模型

理想电流源发出的电流与它的端电压无关，其数值等于电流源短路电流 i_S，因此和电流源串联的任何元件，其中的电流将不受其参数影响，只由电流源的电流参数所决定；而它的端电压的大小、方向则由所连接的外电路决定。

理想电流源模型如图 2-13 所示，其中 i_S 为电流源的电流，箭头所指的方向为 i_S 的参考方向。如果电流源的电流 i_S 为常数，即有 $i_S = I_S$，其中 i_S 为常数，这种电流源称为直流电流源。

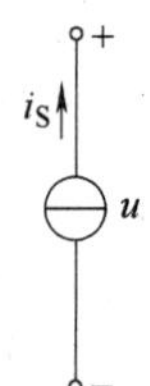

图 2-13　理想电流源

在本书中，经常会出现物理量字母的大小写，一般来说，大写表示物理量是线性的、直流或是交流的有效值或平均值，小写表示交流（包括直流）或瞬时值。本书中常见的物理量有 R、L、C、U_S、I_S、U、I、E、P 和 r、u_S、i_S、u、i、e、p 等。本章一般以直流为例。

3. 电压源与电流源的特性

（1）电压源串联的等效

当多个电压源串联向外部电路供电时（见图2-14a），可用一个如图2-14b所示的电压源代替，U_S 的值由等效变换的概念确定。

图2-14a 的 $U_{ab}=U_{s1}-U_{s2}+U_{s3}$，根据等效的概念，应该等于图2-14b 的 $U_{ab}=U_S$，所以等效电压源 U_S 为

$$U_S=U_{S1}-U_{S2}+U_{S3} \tag{2-20}$$

即电压源串联的等效电压源电压等于串联电压源电压的代数和。

（2）电压源并联的等效

若 n 个电压源并联，则被并联的各电压源的电压必须相等，否则不能并联，实际应用时一般不能并联使用。

（3）电压源与任一支路并联的化简

任何一支路（电流源或电阻 R）与电压源 U_S 并联后（外电路在图中未画出），总可以用一个电压源替代（注意不是等效），电压源的电压为 U_S，电压源中的电流不等于替代前的电压源的电流而等于原电路外部电流 I，如图2-15所示。

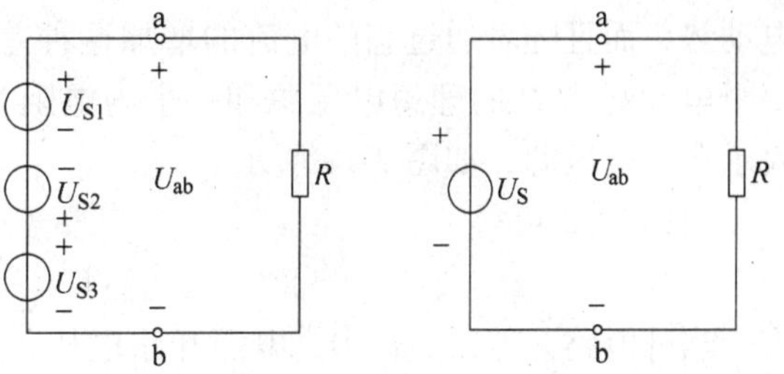

a) 电压源串联　　b) 等效电路

图2-14　多个理想电压源串联的等效电路

（4）电流源并联的等效

当多个电流源并联向外部电路供电时，如图2-16a所示，可用一个如图2-16b所示的电流源代替，I_S 的值由等效变换的概念确定。

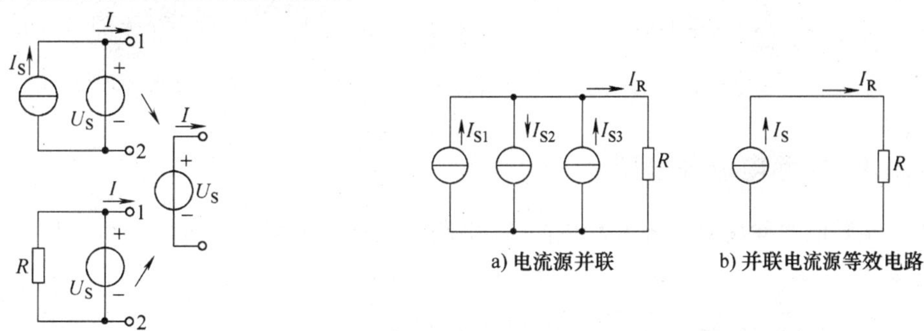

图2-15　电压源与支路并联的等效电路

a) 电流源并联　　b) 并联电流源等效电路

图2-16　多个理想电流源并联的等效电路

图2-16a 的 $I_R=I_{S1}-I_{S2}+I_{S3}$，根据等效的概念，应该等于图2-16b 的 $I_R=I_S$，所以等效电压源 I_S 为

$$I_S=I_{S1}-I_{S2}+I_{S3} \tag{2-21}$$

即电流源并联的等效电流源电流等于并联电流源电流的代数和。

（5）电流源串联的等效

若 n 个电流源串联，则被串联的各电流源的电流必须相等，否则不能串联。实际应用时一般不能串联使用。

（6）电流源与任一支路串联的化简

任何一支路（电压源或电阻 R）与电流源 I_S 串联后，总可以用一个电流源替代（注意不是等效），该电流源的电流为 I_S，其中的电压并不等于替代前的电流源的电压而等于原电路外部电压 U，见图 2-17。

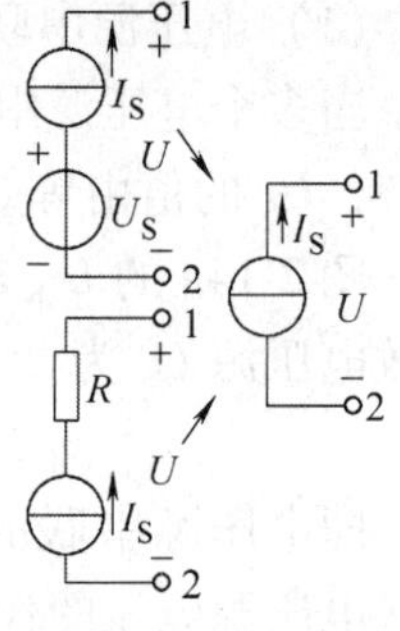

图 2-17　电流源与支路串联的等效电路

2.2.2　实际电压源模型

实际电压源的内电阻总是不等于零的，因此它的内部总是有损耗的。当实际电压源与外电路相连接时，它的端电压总是小于它的电动势，而且随着通过它的电流的增加这种差距也会增加。通常用一个电动势为 E 的理想电压源和一个内电阻为 R_0 相串联的模型来表示实际电压源，如图 2-18 所示。

由图 2-18 可得

$$U = E - IR_0 \tag{2-22}$$

当外电路开路时，$I=0$，电源开路电压 $U_{oc}=E$；当外电路短路时，$U=0$，电源短路电流 $I_{sc}=E/R_0$。由于实际电压源的内电阻一般都很小，所以短路电流很大，这会导致电压源损坏，故实际电压源绝不允许短路。

由式（2-22）可做出电压源的外特性曲线如图 2-19 所示。

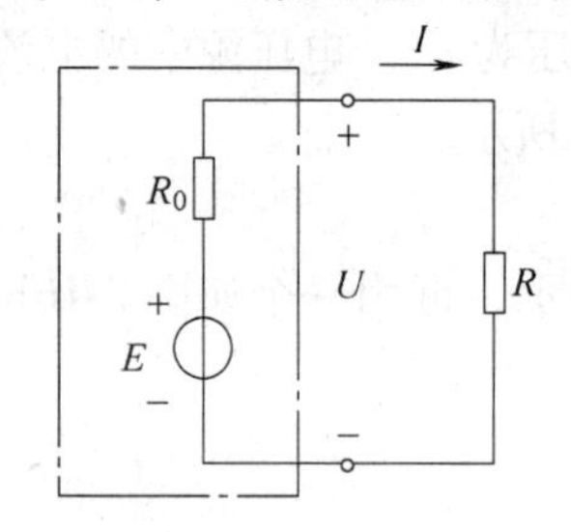

图 2-18　实际电压源模型

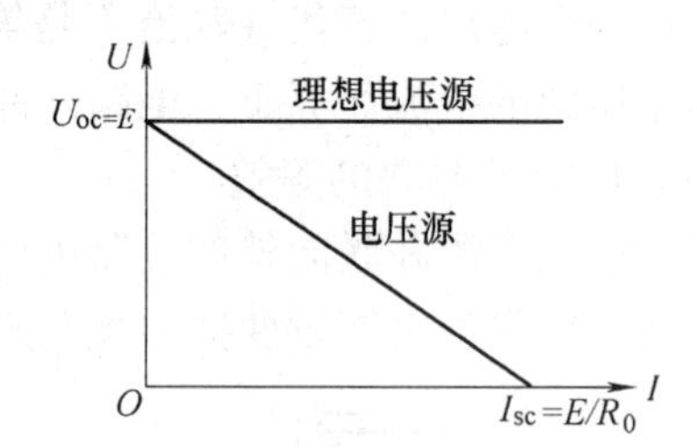

图 2-19　实际电压源和理想电压源的外特性曲线

2.2.3　实际电流源模型

实际电源除用电动势 E 和内阻 R_0 串联的电路模型来表示外，还可以用另一种电路模型来表示。

如果将式（2-22）两边同时除以 R_0，则得

$$\frac{U}{R_0} = \frac{E}{R_0} - I = I_S - I \tag{2-23}$$

式中，I_S 为电压源模型中的短路电流，$I_S = \dfrac{E}{R_0}$。

式（2-23）可整理为

$$I_S = \frac{U}{R_0} + I \tag{2-24}$$

这是一个 KCL 方程，根据这个方程可以建立实际电源的另一种模型，称为实际电流源模型，如图 2-20 所示。

当外电路开路时，$I=0$，电源开路电压 $U_{oc}=I_SR_0$；当外电路短路时，$U=0$，电源短路

电流 $I_{sc}=I_S$。

由式（2-24）可做出实际电压源的外特性曲线如图2-21所示。

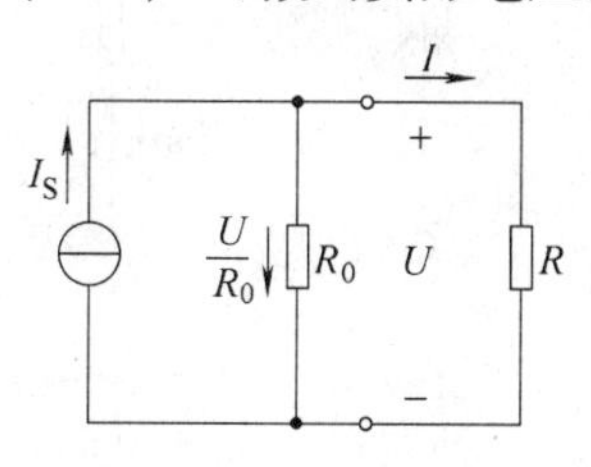

图2-20 实际电流源模型

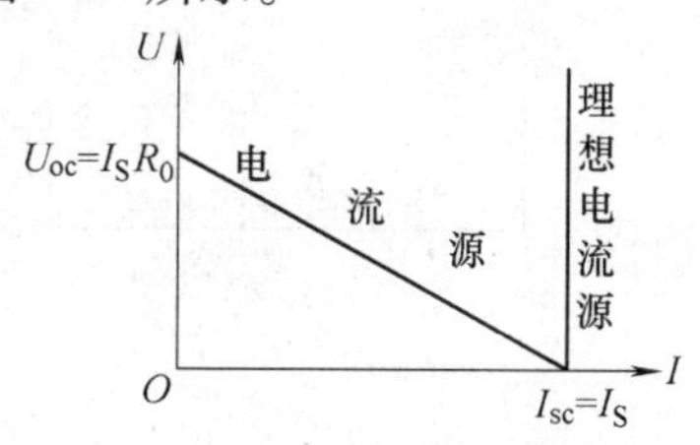

图2-21 实际电流源和理想电流源的外特性曲线

2.2.4 实际电压源和实际电流源的等效变换

将电压源与电流源进行等效变换是一种分析电路的方法，通过等效变换可以把复杂电路化为简单电路求解。

比较图2-19和图2-21两种模型的外特性曲线可以发现，实际电压源的外特性和实际电流源的外特性在某种条件下是可以重合的。而直线要重合只需两点重合，即只要外特性曲线上两个特殊的工作状态（开路和短路）的点重合。这样电源的两种模型之间就可以进行等效变换，如图2-22a和图2-22b所示。

从图2-19和图2-21可以看出，这两个特殊点相等只需满足条件

$$U_S=I_SR_0 \tag{2-25}$$

这就是两种实际电源模型之间源变换的条件。分析复杂电路时，一般不局限内阻，凡与理想电压源串联的电阻可视为其内阻，凡与理想电流源并联的电阻可视为其内阻，然后再根据实际电源的等效变换原则处理。

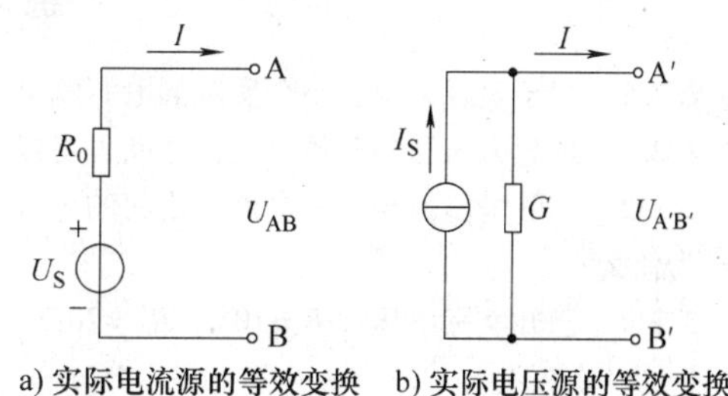

a) 实际电流源的等效变换 b) 实际电压源的等效变换

图2-22 实际电流源和实际电压源的等效变换

电源等效变换化简电路时应注意如下几个问题：

1）理想电压源与理想电流源不能进行等效变换，因为这两种理想电源的外特性根本不能重合在一起。

2）实际电源等效互换后，电压源电压的正极性端与电流源电流的输出端是一致的。

3）“等效”是指对外等效，对内不等效。

4）模型中电压源与电流源的位置不能交换。

5）等效变换后的电路中能标注出所求量的位置。

电源变换的目的：

1）变换以后电阻形成串联或并联结构，可化简减少电阻个数。

2）变换以后形成电压源串联，可化简减少电压源个数。

3）变换以后形成电流源并联，可化简减少电流源个数。

【例2-4】 如图2-23a所示电路中，已知 $I_S=1\text{A}$，$U_S=2\text{V}$，$R_1=8\Omega$，$R_2=6\Omega$，$R_3=4\Omega$，$R_4=3\Omega$，试求电流 I_2。

解：（1）先简化电路，再做源变换

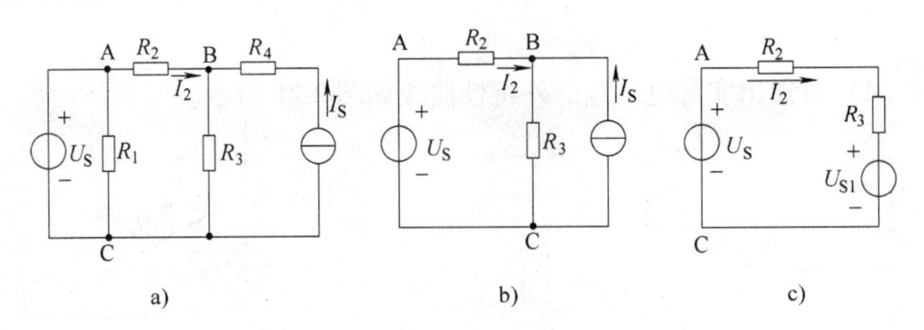

图 2-23　例 2-4 的图

根据 2.2.1 中理想电压源与支路并联和理想电流源和支路的串联的化简，可将与 U_S 并联的 R_1 开路，与 I_S 串联的 R_4 短路，可由图 2-23a 得到图 2-23b。

（2）将 I_S 和 R_3 的并联支路做源变换，可得到图 2-23c，其中

$$U_{S1}=I_SR_3=1\times4\text{V}=4\text{V}$$

（3）在此单回路中，计算结果

$$I_2=\frac{U_S-U_{S1}}{R_2+R_3}=\frac{2-4}{6+4}\text{A}=-0.2\text{A}$$

练习与思考

2.2.1　对于负载来说，一个实际的电源既可用________表示，也可用________表示。

2.2.2　理想电压源与理想电流源之间也可以进行等效变换。这句话对吗？为什么？

2.2.3　实际电压源与实际电流源之间的等效变换，不论对内电路还是对外电路都是等效的。这句话对吗？为什么？

2.2.4　已知实际电压源 $E=10\text{V}$，$R_0=20\Omega$，可以将它等效为电流源模型，其参数分别是什么？

2.3　支路电流法

有很多复杂的电路仅仅通过电阻或电源的等效变换并不能进行化简，在计算复杂电路的各种方法中，支路电流法是最基本的。

所谓支路电流法（简称支路法），就是以支路电流为未知量，应用 KCL 和 KVL 分别对节点和回路列出所需要的方程，而后求解出各未知支路电流。

假设电路有 n 个节点，b 条支路，则有 b 个支路电流的未知量。

用支路电流法解题的步骤为

1）选定各支路电流参考方向及回路绕行方向。

2）任选 $n-1$ 个节点，写出（$n-1$）个 KCL 方程。

3）任选不同的 $b-(n-1)$ 个不同回路（一般可选择网孔），写出 $b-(n-1)$ 个 KVL 方程。

4）对于含有纯电流源的支路，写回路电压方程时，先设电流源的电压为未知量，然后再补充一个方程，即电流源所在支路的支路电流应等于电流源的电流。

5）联立上述 n 个独立方程，求解方程组。

【例 2-5】　图 2-24 的电路中，$E_1=140\text{V}$，$E_2=90\text{V}$，$R_1=20\Omega$，$R_2=5\Omega$，$R_3=6\Omega$，求

各支路电流。

分析：电路中支路数 $b=3$，节点数 $n=2$。所求支路电流为3个，必须要3个（b个）独立方程来求解，其中KCL个数为 $n-1=1$，KVL个数为 $b-n+1=2$。

解：（1）对A节点，写出KCL方程

$$I_1+I_2-I_3=0$$

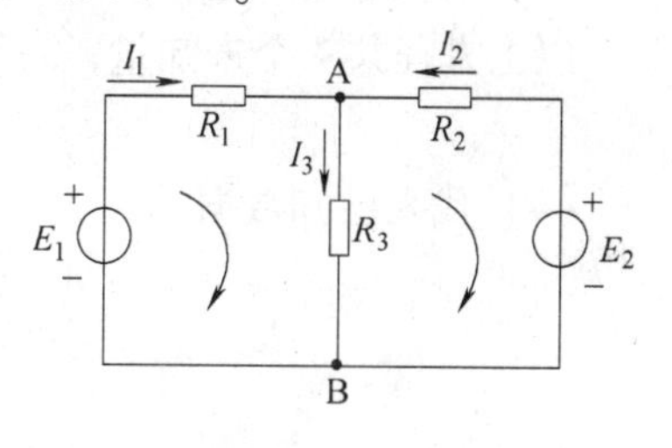

图2-24　例2-5的图

不难发现，如果对B节点写出KCL方程，其实质和上式是完全相同的。推而广之，一个具有 n 个节点的电路，列出其中 $n-1$ 个KCL方程后，将其全部相加，就可得到未列出的第 n 个节点的KCL方程。所以对于 n 个节点的电路，只能写出 $n-1$ 个独立的KCL方程。

（2）选定两个回路来写出KVL方程，这里为了方便，选择的是网孔。

选左边网孔的绕行方向为顺时针，KVL方程为

$$I_1R_1+I_3R_3-E_1=0$$

选右边网孔的绕行方向为顺时针，KVL方程为

$$-I_2R_2-I_3R_3+E_2=0$$

（3）代入已知数据方程式[⊖]

$$\begin{cases}I_1+I_2-I_3=0\\20I_1+6I_3-140=0\\-5I_2-6I_3+90=0\end{cases}$$

联立求解得

$$\begin{cases}I_1=4\text{A}\\I_2=6\text{A}\\I_3=10\text{A}\end{cases}$$

【例2-6】　图2-25的电路中，$E_1=10\text{V}$，$I_S=4\text{A}$，$R_1=6\Omega$，$R_2=4\Omega$，$R_3=2\Omega$，求各支路电流。

分析：此题中含有纯电流源支路，必须先在其两端假设一个中间变量 U，再依据支路电流法的步骤写出方程，最后再补充一个方程，所以此题有4个未知量，需要写出4个方程。

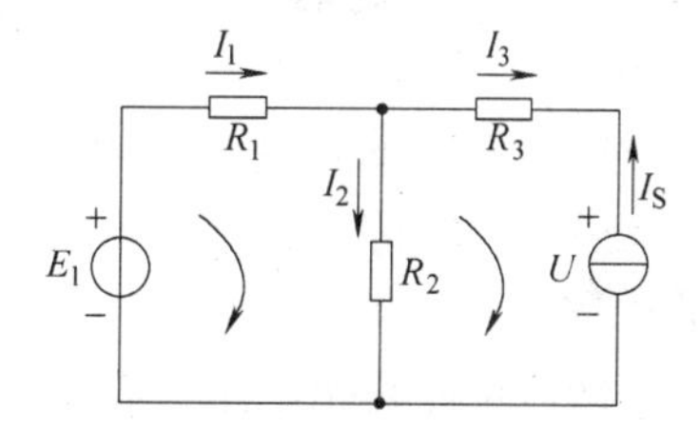

图2-25　例2-6的图

解：（1）KCL方程

$$I_1-I_2-I_3=0$$

（2）KVL方程

先假设电流源两端的电压为 U，方向如图2-24所示，选左右网孔的绕行方向都为顺时针，其KVL方程为

⊖ 本书述及的方程在运算过程中，为使运算简洁便于阅读，如对量的单位无标注及特殊说明，此方程均为数值方程，而方程中的物理量均采用SI单位，如电压 $U(u)$ 的单位为V；电流 $I(i)$ 的单位为A；功率 P 的单位为W；无功功率 Q 的单位为var，视在功率 S 的单位为V·A；电阻 R 的单位为Ω；电导 G 的单位为S；电感 L 的单位为H；电容 C 的单位为F；时间 t 的单位为s等。

$$I_1R_1 + I_2R_2 - E_1 = 0$$
$$I_3R_3 + U - I_2R_2 = 0$$

（3）补充方程

以上方程共4个未知量，3个方程，无法求解，还需对纯电流源支路补充一个方程

$$I_3 = -I_S$$

（4）代入已知数据

$$\begin{cases} I_1 - I_2 - I_3 = 0 \\ 6I_1 + 4I_2 - 10 = 0 \\ 2I_3 - 4I_2 + U = 0 \\ I_3 = -4 \end{cases}$$

联立求解得

$$\begin{cases} I_1 = -0.6\text{A} \\ I_2 = 3.4\text{A} \\ I_3 = -4\text{A} \end{cases}$$

练习与思考

2.3.1 对于一个有 n 个节点和 b 条支路的复杂电路，用支路电流法求解时，一般需列出几个独立的KCL节点方程？列出几个独立的KVL回路方程？

2.3.2 支路电流法是求解复杂电路的普通方法。求解步骤为：（1）________；（2）________；（3）________。

2.3.3 用支路电流法求解时，如电路中含有理想电流源，列KVL方程时是否不用考虑电流源上的电压？

2.3.4 含有理想电流源的电路，用支路电流法时，可少列方程的是KCL还是KVL？

2.4 叠加定理

叠加原理定义为：在线性电路中，有多个激励（电压源或电流源）共同作用时，在任一支路所产生的响应（电压或电流），等于这些激励分别单独作用时，在该支路所产生响应的代数和。

线性电路是指电路参数不随电压、电流的变化而变化的电路。

某一激励单独作用，就是除了该激励外，其余激励均置零，即理想电压源被短路，理想电流源被开路。

电流和电压的代数和是对应原电路和分电路中电压和电流的参考方向同或异而言的，分量与总量方向相同时，叠加时总量取正号，相反取负号。

【例2-7】 图2-26a中，用叠加原理求 I 的值。

解： 将电路中的两个电源各自单独作用，拆分成两个分图。图2-26b为4A电流源单独作用的电路，图2-26c为20V电压源单独作用的电路。

（1）对图2-26b求分量 I'，得

$$I' = \left(4 \times \frac{10}{10+10}\right)\text{A} = 2\text{A}$$

（2）对图2-26c求分量I''，得

$$I'' = -\frac{20}{10+10}\text{A} = -1\text{A}$$

（3）根据叠加原理求原图a的I，得

$$I = I' + I'' = [2 + (-1)]\text{A} = 1\text{A}$$

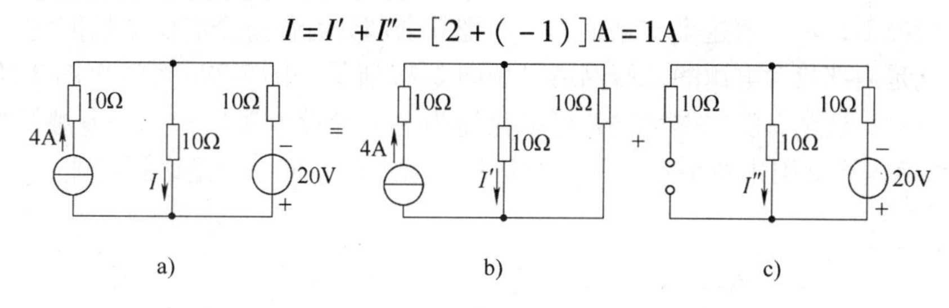

图2-26 例2-7的图

运用叠加原理时应注意如下几个问题：

1）叠加原理只适用于线性电路。

2）叠加时只将理想电源分别单独作用，而电路的结构和参数不变。

3）解题前要标明各支路电流、电压的参考方向。电路拆分成分电路后，分电路中电流、电压的参考方向可根据解题方便任意选择，但在最后叠加求总量时，必须以原电路参考方向为准，如分量和总量方向一致，叠加时该项前为正号，相反为负号。

4）叠加原理只能用于电压和电流计算，不能用来求功率。从例2-7可知，题图2-26a中任一R的功率$P = I^2R = (I' + I'')^2R$，并不等于分电路图2-26b和图2-26c中相应R的功率和$\hat{P} = I'^2R + I''^2R$。

5）运用叠加定理时也可以把电源分组求解，每个分电路的电源个数可能不止一个，例如图2-27所示，可将图2-27a拆分成图2-27b和图2-27c。

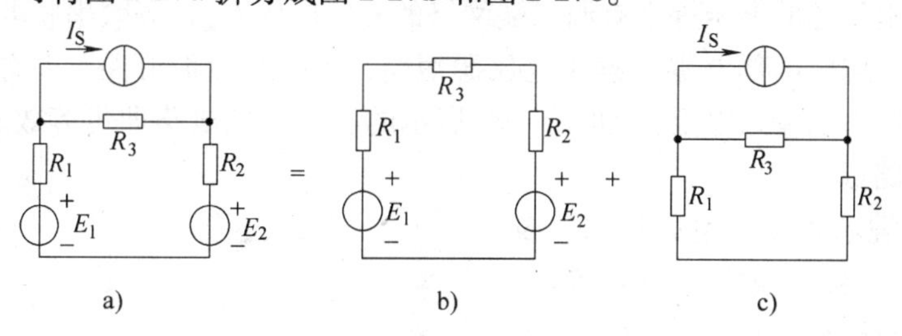

图2-27 叠加原理的电源分组拆分

练习与思考

2.4.1 应用叠加定理可以把复杂电路分解为单一电源的几个简单电路进行计算。当求某一电源单独作用下的响应时，其他理想电压源应________，理想电流源应________，其他元件在原电路中保持不变。

2.4.2 叠加定理既可用于线性电路也可用于非线性电路？

2.4.3 叠加定理所谓的单独作用，是指将所有独立源一起置零？

2.4.4 在线性电路中，两个电源所产生的电流、电压和功率分别等于每个电源单独作用时在电路中产

生的相应电流、电压和功率的代数和?

2.5　戴维南定理和诺顿定理

在复杂电路中如果我们只需要计算其中某一支路的电流或某两端电压，如果用前面所述的方法来计算时，必然会涉及一些不需要的参数，使计算过程不简单。

在这种情况下，可以将这个支路去掉，而把其余部分看作一个有源二端网络。所谓有源二端网络，就是内部包含电源的二端网络，如图 2-28 所示。图 2-28a 可以用图 2-28b 的有源二端网络来表示。这个有源二端网络总可以化简为一个等效电源模型，而电源模型有两种，如图 2-28c 所示。由此引出两个定理：一个是戴维南定理；另一个是诺顿定理。

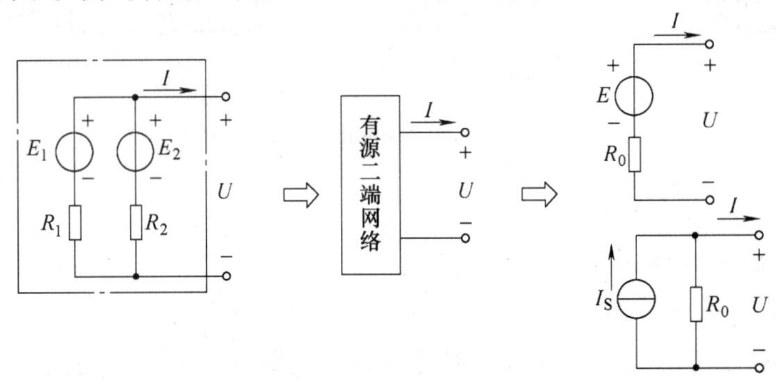

a) 一个有源二端电路　　b) 有源二端网络　　c) 有源二端网络的等效电源模型

图 2-28　有源二端网络的两种简化模型

2.5.1　戴维南定理

戴维南定理是指在线性电路中，把待求的电流（或电压）所在的支路当做外电路去掉，剩下的部分看成一个有源二端网络，将此有源二端网络用一个含内阻的实际电压源模型来代替。等效模型中电压源的电压等于有源二端网络的开路电压 U_{oc}，等效串联电阻 R_0 等于有源二端网络中的独立电源全部置零（理想电压源短路，理想电流源开路）后端口上的等效电阻，即无源二端网络的输入电阻。如图 2-29a 所示的有源二端电路即可等效成图 2-29b 所示的戴维南等效电路形式。

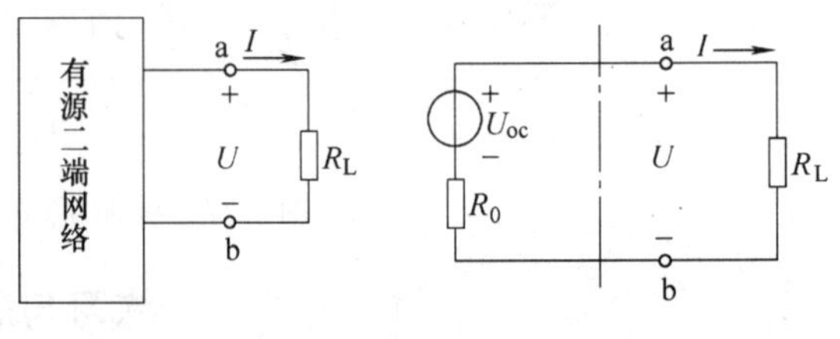

a) 有源二端网络电路　　b) 对应的戴维南等效电路

图 2-29　戴维南定理的等效电路

用戴维南定理求解复杂电路中某一支路中的电流或电压时，一般有下述步骤：

1）将待求支路开路移走，产生一个有源二端网络。

2）求出有源二端网络的开路电压 U_{oc}。如果电路复杂，可用前面的源变换，支路电源法等分析方法来求解。

3）求解等效电阻 R_0。将全部独立电源置零后得到相应的无源二端网络，求出端口处的等效电阻 R_0。

4）还原电路求出待求量。将待求支路加在戴维南等效电源电路的端口，在此单回路电路中求出待求量。

【例 2-8】 图 2-30a 中，当 R_L 分别为 5Ω、8Ω、10Ω 时，计算通过的 R_L 的电流 I。

分析：电路中只有 R_L 在改变，而其余电路不变，如果用前面的电路分析方法计算，必然会重复列写 3 组方程来计算电流 I，比较繁琐。考虑用戴维南定理来简化电路后再计算 I。

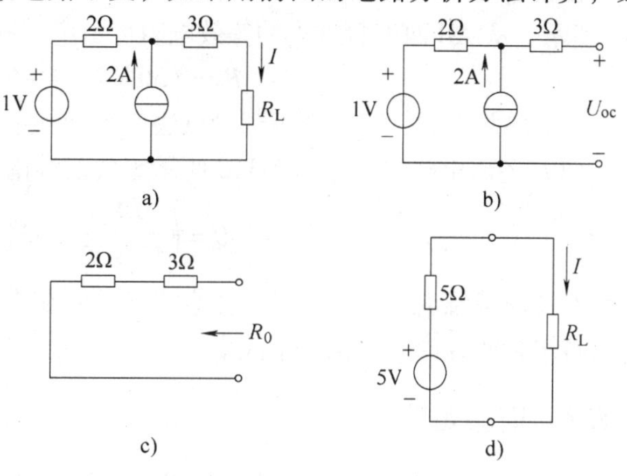

图 2-30　例 2-8 的图

解：(1) 断开变化的 R_L，得到一个有源二端网络，如图 2-30b 所示，求开路电压 U_{oc}。

$$U_{oc} = 2A \times 2\Omega + 1V = 5V$$

(2) 将图 2-30b 所有电源置零，即 1V 电压源短路，2A 电流源开路，得到图 2-30c 所示的无源二端网络，求端口上的等效电阻 R_0。

$$R_0 = 2\Omega + 3\Omega = 5\Omega$$

(3) 画出原电路的戴维南等效电路，如图 2-30d，求电流 I。

$$I_{5\Omega} = \frac{5V}{(5+5)\Omega} = 0.5A, I_{8\Omega} = \frac{5V}{(5+8)\Omega} = 0.38A, I_{10\Omega} = \frac{5V}{(5+10)\Omega} = 0.33A$$

特别应该注意的是，在求开路电压 U_{oc}时，开路支路上如果有电压源或是电流源时，应该如何处理，下例中给出了处理方法。

【例 2-9】 图 2-31a 中，求 R_L 上的电压 U。

解：(1) 去掉 R_L，得到一个如图 2-31b 所示的有源二端网络，在此求开路电压 U_{oc}。

注意：求开路电压时，虽然 AD、BE 两条支路因为开路无电流流过，$U_{CD}=0$，但由于有理想电压源和理想电流源，所以还须考虑其上是否有压降的存在。根据电压源的定义可知，10V 电压源上虽然开路，但仍有压降，即 U_{AC} = 10V，1A 的电流源与 5Ω 的电阻并联形成回路后有电流，计算可知 $U_{BE}=5V$。

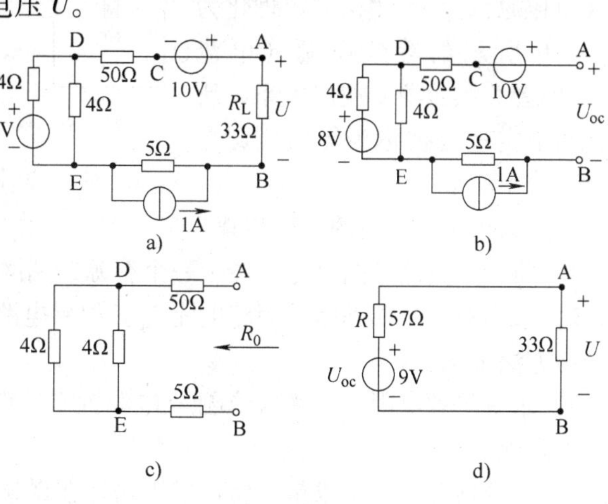

图 2-31　例 2-9 的图

选择一条从 A 到 B 的路径，列写 KVL 方程求开路电压 U_{oc}：

$$U_{oc} = U_{AB} = U_{AC} + U_{CD} + U_{DE} + U_{EB}$$

式中，U_{DE}为 8V 电压源和两个 4Ω 电阻形成的单回路中 4Ω 电阻上的电压，根据分压公式得

$$U_{DE} = \left(\frac{4}{4+4} \times 8\right)V = 4V$$

则开路电压

$$U_{oc} = (10 + 0 + 4 - 5)\text{V} = 9\text{V}$$

（2）求等效电阻 R_0

在图 2-31b 中，将有源二端网络中所有理想电源全部置零，得到无源二端网络如图 2-31c 所示，从 AB 两端看进去的等效电阻可由串并联公式求出 R_0 为

$$R_0 = (50 + 4//4 + 5)\Omega = 57\Omega$$

当电路复杂时，可能会用到设点法、Y-△变换来求 R_0。

（3）还原电路得到如图 2-31d 所示等效戴维南电路，求出电压 U

$$U = \left(\frac{9}{57 + 33} \times 33\right)\text{V} = 3.3\text{V}$$

在还原戴维南等效电路时，注意待求量所在支路与等效含源支路相连接时，应保持变换前后待求量所在的支路位置不能变。

2.5.2　诺顿定理

应用电阻和电压源的串联组合与电阻和电流源的并联组合之间的等效变换，可推得诺顿定理。诺顿定理是指任何线性有源二端网络，总可以用一个电流源和电阻的并联组合来等效。等效电流源的电流等于原有源二端网络在端口处的短路电流 I_{sc}；等效并联电阻 R_0 等于原有源二端网络所有独立源置零值后的端口等效电阻。如图 2-32b 所示的电路是图 2-32a 所示电路的诺顿等效电路。

一个有源二端网络既可用戴维南定理化为图 2-29b 所示的等效电源（电压源），也可用诺顿定理化为图 2-32b 所示的等效电源（电流源），两者关系是源变换的关系，所以这两个定理也被称为等效电源定理。

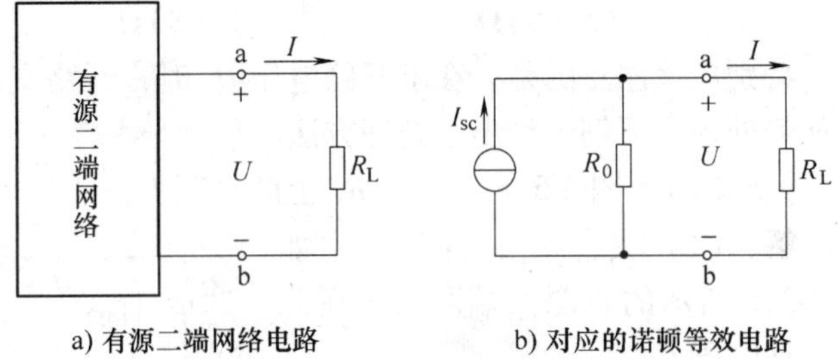

a) 有源二端网络电路　　b) 对应的诺顿等效电路

图 2-32　诺顿定理的等效电路

应用诺顿定理解题的一般步骤为

1）将待求支路开路移走，产生一个有源二端网络。

2）求出有源二端网络的短路电流 I_{sc}。如果电路复杂，可用前面的源变换，支路电源法等分析方法来求解。

3）求解等效电阻 R_0。将全部独立电源置零后得到相应的无源二端网络，求出端口处的等效电阻 R_0。

4）还原电路求出待求量。将待求支路加在诺顿等效电源电路的端口，在此并联电路中求出待求量。

【例 2-10】　图 2-33a 中，$R_1 = 20\Omega$，$R_2 = 30\Omega$，$R_3 = 30\Omega$，$R_4 = 20\Omega$，$E = 10\text{V}$，计算 $R_5 = 10\Omega$ 时，求 I_5。

解：（1）去掉 R_5，再将端口短路，如图 2-33b 所示电路，求短路电流 I_{sc}。

支路电流的求解，一般有两个途径，一是支路上如果有电阻，求出其上电压，用欧姆公式可求电流；另一是求出与该支路连接的节点上其他支路的电流，再利用 KCL 来求。但理想导线上的电流只能用第二种方法求解。

在图 2-33b 中求短路电流 I_{sc}，由于有理想导线，可用前面的设点法重画电路，就可看出 R_1 和 R_3 并联，R_2 和 R_4 并联，$R_{13}=R_1//R_3=12\Omega$，$R_{24}=R_2//R_4=12\Omega$，则可得

$$U_{AB}=\frac{R_{13}}{R_{13}+R_{24}}E=5V=U_{BC}$$

很容易计算出 I_1、I_2 和 I_{sc}

$$I_1=\frac{U_{AB}}{R_1}=\frac{5}{20}A=0.25A$$

$$I_2=\frac{U_{BC}}{R_2}=\frac{5}{30}A=0.167A$$

$$I_{sc}=I_1-I_2=0.083A$$

（2）求等效电阻 R_0。

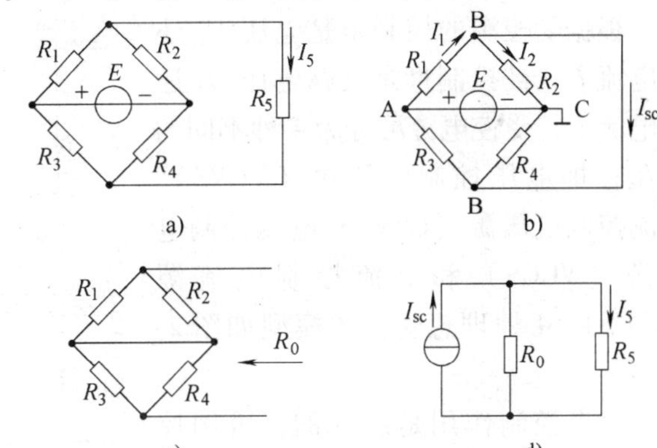

图 2-33　例 2-10 图

在图 2-33a 中去掉 R_5，再将有源二端网络中电压源短路置零，得到无源二端网络如图 2-33c，根据电阻串并联可求出 R_0 为

$$\begin{aligned}R_0&=R_1//R_2+R_3//R_4\\&=(20//30+30//20)\Omega\\&=24\Omega\end{aligned}$$

（3）还原电路得到如图 2-33d 所示等效电路，求出电流 I_5。

根据电阻分流公式得

$$\begin{aligned}I_5&=\frac{R_0}{R_5+R_0}I_{sc}\\&=\left(\frac{24}{24+10}\times0.083\right)A\\&=0.118A\end{aligned}$$

练习与思考

2.5.1　任何具有两个端子的电路称为________。若电路中有电源存在的称为________。它可以简化成一个具有________和________串联的最简的等效电路。

2.5.2　两个有源二端网络与某外电路相连时，其输出电压均为 U，输出电流均为 I，则两个有源二端网络是否具有相同的戴维南等效电路？

2.5.3　任何一个有源两端网络都可以简化成一个具有电动势 E 和内阻 R_0 相并联的等效电路。这句话对吗？

2.5.4　只有在线性电路才适用的定理或定律是（　　）。

A. KCL 定律　　B. KVL 定律

C. 叠加定理　　D. 戴维南定理

*2.6　受控源电路的分析

前面所讨论的电压源和电流源，不受所连接的外电路的影响，能独立地向电路提供能量和信号并产生相应的响应，这种电源称为独立源。除此之外，还有一种电源，它的电压或电

流受其他支路的电压或电流控制的，这种电源称为受控源。当控制的电压或电流消失或等于零时，受控电源的电压或电流也将为零。

根据受控源的控制量是电压 U_1 还是电流 I_1，被控制量是支路电压 U_2 还是电流 I_1，受控电源可分为 4 种不同的类型，即电压控制电压源（VCVS）、电流控制电压源（CCVS）电压控制电流源（VCCS）和电流控制电流源（CCCS）。4 种理想受控源模型如图 2-34 所示。

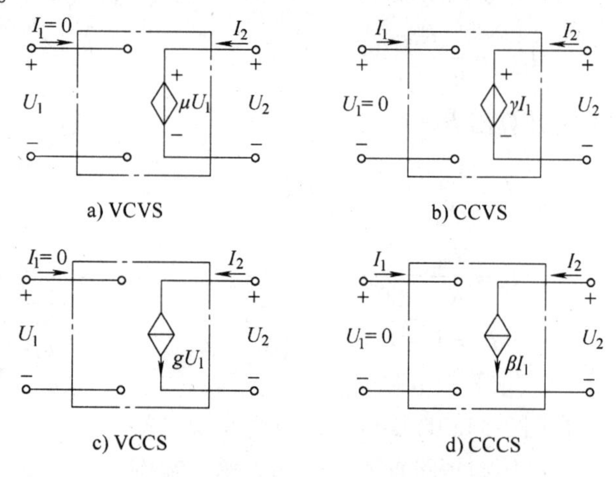

图 2-34　理想受控源模型

如果控制作用是线性的，可用控制量与被控制量之间的正比关系来表达，称为线性受控电源。本书研究的都是线性受控源。受控电源用菱形符号表示，以便同独立电源的符号相区别。图中的系数 μ、γ、g 和 β 都是常数，其中 μ 和 β 是没有单位的，γ 具有电阻的单位，g 具有电导的单位。

受控源也是由某些电路的元器件抽象出来的，例如半导体晶体管可用相应的受控源作为电路模型，图 2-35a 为 NPN 型晶体管的图形符号，图 2-35b 是其 CCCS 受控源电路模型。

在处理含受控源的电路时，先将受控源和独立源同样作为电源对待，电路的基本定理和各种分析方法均可使用，由于存在控制量这个多余的中间变量，所以要对其控制量补充一个方程。另外，因为受控源不是独立的，其存在与否决定于控制量，所以对含受控源电路进行处理时，不能随意将受控源去掉、开路、短路或让其单独作用。

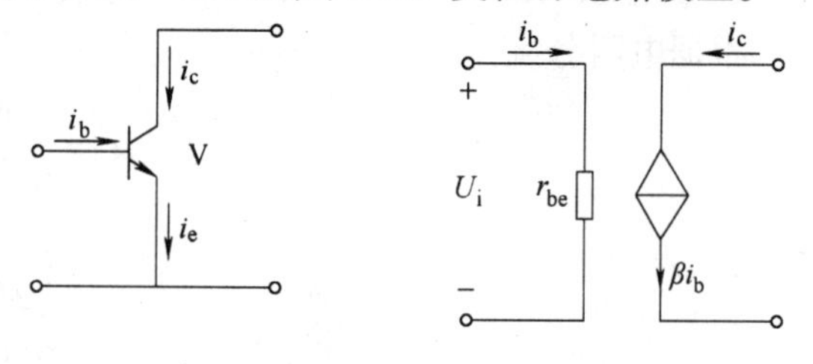

图 2-35　NPN 型晶体管符号及其微变等效电路

【例 2-11】　图 2-36 中，求 U_2。

解：此题用支路电流法求解比较简单。

（1）KCL 方程：

$$I_1 - I_2 + \frac{1}{6}U_2 = 0$$

（2）KVL 方程：因为含有受控电源源，所以先按独立电流源一样处理，只需对左边网孔列一个方程：

$$2I_1 + 3I_2 = 8$$

（3）3 个未知量，两个方程，不能解，再对受控源的被控制量补充一个方程，

$$U_2 = 3I_2$$

（4）联立求解，得

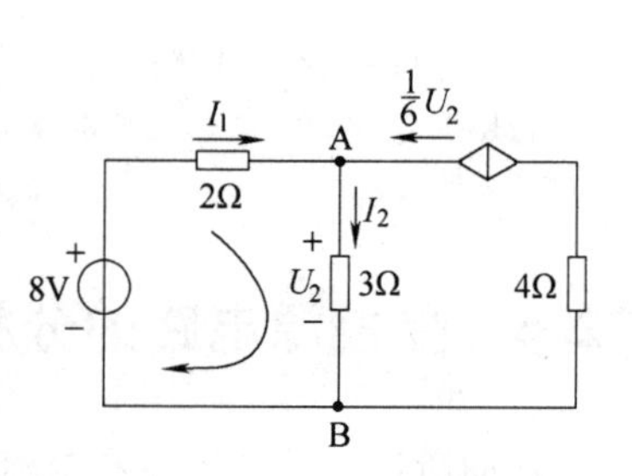

图 2-36　例 2-11 的图

$$I_2 = 2\text{A}$$

$$U_2 = 3I_2 = 6\text{V}$$

注意：对控制量补充方程时，是用原来分析方法的待求量来表示控制量，以此列写的KCL、KVL或VCR方程。

【例2-12】 图2-37a中，求I。

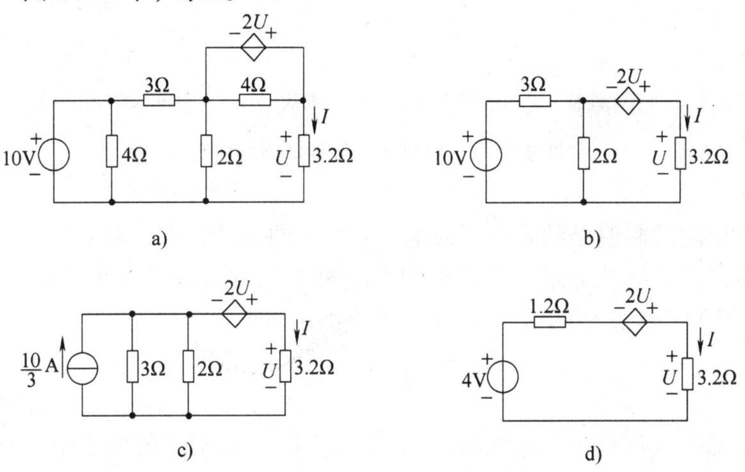

图2-37　例2-12的图

解：本题可利用等效变换求I。

由于图2-37a电路中含有一个受控电压源，故化简时要保留其控制量所在支路，否则无法对控制量补充方程了。

（1）利用电压源特性和源变换，将图2-37a等效成图2-37b。

（2）利用电压源与电流源的等效变换，将图2-37b等效成图2-37c，再等效成图2-37d。

（3）由图2-37d得

$$I = \frac{4 + 2U}{1.2 + 3.2}$$

其中

$$U = 3.2I$$

解得

$$I = -2\text{A}$$

*2.7　非线性电阻电路的分析

如果电阻两端的电压与通过它的电流满足线性关系，或者说描述该元件电压与电流关系（伏安关系）的数学表达式为线性方程，则这种电阻称为线性电阻。然而实际的电阻都不是绝对线性的，它们的参数总是或多或少地随着电压或电流的变化而变化。如果电阻不是一个常数，而是随着电压或电流变化的，那么这种电阻就称为非线性电阻。

非线性电阻的伏安特性不满足欧姆定律，而是遵循某种特定的函数关系。一般表示为$u = f(i)$或$i = f(u)$。

图2-38a所示为半导体二极管元件符号、图2-38b是其伏安特性曲线，图2-38c是其等效非线性电阻的符号。

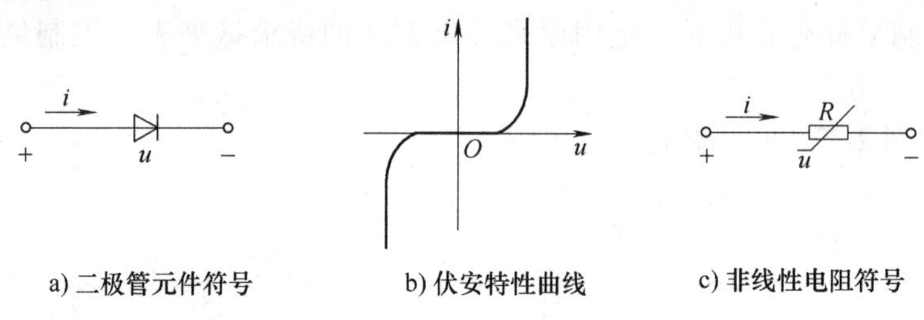

a) 二极管元件符号　b) 伏安特性曲线　c) 非线性电阻符号

图2-38　二极管和非线性电阻的符号

由于非线性电阻的阻值是随着电压或电流而变动的，计算它的电阻时就必须指明它的工作电流或工作电压。非线性电阻元件的电阻有两种表示方式：一种称为静态电阻（也称为直流电阻），它等于工作点 Q 的电压 U 与电流 I 之比，即

$$R=\frac{U}{I} \tag{2-26}$$

另一种称为动态电阻（或称为交流电阻），它等于工作点 Q 附近的电压微变量 ΔU 与电流微变量 ΔI 之比的极限，即

$$r=\lim_{\Delta I\to 0}\frac{\Delta U}{\Delta I}=\frac{\mathrm{d}U}{\mathrm{d}I} \tag{2-27}$$

图2-39是非线性电阻的伏安特性曲线，从图中可以看出静态电阻与动态电阻的区别：Q 点的静态电阻正比于 $\tan\alpha$，α 是 Q 点和原点相联直线与纵轴的夹角；Q 点的动态电阻正比于 $\tan\beta$，β 是 Q 点的切线与纵轴的夹角。

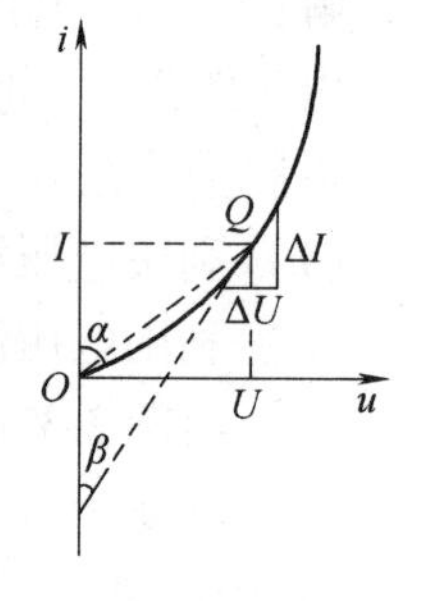

图2-39　静态电阻与动态电阻

含有非线性元件的电路称为非线性电路。分析计算非线性电路时，仍可按基尔霍夫定律列出非线性的代数方程和非线性的微分方程。由于非线性电阻的阻值不是常数，在分析与计算非线性电阻电路时可采用图解法。

用图解法计算含有一个非线性元件的电路的解题步骤为

1）将电路的非线性部分和线性部分分开，得到两个一端口网络。

2）将线性部分的一端口网络化简成戴维南模型，写出端口处的电压电流约束方程 $U=U_S-R_{eq}I$。

3）在非线性元件的伏安特性曲线上画出线性元件的电压电流约束方程所表示的直线。

4）由两条线的交点 Q 来确定非线性电路的电压和电流，即工作点 Q。

【例2-13】 图2-40a中，试用图解法计算非线性元件 R_d 中的电流 I 及其电压 U，图2-40b是 R_d 的伏安特性曲线。

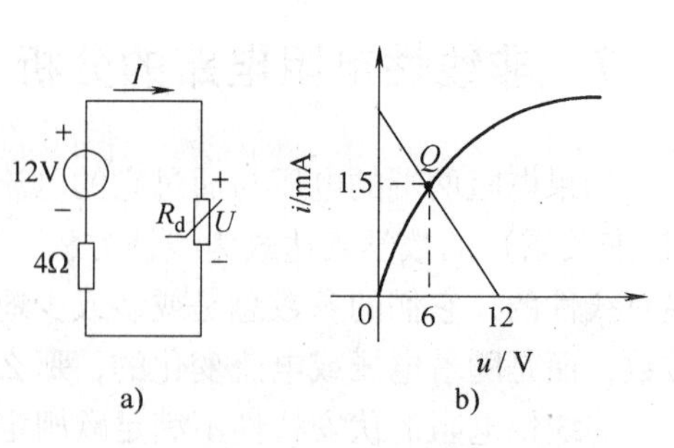

图2-40　例2-13的图

解： 图2-40a可求得

$$U = 12 - 4I$$

在图2-40b上根据回路的KVL关系画一直线，该直线与R_d的伏安特性曲线有一交点Q，其纵坐标和横坐标分别是R_d的上的工作时电流和电压，由图2-40b可得

$$I = 1.5\text{mA}$$

$$U = 6\text{V}$$

如果含有一个非线性元件的电路并没有图2-40a那样简单，除了非线性元件的其余电路部分很复杂，则需在求解前先将复杂的线性部分用戴维南等效电路化简后再计算。

习　题

2-1　如图2-41所示，当电阻R_2增加时，电流I将增加？减小？还是不变？

2-2　如图2-42所示，求R_{ab}。

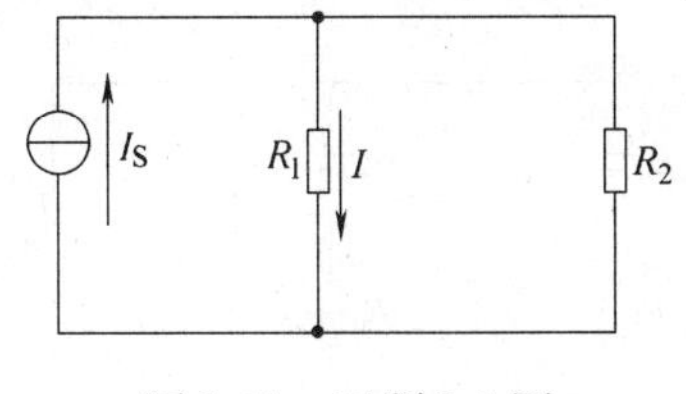

图2-41　习题2-1图

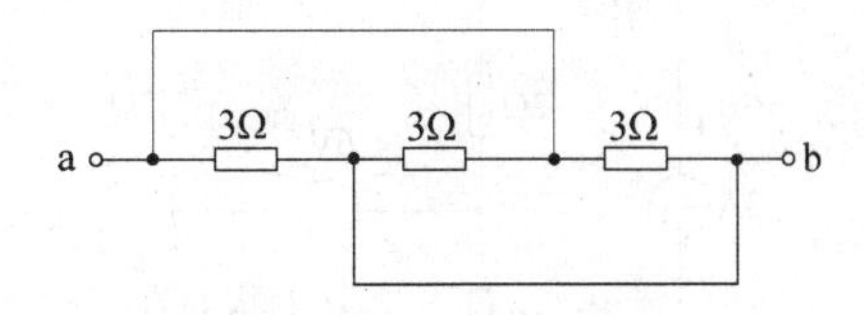

图2-42　习题2-2图

2-3　如图2-43所示，当开关打开和闭合时求R_{ab}。

2-4　如图2-44所示电路，已知$R_1 = R_2 = 1\Omega$，$R_3 = 4\Omega$，$E_1 = 18\text{V}$，$E_2 = 9\text{V}$。试用电压源与电流源等效变换的方法求电流I。

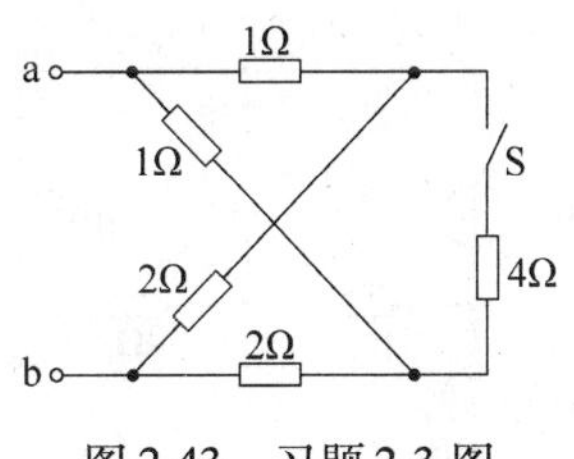

图2-43　习题2-3图

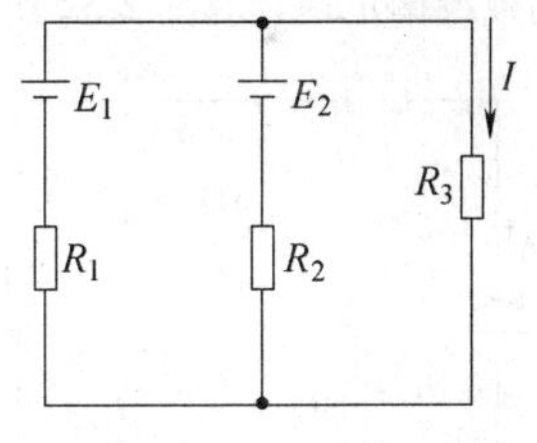

图2-44　习题2-4图

2-5　用电源变换法求图2-45中的电流I。

2-6　电路如图2-46所示，图b是图a的等效电路，试用电源等效变换方法求E及R_0。

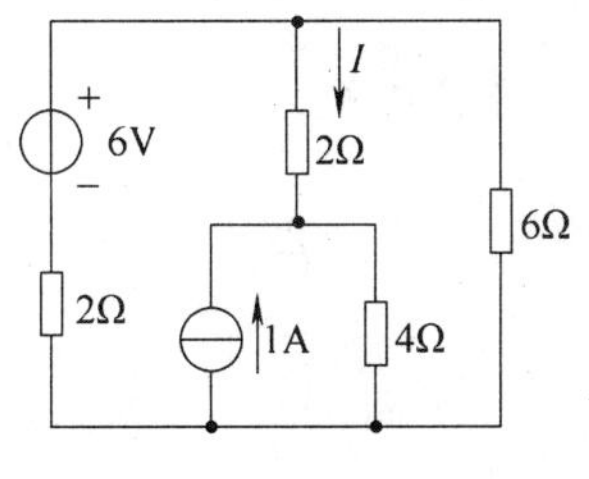

图2-45　习题2-5图

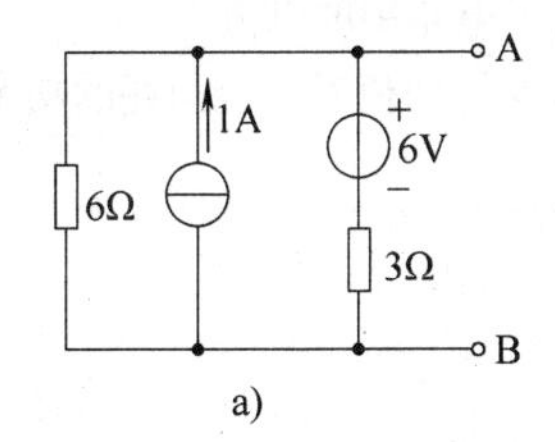

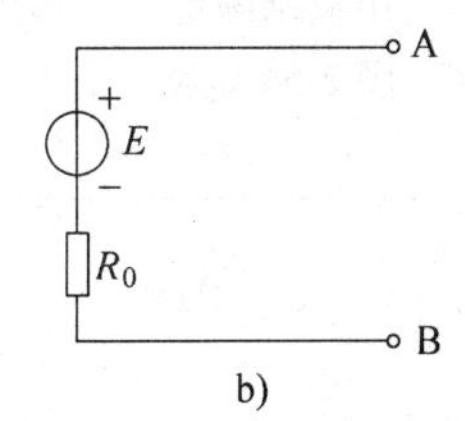

图2-46　习题2-6图

2-7　各支路电流的正方向如图2-47所示，列出用支路电流法求解各未知支路电流时所需要的独立方程。

2-8　用支路电流法求图2-48中4Ω上的电压U。

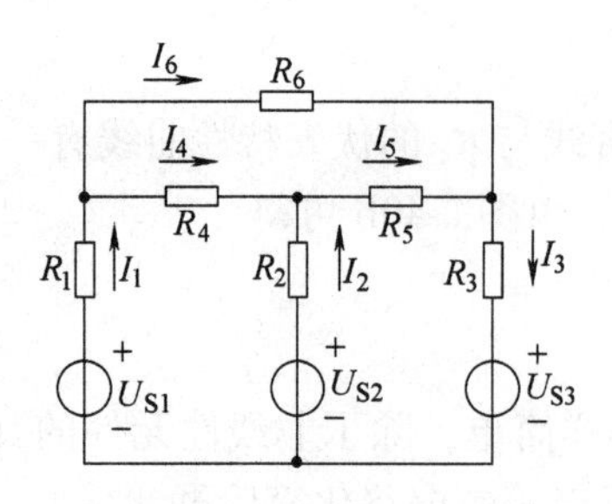

图 2-47　习题 2-7 图

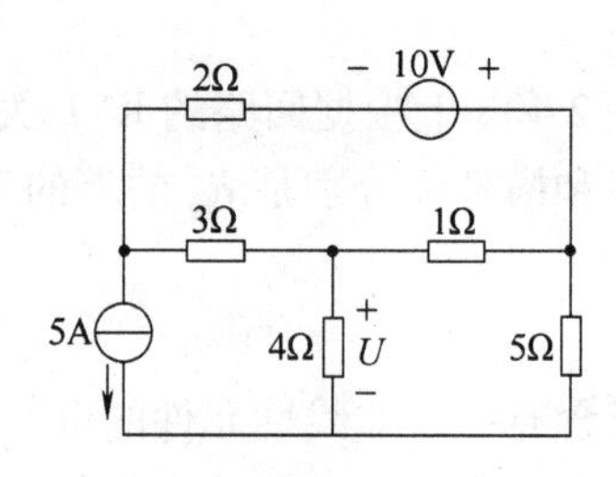

图 2-48　习题 2-8 图

2-9　用叠加原理求图 2-49 中的电压 U。

2-10　电路如图 2-50，已知 $E_1=8\mathrm{V}$，$E_2=6.4\mathrm{V}$，$R_1=6\Omega$，$R_2=4\Omega$，$R_3=4\Omega$，用叠加定理求过 R_3 的电流 I_3。

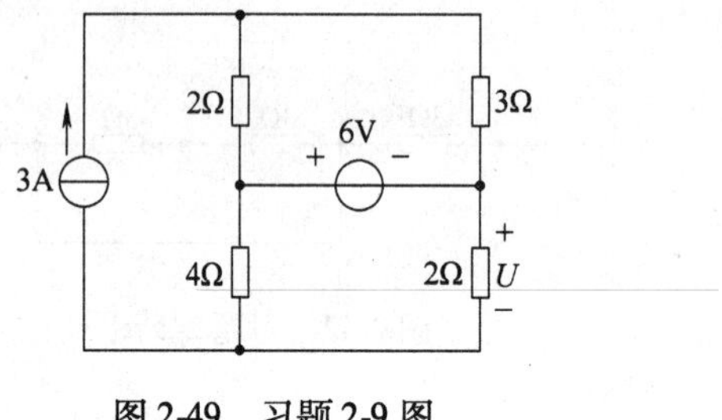

图 2-49　习题 2-9 图

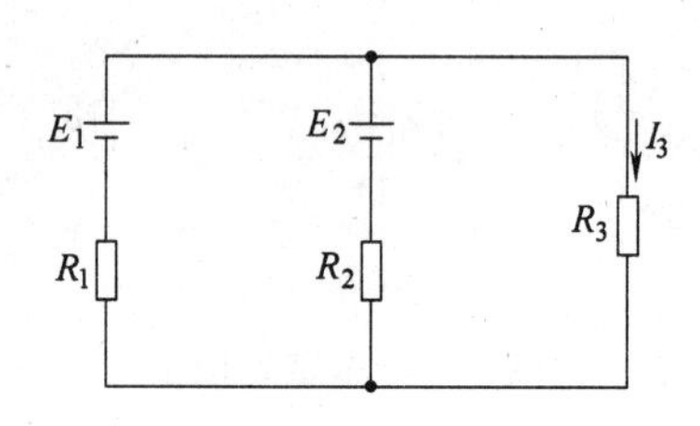

图 2-50　习题 2-10 图

2-11　电路如图 2-51 所示，用叠加定理求电路中 1Ω 电阻中的电流 I。

2-12　用戴维南定理计算图 2-52 所示电路中的电流 I。

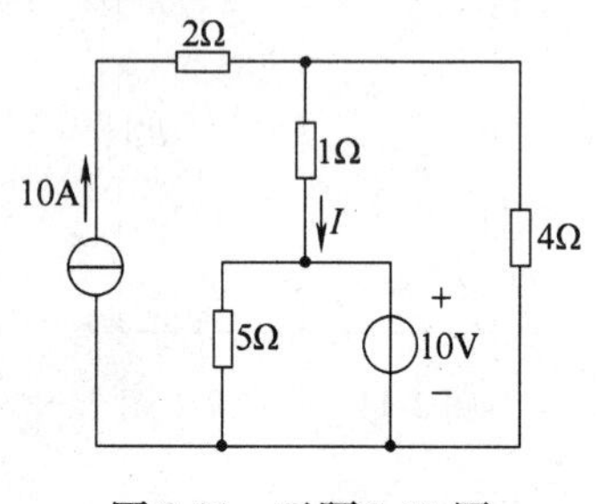

图 2-51　习题 2-11 图

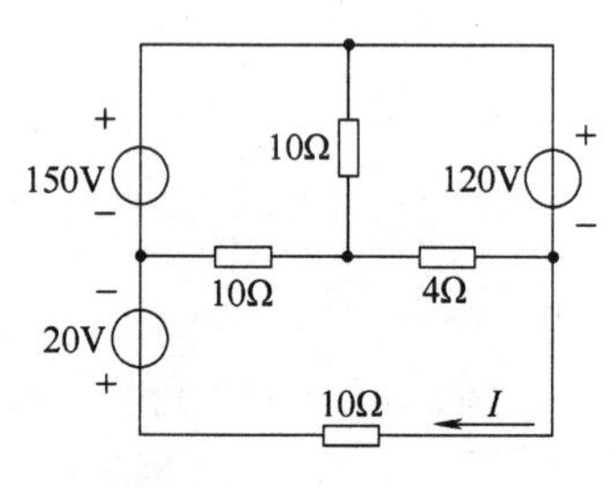

图 2-52　习题 2-12 图

2-13　用戴维南定理计算图 2-53 所示电路中的电流 I。

2-14　图 2-54 电路中，当可变电阻 R 为何值时，能消耗的功率是最大？并求该功率。

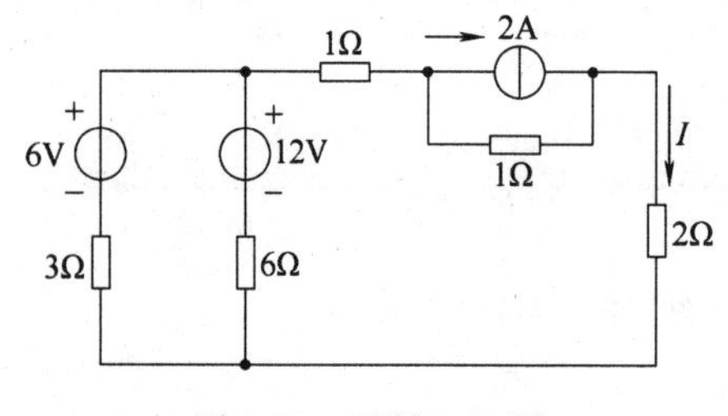

图 2-53　习题 2-13 图

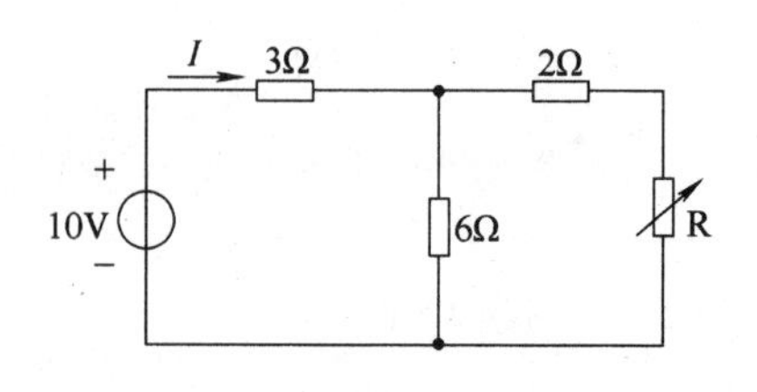

图 2-54　习题 2-14 图

2-15　图 2-55 电路中，求电流 I。

2-16　图2-56电路中，求非线性电阻R_d上的电流I是多少？

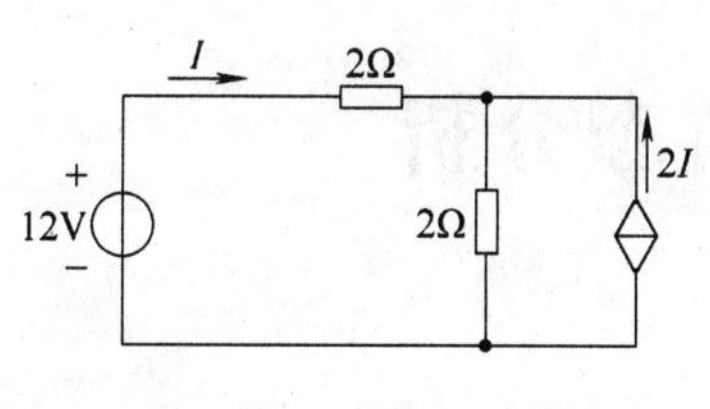

图2-55　习题2-15图

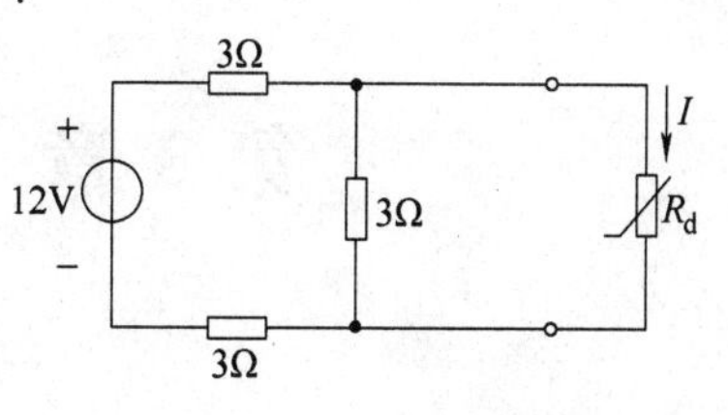

图2-56　习题2-16图

第3章　电路的暂态分析

本章概要

前面两章讨论的都是直流电阻电路的稳定分析，其特点是电路中的电压和电流在给定的条件下已达到某一稳态值。本章主要讨论含有储能元件电容或电感的电路，这类电路在达到稳定状态之前还经历了一个过渡过程，即暂态过程。本章在研究电路暂态过程产生原因和换路定则的基础上，着重分析一阶 *RC* 电路和一阶 *RL* 电路暂态过程中电压与电流随时间变化的规律，以及影响暂态过程快慢的时间常数，由此归纳出一阶线性电路暂态分析的三要素法。

重点：掌握一阶电路的零输入响应、零状态响应、全响应的暂态过程。

难点：理解储能元件的特性及换路定则。

3.1　暂态分析的基本概念

3.1.1　稳态和暂态

电路的结构、元件参数及激励一定时，电路的工作状态也一定，这时电路所处的状态称为稳定状态，简称稳态。在直流电路中，稳态的特征是电路各部分电流、电压的大小和方向不随时间变化，本书第1章和第2章研究的就是直流稳态电路；在交流电路中，稳态的特征是电路各部分电流、电压的初相位、角频率和最大值一定，本书第4章和第5章研究的就是交流稳态电路。

凡内部含有储能元件电容或电感的电路，从一种稳态转变到另一种新的稳态往往不能跃变，需要一定的过程（时间），这个物理过程称为过渡过程。电路的过渡过程往往是短暂的，所以电路的过渡过程称为暂态过程，电路在暂态过程中的工作状态称为暂态。

例如，如图3-1所示的 *RC* 串联直流电路，电容初始电压为零，当接通直流电源后，电容被充电，其上电压 u_C 逐渐增长到稳态值，如图3-2所示。可见，从电路与直流电源接通（$t=0$）直至到达新的稳定状态需要一定时间，即要经历一个过渡过程。

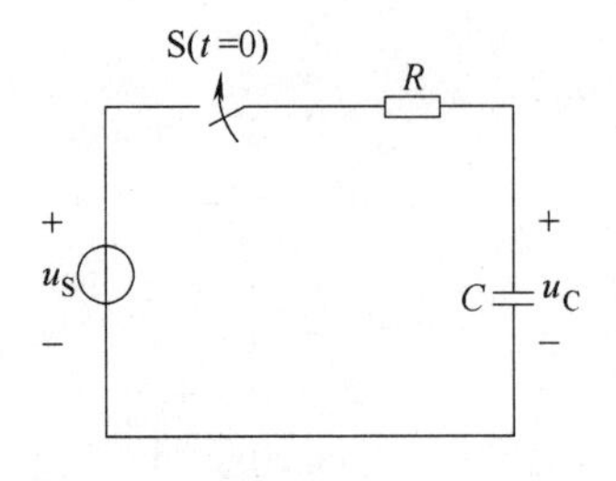

图3-1　*RC* 串联直流电路

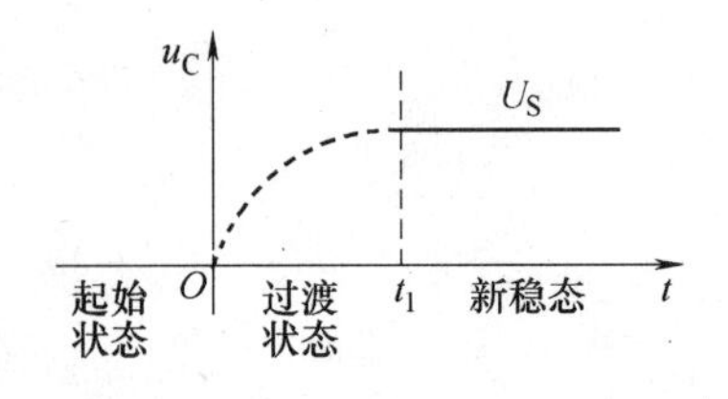

图3-2　*RC* 电路的电容电压 u_C 变化曲线

3.1.2　激励和响应

电源（或信号源）提供给电路的输入信号称为激励，也称为输入。在激励或者内部储能的作用下，电路所产生的电压和电流称为响应，也称为输出。根据能量来源的不同，响应可以分为下列3种：

1）零输入响应：在没有激励的情况下，电路仅由内部储能元件中储存的能量引起的响应。

2）零状态响应：在储能元件没有储存能量的情况下，由激励而引起的响应。

3）全响应：在储能元件已经储存能量的情况下，再加上激励后引起的响应。

线性电路中，根据叠加定理，全响应可以看做是零输入响应与零状态响应的代数和，即

全响应 = 零输入响应 + 零状态响应

本章将详细分析 *RC* 电路和 *RL* 电路的零输入响应、零状态响应和全响应。

3.1.3　暂态过程分析的意义

暂态过程经历的时间虽然短暂，但对它的研究在许多实际电路中有着重要的理论意义和现实价值。某些电路在接通或断开的暂态过程中可能会产生电压过高（称为过电压）或电流过大（称为过电流）的现象，从而损坏电气元器件或用电设备，如电感线圈中产生的过电压使开关上产生电弧或击穿线圈绝缘、电容电路中的过电流使电流表超量程而损坏等。此外，电子设备中常利用电路的暂态过程产生特定的电信号，如电子技术中常利用 *RC* 电路的暂态过程来实现振荡信号的产生、信号波形的变换等。因此，在实际工程应用中，既要预防暂态过程所产生的危害，也要充分利用暂态过程的特性。

练习与思考

3.1.1　什么是稳态？什么是暂态？

3.1.2　在图3-3所示电路中，当开关S闭合后，是否会产生暂态过程？为什么？

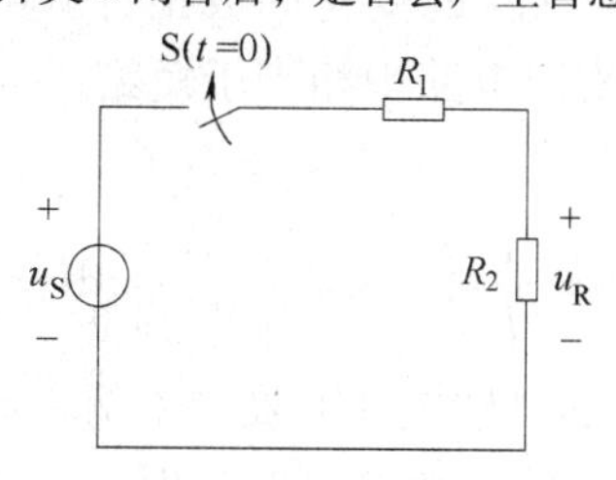

图3-3　练习与思考3.1.2图

3.1.3　为什么白炽灯接入电源后会立即发光，而荧光灯接入电源后要经过一段时间才发光？

3.2　储能元件和换路定则

3.2.1　电容元件

电容是用来表征电路中电场能储存这一物理性质的理想元件。根据第1章对电容元件的

介绍，知参考方向一致时电容电压 u 和电流 i 的关系为

$$i = C\frac{\mathrm{d}u}{\mathrm{d}t}$$

可以看出，线性电容元件的电流 i 与其两端电压 u 的变化率成正比。可见，如果电容器上加的是直流电压，则电流为零，即电容元件在稳态直流电路中相当于开路。

将上式两边积分，可得

$$u = \frac{1}{C}\int_{-\infty}^{t} i\mathrm{d}t = \frac{1}{C}\int_{-\infty}^{0} i\mathrm{d}t + \frac{1}{C}\int_{0}^{t} i\mathrm{d}t = u_0 + \frac{1}{C}\int_{0}^{t} i\mathrm{d}t \tag{3-1}$$

式（3-1）表明，任一时刻 t 的电容电压 u 取决于从 $-\infty$ 到 t 所有时刻的电流值的积分，因此电容元件是一种“记忆”元件。通常只对计时起点 $t=0$ 以后的一段时间感兴趣，所以可以用 u_0 表示在 $t=0$ 时刻电容元件上的电压，称为初始值。

在任意时刻电容元件所储存的电场能量为

$$W_C(t) = \int_{0}^{t} p_C\mathrm{d}t = \frac{1}{2}Cu^2$$

可以看出，电容元件中的能量与其电压的二次方成正比。当电容元件上的电压增高时，电场能量增大，在此过程中，电容元件从电源取用能量（充电）；当电压降低时，电场能量减小，即电容元件将储存的电场能量释放出来（放电）。所以说电容元件是储能元件，本身不消耗能量。

3.2.2 电感元件

电感是用来表征电路中磁场能储存这一物理性质的理想元件。根据第 1 章对电感元件的介绍，知参考方向一致时电感电压 u 和电流 i 的关系为

$$u = L\frac{\mathrm{d}i}{\mathrm{d}t}$$

可以看出，电感电压 u 与其电流 i 的变化率成正比。可见，如果电感电流为直流电流，则电压为零，即电感元件在稳态直流电路中相当于短路。

将上式两边积分，可得

$$i = \frac{1}{L}\int_{-\infty}^{t} u\mathrm{d}t = \frac{1}{L}\int_{-\infty}^{0} u\mathrm{d}t + \frac{1}{L}\int_{0}^{t} u\mathrm{d}t = i_0 + \frac{1}{L}\int_{0}^{t} u\mathrm{d}t \tag{3-2}$$

式（3-2）表明，任一时刻 t 的电感电流 i 取决于从 $-\infty$ 到 t 所有时刻的电压值的积分，因此电感元件也是一种“记忆”元件。通常只对计时起点 $t=0$ 以后的一段时间感兴趣，故用 i_0 表示在 $t=0$ 时电感元件上的电流，称为初始值。

在任意时刻电感元件所储存的磁场能量为

$$W_L(t) = \int_{0}^{t} p_L\mathrm{d}t = \frac{1}{2}Li^2$$

可以看出，电感元件中的能量与其电流的二次方成正比。当电感元件的电流增高时，磁场能量增大，电感元件从电源取用能量（充电）；当电流降低时，磁场能量减小，即电感元件将储存的磁场能量释放出来（放电）。所以说电感元件是储能元件，本身不消耗能量。

【例 3-1】 已知 $C=6\mu\mathrm{F}$，电容初始电压为 0V，流过该电容的电流 i 的波形如图 3-4 所

示。求：电容电压 u 的波形和电容的瞬时功率 $p(t)$，并计算出 $t=1\mathrm{s}$、$2\mathrm{s}$、∞ 时的电容储能。

解：（1）电容电压 u 波形的分析。

根据图3-4所示电容电流 i 的波形，可以写出 $i(t)$ 的函数表达式为

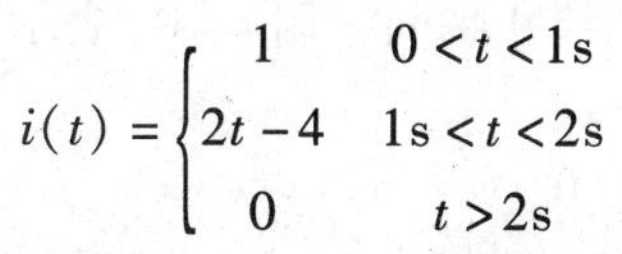

$$i(t)=\begin{cases}1 & 0<t<1\mathrm{s}\\ 2t-4 & 1\mathrm{s}<t<2\mathrm{s}\\ 0 & t>2\mathrm{s}\end{cases}$$

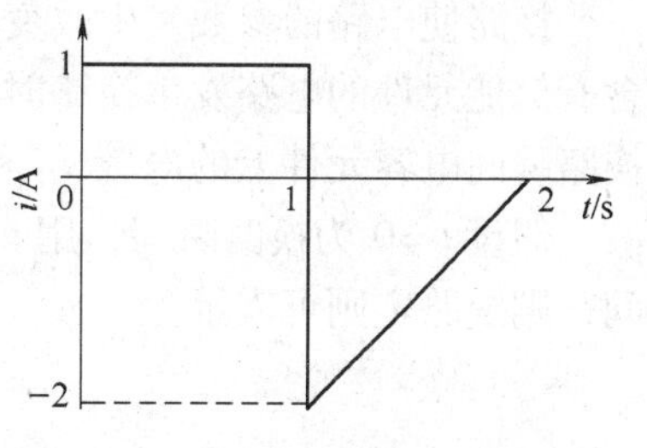

图3-4　例3-1电容电流 i 的波形

由式（3-1）可计算出 $u(t)$ 的函数表达式为

当 $0<t<1\mathrm{s}$ 时

$$u(t)=u(0)+\int_0^t 1\mathrm{d}t=0+t=t$$

则

$$u(1)=1\mathrm{V}$$

当 $1\mathrm{s}<t<2\mathrm{s}$ 时

$$u(t)=u(1)+\int_1^t(2x-4)\mathrm{d}t=1+(x^2-4x)\Big|_1^t=t^2-4t+4$$

则

$$u(2)=0\mathrm{V}$$

当 $t>2\mathrm{s}$ 时

$$u(t)=u(2)+\int_2^t 0\mathrm{d}t=0+0=0$$

综上，电容电压 u 的波形如图3-5所示。

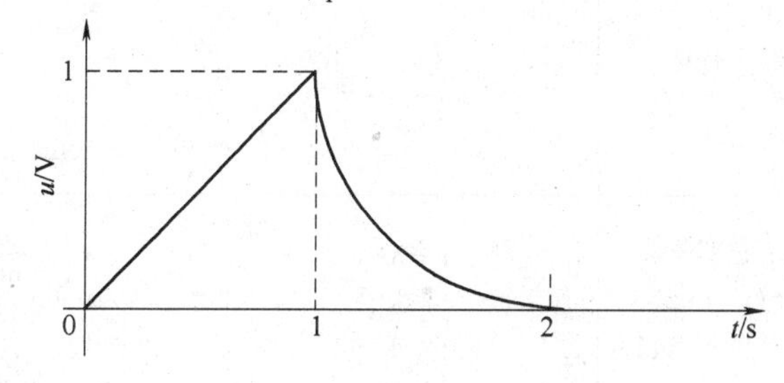

图3-5　电容电压 u 的波形

（2）电容瞬时功率 p（t）的计算。

根据电容电流和电压的函数表达式，可得

$$p(t)=u(t)i(t)=\begin{cases}t & 0<t<1\mathrm{s}\\ 2t^3-12t^2+24t-16 & 1\mathrm{s}<t<2\mathrm{s}\\ 0 & t>2\mathrm{s}\end{cases}$$

（3）$t=1\mathrm{s}$、$2\mathrm{s}$、∞ 时电容储能的计算。

$$W(0)=\frac{1}{2}Cu^2(0)=0$$

$$W(1)=\frac{1}{2}Cu^2(1)=\frac{1}{2}\times 6\mu\mathrm{F}\times(1\mathrm{V})^2=3\times10^{-6}\mathrm{J}$$

$$W(2)=\frac{1}{2}Cu^2(2)=0$$

$$W(\infty)=\frac{1}{2}Cu^2(\infty)=0$$

3.2.3　换路定则

电路的接通、断开、短路，电路参数的改变、电路连接形式的改变及激励的变化，称为

换路。

换路使电路的参数发生改变，也使电路的能量发生变化，但能量是不能跃变的。因此，含有储能元件的电路发生换路时，电路会产生暂态过程。由式（3-1）和式（3-2）可知，在换路瞬间电容元件上的电压 u_C 和电感元件中的电流 i_L 不能跃变，这称为换路定则。

假设 $t=0$ 为换路瞬间，用 $t=0_-$ 表示换路前的终止瞬间，用 $t=0_+$ 表示换路后的初始瞬间，则换路定则可表示为

$$\begin{cases} u_C(0_-)=u_C(0_+) \\ i_L(0_-)=i_L(0_+) \end{cases} \tag{3-3}$$

换路定则只适用于换路瞬间（从 $t=0_-$ 到 $t=0_+$），可根据它来确定 $t=0_+$ 时刻电路中各处的电压值和电流值，即暂态过程的初始值。初始值的确定是分析暂态过程的必要条件。

综上，表3-1归纳了常用电阻元件 R、电容元件 C 和电感元件 L 及其相关性质。

表3-1　R、L、C 元件的基本性质

特性＼元件	电阻 R	电容 C	电感 L
符号	i　+　u　−　R	i　+　u　−　C	i　+　u　−　L
伏安关系（u 与 i 参考方向一致）	$u=Ri$ $i=\frac{u}{R}$	$i=C\frac{\mathrm{d}u}{\mathrm{d}t}$ $u=u_0+\frac{1}{C}\int_0^t i\mathrm{d}t$	$u=L\frac{\mathrm{d}i}{\mathrm{d}t}$ $i=i_0+\frac{1}{L}\int_0^t u\mathrm{d}t$
直流稳态电路中	遵循欧姆定律	相当于开路	相当于短路
换路瞬间	遵循欧姆定律 电压、电流可突变	$u_C(0_-)=u_C(0_+)$ 电容电流可突变	$i_L(0_-)=i_L(0_+)$ 电感电压可突变
能量	$W_R(t)=\int_0^t Ri^2\mathrm{d}t$ 耗能元件 不储存能量	$W_C(t)=\frac{1}{2}Cu^2$ 储能元件 将电能转化为电场能量	$W_L=\frac{1}{2}Li^2$ 储能元件 将电能转化为磁场能量

【例3-2】　图3-6所示 RC 电路，换路前电路处于稳态，确定电路中 u_C、i_C、i_1 和 i_2 的初始值。

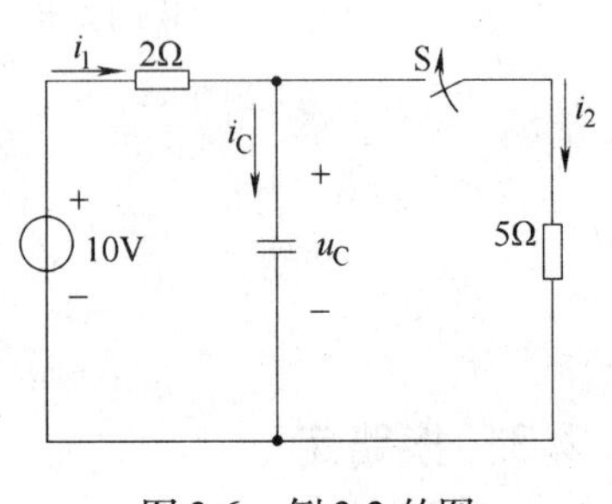

图3-6　例3-2的图

解：$t=0_-$ 时，电容元件视为开路，如图3-7a所示，则

$$u_C(0_-)=10\text{V}$$

由式（3-3）的换路定则知，当 $t=0_+$ 时

$$u_C(0_+)=10\text{V}$$

则 $t=0_+$ 时刻，电容所在处电压等于 $u_C(0_+)$，可用电压源替代，等效电路如图3-7b所示。

a) $t=0_-$ 时刻等效电路　　b) $t=0_+$ 时刻等效电路

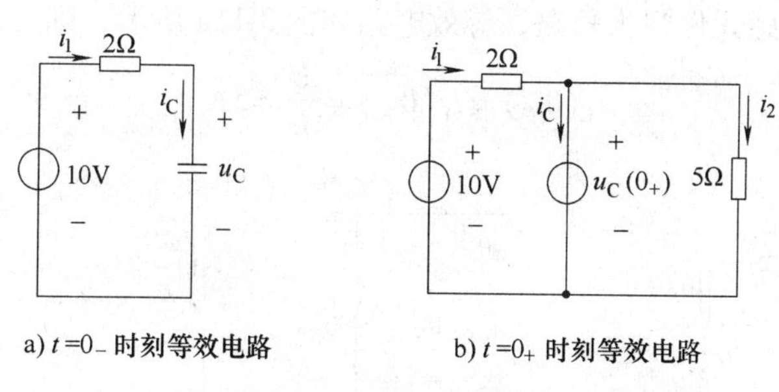

图 3-7　图 3-6 的等效电路

所以

$$i_2 = \frac{u_C(0_+)}{5\Omega} = 2\text{A}$$

$$i_1 = \frac{10\text{V} - u_C(0_+)}{2\Omega} = 0\text{A}$$

$$i_C = -2\text{A}$$

【例 3-3】　图 3-8 所示 *RL* 电路，换路前电路处于稳态，确定电路中 i_L 和 u_L 的初始值。

解：$t=0_-$时，电感元件视为短路，等效电路如图 3-9a 所示，则

$$i_L(0_-) = \frac{12}{2+4}\text{A} = 2\text{A}$$

图 3-8　例 3-3 的图

a) $t=0_-$ 时刻等效电路　　b) $t=0_+$ 时刻等效电路

图 3-9　图 3-8 的等效电路

由式（3-3）的换路定则知，当 $t=0_+$时

$$i_L(0_+) = 2\text{A}$$

$t=0_+$时刻，电感所在处电流等于 $i_L(0_+)$，用电流源替代，初始值等效电路如图 3-9b 所示，则

$$u_L(0_+) = -i_L(0_+) \times 4\Omega = -8\text{V}$$

综上，确定初始值的步骤如下：

1）在 $t=0_-$电路中，将电容视为开路或电感视为短路，计算出 $u_C(0_-)$或 $i_L(0_-)$。

2）根据换路定则求出 $u_C(0_+)$或 $i_L(0_+)$，将电容用电压值为 $u_C(0_+)$的理想电压源代替，或将电感元件用电流值为 $i_L(0_+)$的理想电流源代替，即可得在 $t=0_+$时刻的等效电路。

3）在 $t=0_+$时刻等效电路中，计算出所要求的各电压初始值和电流初始值。

【例 3-4】　图 3-10 所示电路原已稳定，$U=10\text{V}$，电感线圈电阻 $R=2\Omega$，$L=1\text{H}$，电压表内阻为 10kΩ，量程为 100V。$t=0$ 时开关 S 断开，求 $t=0_+$时电压表的端电压。

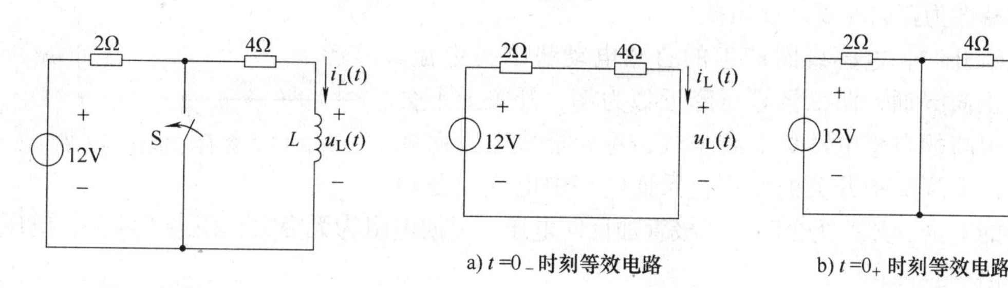

解： $t=0_-$时，电感元件视为短路，等效电路如图 3-11a 所示，则

$$i_L(0_+)=i_L(0_-)=\frac{U}{R}=5\text{A}$$

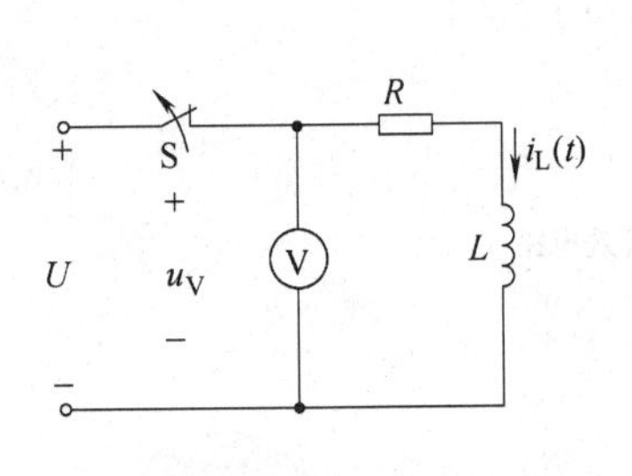

图 3-10 例 3-4 电路

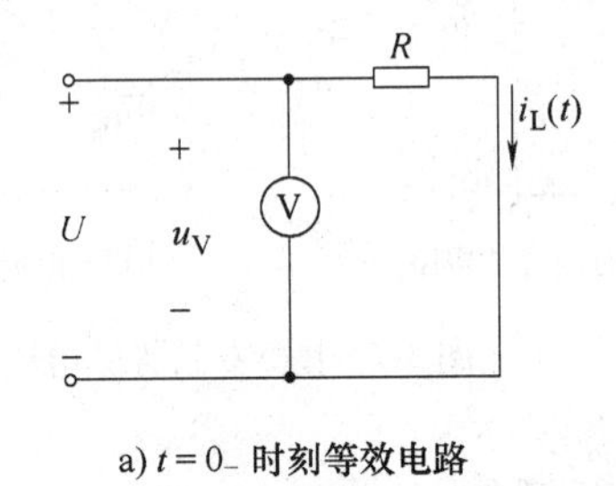

a) $t=0_-$ 时刻等效电路

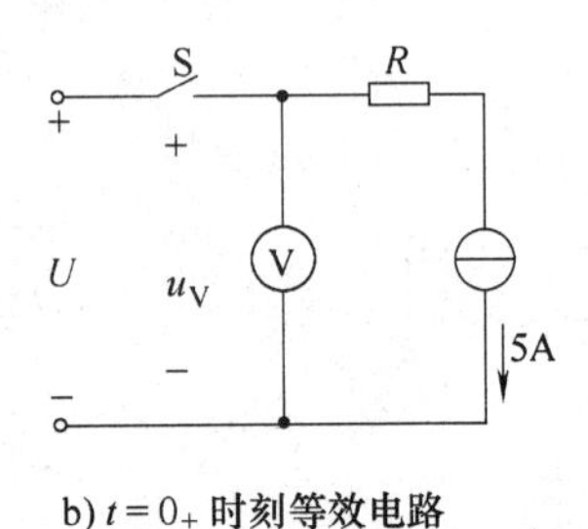

b) $t=0_+$ 时刻等效电路

图 3-11 图 3-10 的等效电路

$t=0_+$时刻，初始值等效电路如图 3-11b 所示，则

$$u_V(0_+)=-i_L(0_+)\times10^4\Omega=-50\text{kV}$$

可见，电路中电感的电压在换路瞬间发生了突变，比稳态时电感端电压增大了很多倍，这种现象称为过电压。过电压可能会造成某些绝缘设备的击穿，从而产生触电事故。所以，在使用电感性负载时，一定要注意过电压现象，采取一定措施有效防止击穿事故的发生。

实际工作中，可以并联一个二极管，如图 3-12 所示，二极管的特性为正向导通，反向截止。

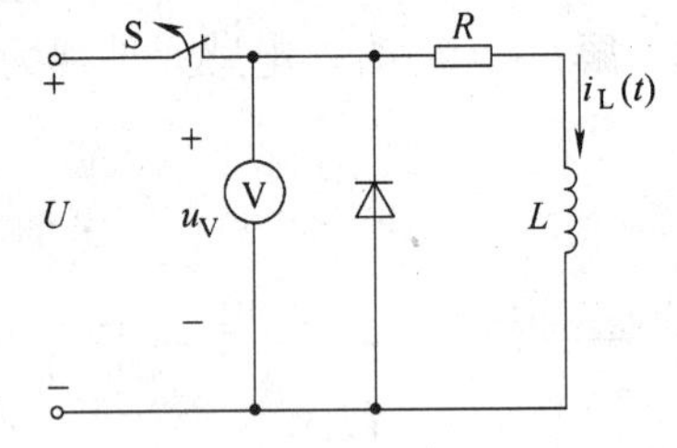

图 3-12 含有二极管的电路

开关断开时，电感线圈产生的自感电动势维持电流，使二极管正向导通，而二极管压降近似为零，开关上不会因为承受很高的自感电动势而将空气击穿，造成电弧而烧毁，故可以起到保护开关的作用，保证电路中电气设备和操作人员的安全。开关闭合时，二极管加反向电压，反向电阻为无穷大，相当于断路，电压对 *RL* 电路供电。

通过例 3-4 可见，如果测量某一支路电压，测量后应先拆电压表，然后再扳断开关，否则电压表将被烧坏。即使如此，电感电流瞬时下降为零，也会在线圈两端感应出很高的电压，击穿线圈间的绝缘，并使开关触点间出现电弧，损坏开关触点。

同样，在使用电容性负载时，流过电容器的电流在换路瞬间发生突变，产生过电流或冲击电流，会对连接在同一个电网上的其他负载工作产生影响，严重时甚至会引起机械损伤或火灾，因此要注意冲击电流影响并加以防范。

练习与思考

3.2.1 任何电路在换路时是否都会产生暂态过程？电路产生暂态的条件是什么？

3.2.2 若一个电感元件两端电压为零，其储能是否一定为零？若一个电容元件中的电流为零，其储能是否一定为零？为什么？

3.2.3 在含有储能元件的电路中，电容和电感什么时候可视为开路？什么时候可视为短路？

3.2.4 在图 3-13 所示电路中，白炽灯分别和 *R*、*L*、*C* 串联。当开关 S 闭合后，白炽灯 1 立即正常发光，白炽灯 2 瞬间闪光后熄灭不再亮，白炽灯 3 逐渐从暗到亮，最后达到最亮。请分析产生这种现象的原因。

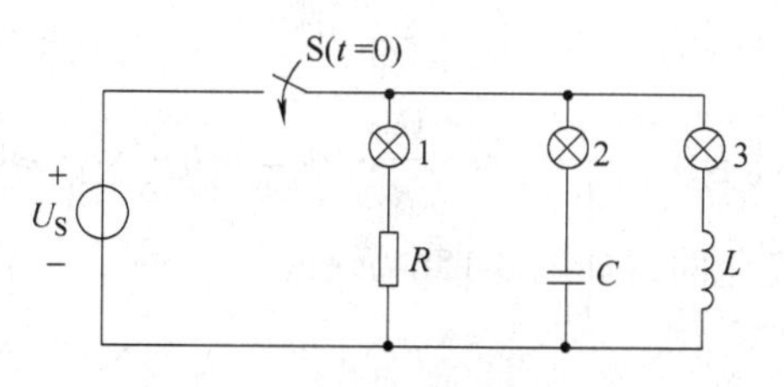

图3-13　练习与思考3.2.4图

3.3　零输入响应

动态电路在没有外来激励电源作用的情况下，换路后仅由电路内部储能所引起的响应，称为零输入响应。动态电路的零输入响应分为 *RC* 电路的零输入响应和 *RL* 电路的零输入响应，下面分别予以分析。

3.3.1　*RC* 电路的零输入响应

电阻和电容串联的电路简称 *RC* 电路。在图3-14所示 *RC* 电路中，换路前电路已处于稳态，电源对电容充电，其电压 $u_C(0_-)=U_0$；换路后即开关S从位置1掷到位置2上，尽管外部激励为零，但在电容内部储能的作用下，电容经电阻把电场能量释放出来。因此，该电路的响应为零输入响应。研究 *RC* 电路的零输入响应也就是研究电容元件的放电过程。

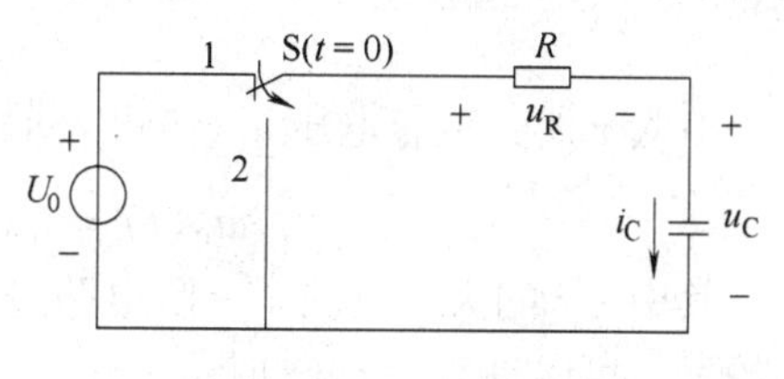

图3-14　*RC* 电路

换路后，根据KVL可列出电路方程为

$$Ri_C(t)+u_C(t)=0$$

即

$$RC\frac{du_C(t)}{dt}+u_C(t)=0$$

该式为一阶常系数线性齐次微分方程。此方程的通解为指数函数，即

$$u_C(t)=Ae^{pt} \tag{3-4}$$

式中，A 为待求的积分常数；p 为待求的特征根。

积分常数 A 可以通过电路的初始条件来确定。根据换路定则，在 $t=0_+$ 时，$u_C(0_+)=u_C(0_-)=U_0$，则

$$A=U_0$$

特征根 p 可由特征方程 $RCp+1=0$ 求出，由此求得特征根为

$$p=-\frac{1}{RC}$$

将 A 和 p 的结果代入通解即式（3-4）中，便得到了电容的放电规律为

$$u_C(t)=u_C(0_+)e^{-\frac{t}{RC}}=U_0e^{-\frac{t}{RC}}(t\geqslant 0) \tag{3-5}$$

由式（3-5）知，电容电压 $u_C(t)$ 随时间的变化曲线如图3-15a所示。

此时，电容上的电流 $i_C(t)$ 为

$$i_C(t)=C\frac{\mathrm{d}u_C(t)}{\mathrm{d}t}=-\frac{U_0}{R}\mathrm{e}^{-\frac{t}{RC}}=-I_0\mathrm{e}^{-\frac{t}{RC}}(t\geqslant0)$$

电容电流 i_C 随时间的变化曲线如图 3-15b 所示。

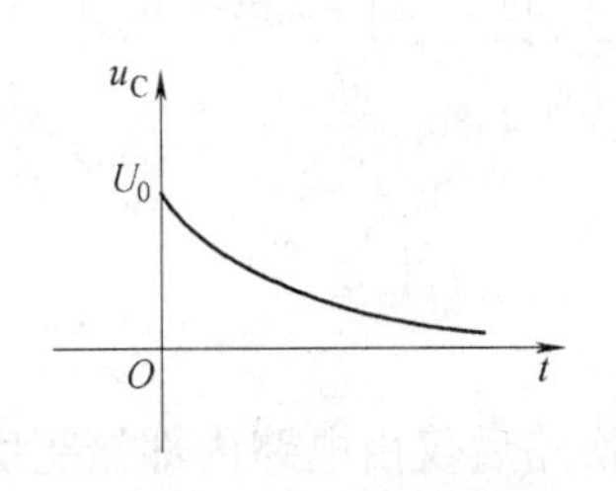

a) 电容电压u_C的变化曲线

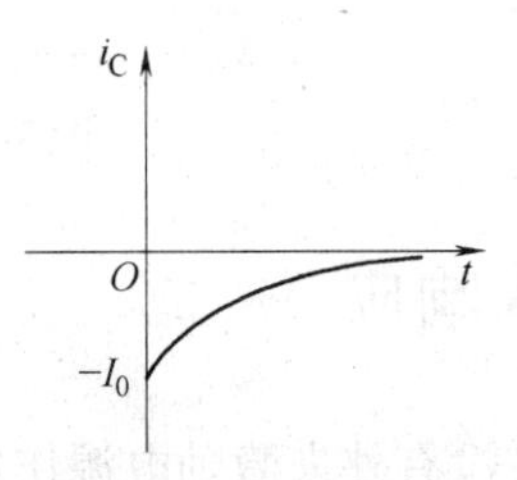

b) 电容电流i_C的变化曲线

图 3-15　RC 电路零输入响应时 u_C、i_C 变化曲线

可见，电容的放电电压是从初始值 U_0 开始，按指数规律随时间逐渐衰减为零。衰减的快慢取决于 R 和 C 的大小，即取决于它们的乘积（称为时间常数 τ），故有

$$\tau=RC \tag{3-6}$$

引入 τ 后，电容电压 $u_C(t)$ 可表示为

$$u_C(t)=u_C(0_+)\mathrm{e}^{-\frac{t}{\tau}}=U_0\mathrm{e}^{-\frac{t}{\tau}}\quad(t\geqslant0) \tag{3-7}$$

其中，τ 的大小反映了一阶电路过渡过程的进展速度，它是反映过渡过程特性的一个重要的量。可以计算得 $t=\tau$ 时

$$u_C(\tau)=U_0\mathrm{e}^{-1}=0.368U_0\quad(t\geqslant0)$$

可见，时间常数 τ 等于电容电压衰减到初始值的 36.8% 时所需的时间。$t=2\tau$、3τ、4τ、…时刻的电容电压 $u_C(t)$ 的值列于表 3-2 中。

表 3-2　$u_C(t)$ 与 τ 的关系

t	0	τ	2τ	3τ	4τ	5τ
u_C	U_0	$0.368U_0$	$0.135U_0$	$0.050U_0$	$0.018U_0$	$0.007U_0$

从表 3-2 可见，在理论上要经过无限长的时间，电容电压 u_C 才能衰减为零。但工程上一般认为换路后，经过 3 ~ 5τ 时间，电路的暂态过程就基本结束，电路已达到新的稳态。

根据式（3-7）还可以求出 $i_C(t)$ 和 $u_R(t)$ 的变化规律

$$i_C(t)=C\frac{\mathrm{d}u_C(t)}{\mathrm{d}t}=-\frac{U_0}{R}\mathrm{e}^{-\frac{t}{\tau}}$$

$$u_R(t)=Ri=-U_0\mathrm{e}^{-\frac{t}{\tau}}$$

电阻 R 在电容放电过程中所消耗的能量为

$$W_R=\int_0^{\infty}Ri(t)^2\mathrm{d}t=\int_0^{\infty}R\left(\frac{U_0}{R}\right)^2\mathrm{e}^{-2\frac{t}{\tau}}\mathrm{d}t=\frac{1}{2}CU_0^2 \tag{3-8}$$

所以，电容储存的能量在放电过程中都被电阻消耗。

综上所述，计算 RC 电路零输入响应的关键是计算换路后电容的初始电压和电路的时间

常数。当电路为较为复杂的电路时，可以应用戴维南定理或诺顿定理将换路后的电路化简成一个简单电路，式（3-8）中的R是由电容两端看进去的戴维南或诺顿等效电阻，而后利用上述经典法所得表达式直接进行分析。

【例3-5】 图3-16所示电路在换路前处于稳定。当$t=0$时将开关S从1掷向2。求换路后电容电压$u_C(t)$。

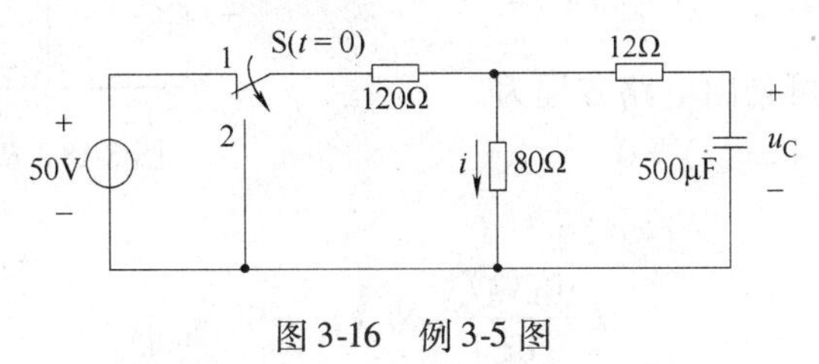

图3-16　例3-5图

解： 换路前电容相当于开路，由换路定则可得

$$u_C(0_+)=u_C(0_-)=\left(\frac{80}{120+80}\times 50\right)\text{V}=20\text{V}$$

换路后的暂态过程为RC零输入响应，此时电阻

$$R=(12+120/\!/80)\Omega=60\Omega$$

时间常数为

$$\tau=RC=3\times 10^{-2}\text{s}$$

则

$$u_C(t)=u_C(0_+)\text{e}^{-\frac{t}{\tau}}=20\text{e}^{-\frac{100}{3}t}\text{V}$$

【例3-6】 图3-17所示电路在换路前处于稳定。当$t=0$时将开关S打开，求换路后$u_C(t)$、$i_C(t)$和$i_1(t)$。

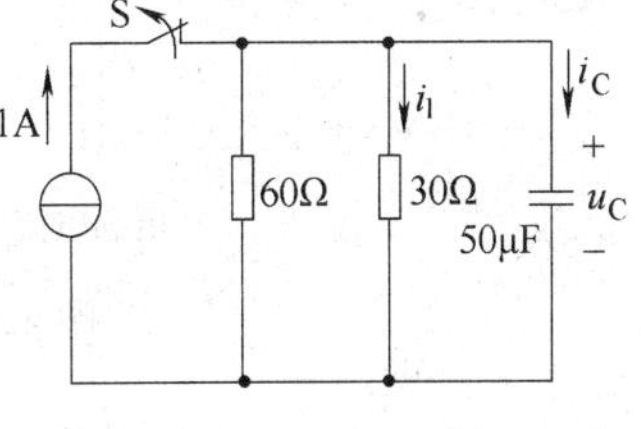

图3-17　例3-6的图

解： 换路前电容相当于开路，由换路定则可得

$$u_C(0_+)=u_C(0_-)=\left(\frac{60\times 30}{60+30}\times 1\right)\text{V}=20\text{V}$$

换路后的暂态过程为RC零输入响应，此时电阻$R=(60/\!/30)\Omega=20\Omega$，时间常数为

$$\tau=RC=1\times 10^{-3}\text{s}$$

则

$$u_C(t)=u_C(0_+)\text{e}^{-\frac{t}{\tau}}=20\text{e}^{-10^3t}\text{V}$$

所以

$$i_C(t)=-\text{e}^{-10^3t}\text{A}$$

$$i_1(t)=-\frac{60}{60+30}i_C(t)=\frac{2}{3}\text{e}^{-10^3t}\text{A}$$

3.3.2　*RL*电路的零输入响应

电阻和电感串联的电路简称RL电路。在图3-18所示RL电路中，换路前电路已处于稳

态，电源对电感充磁，其电流 $i_{\mathrm{L}}(0_-)=I_0=\dfrac{U_0}{R}$；换路后即开关 S 从位置 1 掷到位置 2 上，尽管外部激励为零，但在电感内部储能的作用下，电感经电阻把磁场能量释放出来。因此，该电路的响应为零输入响应。研究 *RL* 电路的零输入响应也就是研究电感元件的放磁过程。

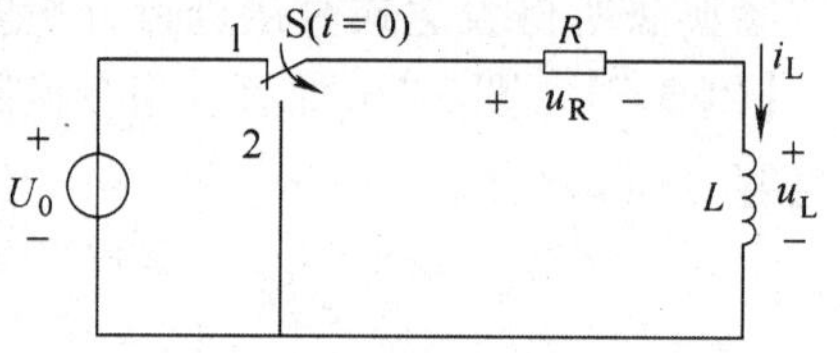

图 3-18　*RL* 零输入响应电路

换路后，根据 KVL 可列出电路方程为

$$Ri_{\mathrm{L}}(t)+u_{\mathrm{L}}(t)=0$$

则

$$L\frac{\mathrm{d}i_{\mathrm{L}}(t)}{\mathrm{d}t}+Ri_{\mathrm{L}}(t)=0$$

与前面 *RC* 电路的分析过程相同，上式为一阶常系数线性齐次微分方程。假设电感电流初始值为 I_0，则可得电感放磁时电感电流的变化规律为

$$i_{\mathrm{L}}(t)=i_{\mathrm{L}}(0_+)\mathrm{e}^{-\frac{Rt}{L}}=I_0\mathrm{e}^{-\frac{Rt}{L}}(t\geqslant 0) \tag{3-9}$$

电感电流 i_{L} 随时间的变化曲线如图 3-19a 所示。

此时，电感电压 $u_{\mathrm{L}}(t)$ 为

$$u_{\mathrm{L}}(t)=L\frac{\mathrm{d}i_{\mathrm{L}}(t)}{\mathrm{d}t}=-RI_0\mathrm{e}^{-\frac{Rt}{L}}(t\geqslant 0)$$

电感电压 u_{L} 随时间的变化曲线如图 3-19b 所示。

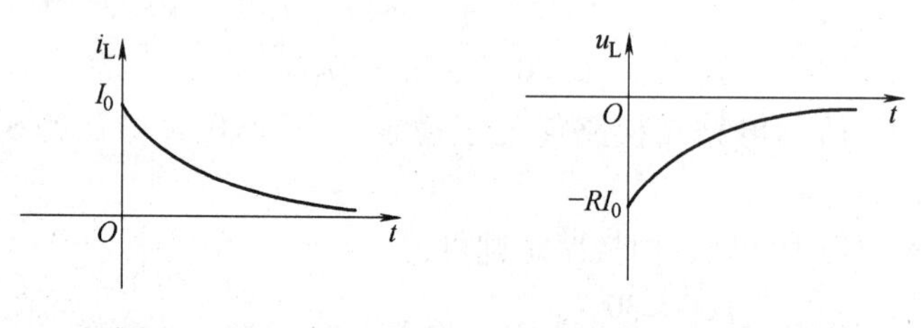

a) 电感电流 i_{L} 的变化曲线　　b) 电感电压 u_{L} 的变化曲线

图 3-19　*RL* 电路零输入响应时 i_{L}、u_{L} 变化曲线

可见，电感电流 i_{L} 是从初始值 I_0 开始，按指数规律随时间逐渐衰减为零。

该 *RL* 电路的时间常数为

$$\tau=\frac{L}{R} \tag{3-10}$$

引入 τ 后，电感电流可表示为

$$i_{\mathrm{L}}(t)=i_{\mathrm{L}}(0_+)\mathrm{e}^{-\frac{t}{\tau}}=I_0\mathrm{e}^{-\frac{t}{\tau}}(t\geqslant 0) \tag{3-11}$$

根据式（3-11）还可以求出 u_{R} 和 u_{L} 的变化规律

$$u_{\mathrm{R}}(t)=Ri=RI_0\mathrm{e}^{-\frac{t}{\tau}}$$

$$u_{\mathrm{L}}(t)=L\frac{\mathrm{d}i_{\mathrm{L}}(t)}{\mathrm{d}t}=-RI_0\mathrm{e}^{-\frac{t}{\tau}}$$

电阻 R 在电感放磁过程中所消耗的能量为

$$W_R = \int_0^{\infty} Ri(t)^2 \mathrm{d}t = \int_0^{\infty} R\left(\frac{U_0}{R}\right)^2 \mathrm{e}^{-2\frac{t}{\tau}} \mathrm{d}t = \frac{1}{2}LI_0^2 \tag{3-12}$$

所以，电感储存的能量在放磁过程中都被电阻消耗。

综上所述，计算 RL 电路零输入响应的关键是计算换路后电感的初始电流和电路的时间常数。当电路中含有多个电阻元件时，式（3-10）中的 R 是由电感两端看进去的戴维南等效电阻。

【例 3-7】 图 3-20 所示电路在换路前处于稳定状态。当 $t=0$ 时将开关 S 由 1 掷向 2，求换路后电感电流 $i_L(t)$。

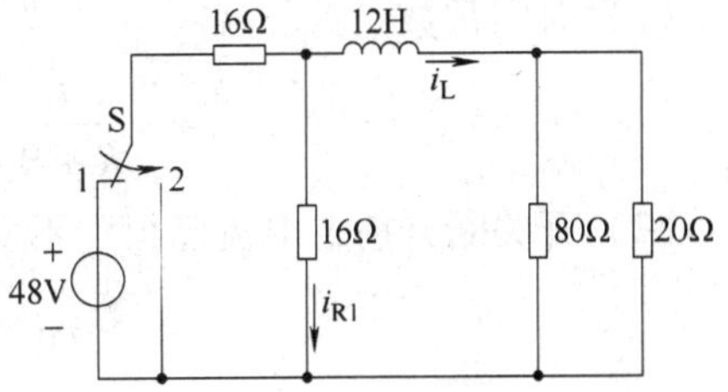

解： 换路前电感相当于短路，由换路定律可得

$$i_L(0_+) = \left(\frac{48}{16+16/\!/80/\!/20} \times \frac{16}{16+80/\!/20}\right)\mathrm{A} = 1\mathrm{A}$$

换路后的暂态过程为 RL 零输入响应，此时电阻

$$R_{eq} = (16/\!/16+80/\!/20)\Omega = 24\Omega$$

图 3-20　例 3-7 的图

时间常数为

$$\tau = \frac{L}{R} = \frac{12}{24}\mathrm{s} = 0.5\mathrm{s}$$

则由式（3-11）可得

$$i_L(t) = 1\mathrm{e}^{-2t}\ \mathrm{A}$$

【例 3-8】 图 3-21 所示电路在换路前处于稳定状态。当 $t=0$ 时将开关 S 由 1 掷向 2，求换路后电感电流 $i_L(t)$ 和电压 $u_L(t)$。

解： 换路前电感相当于短路，由换路定律可得

$$i_L(0_+) = i_L(0_-) = \left(\frac{2}{2+2} \times 4\right)\mathrm{A} = 2\mathrm{A}$$

换路后的暂态过程为 RL 零输入响应，此时电阻 $R=2\Omega$，时间常数为

$$\tau = \frac{L}{R} = \frac{1}{10}\mathrm{s}$$

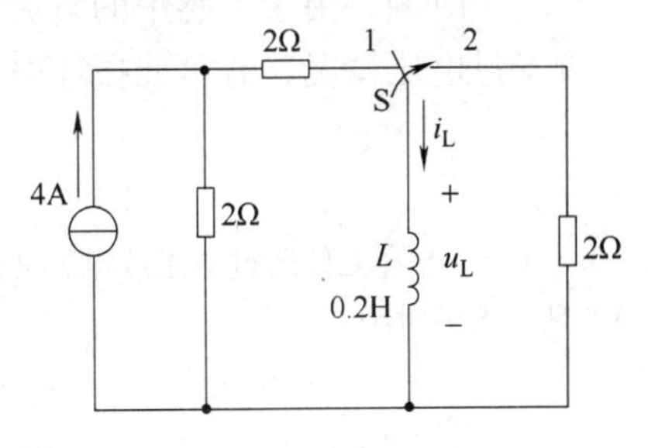

图 3-21　例 3-8 的图

则

$$i_L(t) = i_L(0_+)\mathrm{e}^{-\frac{t}{\tau}} = 2\mathrm{e}^{-10t}\ \mathrm{A}$$

所以电感电压为

$$u_L(t) = -4\mathrm{e}^{-10t}\ \mathrm{V}$$

根据上述分析归纳可知，确定零输入响应的步骤为

1）由换路定则计算出初始值 $u_C(0_+)$ 或 $i_L(0_+)$。

2）计算时间常数 τ，需注意其中电阻为换路后电容或电感元件两端的等效电阻。

3）将上面两个参数直接代入一阶电路的零输入响应函数 $u_C(t) = u_C(0_+)\mathrm{e}^{-\frac{t}{\tau}}$ 或 $i_L(t) = i_L(0_+)\mathrm{e}^{-\frac{t}{\tau}}$ 中。

4）根据 $u_C(t)$ 或 $i_L(t)$ 求所需计算参数。

【例 3-9】 图 3-22 所示电路是一台 300kW 汽轮发电机的励磁回路。已知励磁绕组的电阻 $R=0.2\Omega$，电感 $L=0.4\text{H}$，直流电压 $U_S=36\text{V}$。电压表的量程为 50V，内阻为 5kΩ。开关 S 闭合时，电路中电流已经恒定不变。在 $t=0$ 时，打开开关。求：（1）电阻、电感回路的时间常数；（2）电流 i_L 的初始值和开关断开后 i_L 的稳态值；（3）电流 $i_L(t)$ 和电压表两端的电压 $u_V(t)$；（4）开关刚打开时，电压表处的电压。

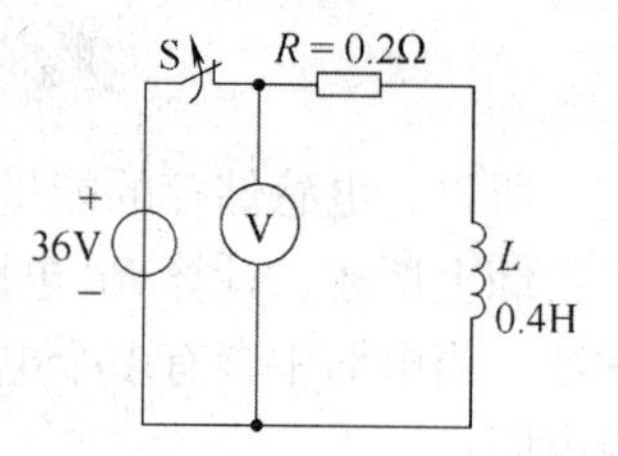

图 3-22　例 3-9 的电路

解： 设电压表内阻为 R_V，则 $R_V=5\text{k}\Omega$。

（1）时间常数

$$\tau=\frac{L}{R+R_V}=\left(\frac{0.4}{0.2+5000}\right)\mu\text{s}=80\mu\text{s}$$

（2）开关断开前，电流已恒定不变，电感 L 两端电压为零，故

$$i_L(0_-)=\frac{U_S}{R}=\frac{36}{0.2}\text{A}=180\text{A}$$

（3）此电路为零输入响应，按 $i_L(t)=i_L(0_+)\text{e}^{-\frac{t}{\tau}}$，可得

$$i_L(t)=180\text{e}^{-12500t}\text{A}$$

电压表两端的电压

$$u_V(t)=-R_Vi_L(t)=(-5000\times180\text{e}^{-12500t})\text{V}=-900\text{e}^{-12500t}\text{kV}$$

（4）开关刚打开时，即 $t=0_+$ 时刻，电压表处的电压

$$u_V(0_+)=-900\text{V}$$

在这个时刻，由于电感中的电流不能跃变，同时电压表内阻远大于励磁绕组的电阻，所以出现了过电压情况，有可能损坏电压表。需要按照例题 3-4 所提出的方法进行改进。

练习与思考

3.3.1　一电容元件通过电阻放电，如图 3-23 所示。$R=2\Omega$，$C=4\text{pF}$，求电容电压下降为初始电压的 36.8% 所需要的时间？

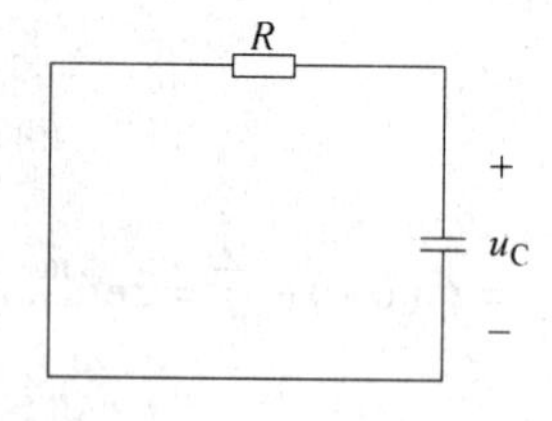

图 3-23　练习与思考 3.3.1 图

3.3.2　一线圈的电感 $L=0.1\text{H}$，通有直流 $I=5\text{A}$，将线圈短路，经过 0.01s 后，线圈中的电流减小到初始值的 36.8%。求线圈的电阻 R。

3.4　零状态响应

动态电路在储能元件没有储存能量的情况下，换路后仅由电源激励所引起的响应，称为零状态响应。动态电路的零状态响应分为 *RC* 电路的零状态响应和 *RL* 电路的零状态响应，

下面分别予以分析。

3.4.1　*RC* 电路的零状态响应

在图3-24 所示 *RC* 电路中，换路前电路已处于稳态，电容中没有储存电场能量，即处于零状态，有 $u_C(0_-)=0$；换路后，开关 S 闭合，电源对电容充电。因此，该电路的响应为零状态响应。研究 *RC* 电路的零状态响应也就是研究电容元件的充电过程。

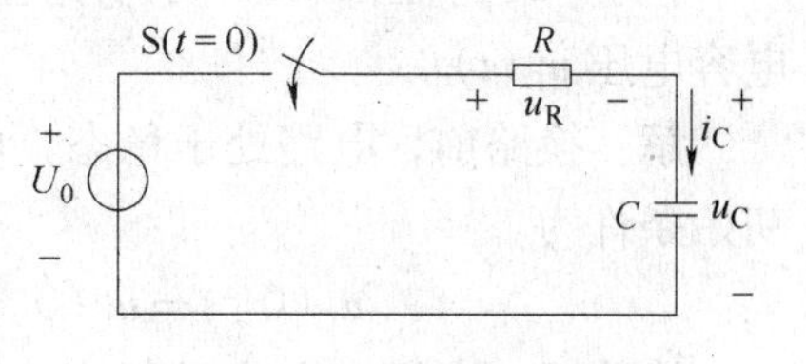

图3-24　*RC* 零状态响应电路

换路后，根据 KVL 可列出电路方程为

$$Ri_C(t)+u_C(t)=U_S$$

则

$$RC\frac{\mathrm{d}u_C(t)}{\mathrm{d}t}+u_C(t)=U_S \tag{3-13}$$

式（3-13）为一阶常系数线性非齐次微分方程。此方程的解由两部分组成，分别对应于非齐次微分方程的特解 u'_C 和齐次微分方程的通解 u''_C，即

$$u_C=u'_C+u''_C \tag{3-14}$$

特解 u'_C 要满足式（3-13），通常取换路后电容器充电电压的新稳态值作为该方程的特解，即

$$u'_C=U_S \tag{3-15}$$

所以，特解又称为电路的稳态分量或强制性分量，它的变化规律和大小只与电源电压 U_S 有关。

齐次微分方程 $RC\frac{\mathrm{d}u_C(t)}{\mathrm{d}t}+u_C(t)=0$ 的通解为

$$u''_C=-U_S\mathrm{e}^{-\frac{t}{RC}} \tag{3-16}$$

由于通解仅存在于暂态过程中，所以通解又称为暂态分量，它总是按指数规律衰减，其变化规律与电源电压 U_S 无关，但其大小与电源电压 U_S 相关。

将式（3-15）和式（3-16）代入式（3-14）中，可得

$$u_C(t)=U_S-U_S\mathrm{e}^{-\frac{t}{RC}}=U_S(1-\mathrm{e}^{-\frac{t}{RC}}) \tag{3-17}$$

取 $\tau=RC$，代入式（3-17）得

$$u_C(t)=U_S-U_S\mathrm{e}^{-\frac{t}{\tau}}=U_S(1-\mathrm{e}^{-\frac{t}{\tau}}) \tag{3-18}$$

可见，只要 *RC* 电路结构一定，不论该电路是零输入响应还是零状态响应，时间常数均为 $\tau=RC$。

由式（3-18）知，*RC* 电路零状态响应时电容电压 u_C 的变化曲线如图3-25 所示。

可见，电容电压 $u_C(t)$ 按指数规律随时间增长而趋于稳态值。

根据式（3-18）还可以求出 $i_C(t)$ 和 $u_R(t)$ 为

$$i_C(t)=\frac{U_S}{R}\mathrm{e}^{-\frac{t}{\tau}}$$

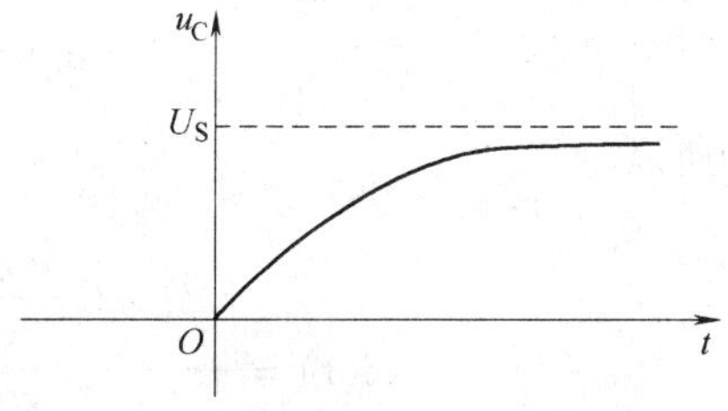

图3-25　*RC* 电路零状态响应时 u_C 的变化曲线

$$u_R(t) = U_S e^{-\frac{t}{\tau}}$$

综上所述，计算 RC 电路零状态响应的关键是计算换路后电容电压的稳态分量和电路的时间常数。

【例 3-10】 图 3-26 所示电路在换路前处于稳定。当 $t=0$ 时将开关 S 闭合，求换路后的电容电压 $u_C(t)$。

解： 换路前，电路处于稳态，电容上无储能，即电容的初始条件为

$$u_C(0_+) = u_C(0_-) = 0\text{V}$$

换路后，电压对电容进行充电，为 RC 电路的零状态响应。电路达到稳态时电容电压为

$$u_C(\infty) = 6\text{V}$$

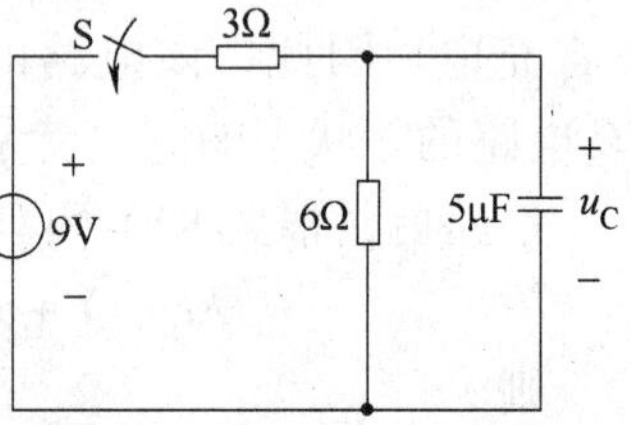

图 3-26　例 3-10 的图

此时电阻 $R = (3 /\!/ 6)\Omega = 2\Omega$，时间常数为

$$\tau = RC = 10^{-5}\text{s}$$

则由式（3-18）可知

$$u_C(t) = u_C(\infty)(1 - e^{-\frac{t}{\tau}}) = 6(1 - e^{-10^5 t})\text{V}$$

【例 3-11】 图 3-27 所示电路在换路前处于稳定。当 $t=0$ 时将开关 S 从 1 掷向 2。求换路后的电容电压 $u_C(t)$和电流 $i(t)$。

解： 换路前，电路处于稳定状态，电容无储能，由换路定律可得

$$u_C(0_+) = u_C(0_-) = 0\text{V}$$

换路后，为 RC 电路的零状态响应，电路达到稳态时的电流为

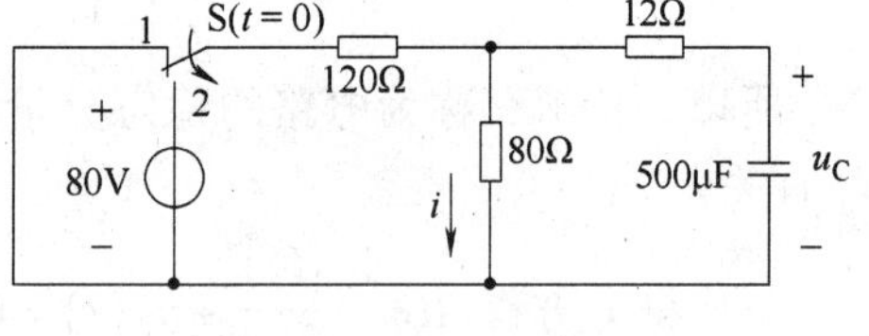

图 3-27　例 3-11 的图

$$u_C(\infty) = \left(\frac{80}{120+80} \times 80\right)\text{V} = 32\text{V}$$

此时电阻

$$R = (12 + 120 /\!/ 80)\Omega = 60\Omega$$

时间常数为

$$\tau = RC = 3 \times 10^{-2}\text{s}$$

则

$$u_C(t) = 32(1 - e^{-\frac{100}{3}t})\text{V}$$

所以

$$i(t) = \frac{12\Omega \times C\dfrac{du_C(t)}{dt} + u_C(t)}{80\Omega} = (0.4 + 0.4e^{-\frac{100}{3}t})\text{A}$$

对电流 $i(t)$ 的分析，也可先计算出 $i(\infty)$ 和 τ，然后直接带入式（3-18）中计算得到。

【例3-12】　图3-28所示电路，点画线框中为一晶体管延时继电器输入回路的等效电路。已知 $R_1=R_2=20\text{k}\Omega$，$C=200\mu\text{F}$，$U_S=24\text{V}$。$t=0$ 时开关断开，电压源对电容充电，当电容电压上升到4V时，继电器开始工作。试问当S断开后，此延时继电器将延时多少时间才能开始工作？

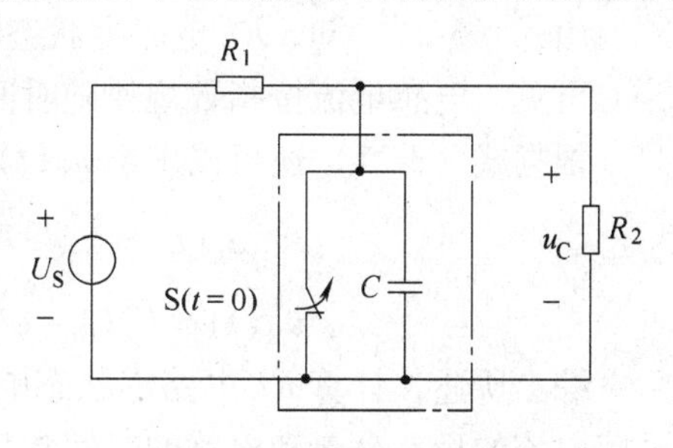

图3-28　例3-12的电路

解： $t=0$ 时，开关断开，由于电容长久被开关短路，所以

$$u_C(0_-)=u_C(0_+)=0\text{V}$$

此电路为零状态响应。

当电路达到新的稳定状态时，$u_C(\infty)=\left(\dfrac{R_2}{R_1+R_2}\times 24\right)\text{V}=12\text{V}$

时间常数

$$\tau=RC=10\times10^3\times200\times10^{-6}\text{s}=2\text{s}$$

则

$$u_C(t)=12(1-\mathrm{e}^{-\frac{1}{2}t})\text{V}$$

当电容电压达到4V时，即 $u_C(t)=12(1-\mathrm{e}^{-\frac{1}{2}t})\text{V}=4\text{V}$

则需经过的时间为 $t=0.812\text{s}$。也就是说，该晶体管延时继电器经过0.812s的延时后才开始工作。

3.4.2　*RL* 电路的零状态响应

在图3-29所示 *RL* 电路中，换路前电路已处于稳态，电感中没有储存磁场能量，即处于零状态，有 $i_L(0_-)=0$；换路后，开关S闭合，电源对电感充磁。因此，该电路的响应为零状态响应。研究 *RL* 电路的零状态响应也就是研究电感元件的充磁过程。

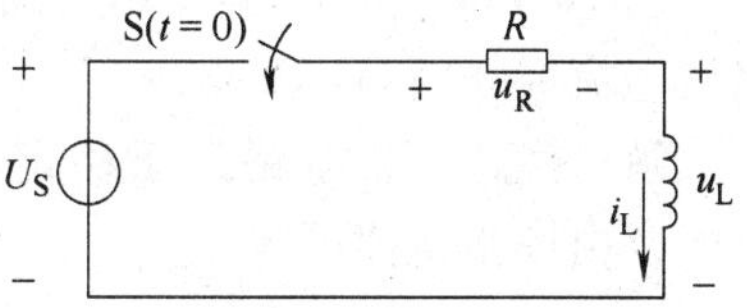

图3-29　*RL* 零状态响应电路

换路后，根据KVL可列出电路方程为

$$u_L(t)+Ri_L(t)=U_S$$

则

$$L\frac{\mathrm{d}i_L(t)}{\mathrm{d}t}+Ri_L(t)=U_S \tag{3-19}$$

式（3-19）为一阶常系数线性非齐次微分方程。假设换路后电感电流的稳态值为 I_S，则电感电流为

$$i_L(t)=\frac{U_S}{R}-\frac{U_S}{R}\mathrm{e}^{-\frac{Rt}{L}}=\frac{U_S}{R}(1-\mathrm{e}^{-\frac{Rt}{L}}) \tag{3-20}$$

取 $\tau=\dfrac{L}{R}$，代入式（3-20）得

$$i_L(t)=\frac{U_S}{R}-\frac{U_S}{R}\mathrm{e}^{-\frac{t}{\tau}}=\frac{U_S}{R}(1-\mathrm{e}^{-\frac{t}{\tau}}) \tag{3-21}$$

可见，只要 *RL* 电路结构一定，不论该电路是零输入响应还是零状态响应，时间常数均

为 $\tau = L/R$。

由式（3-21）知，RL 电路零状态响应时电感电流 i_L 的变化曲线如图 3-30 所示。

可见，电感电流按指数规律随时间增长而趋于稳态值。

根据式（3-21）还可以求出 $u_L(t)$ 和 $u_R(t)$ 的变化规律为

$$u_L(t) = U_S e^{-\frac{t}{\tau}}$$

$$u_R(t) = U_S(1 - e^{-\frac{t}{\tau}})$$

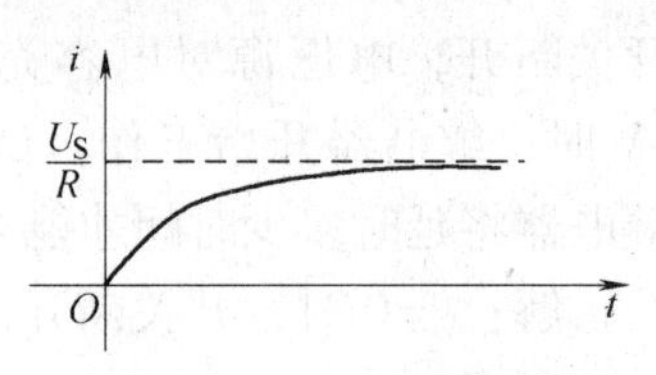

图 3-30　RL 电路零状态响应时 i_L 变化曲线

综上所述，计算 RL 电路零状态响应的关键是计算换路后电感电流的稳态分量和电路的时间常数。

【例 3-13】　图 3-31 所示电路在换路前处于稳定。当 $t=0$ 时将开关 S 由 1 掷向 2，求换路后电感电流 $i_L(t)$。

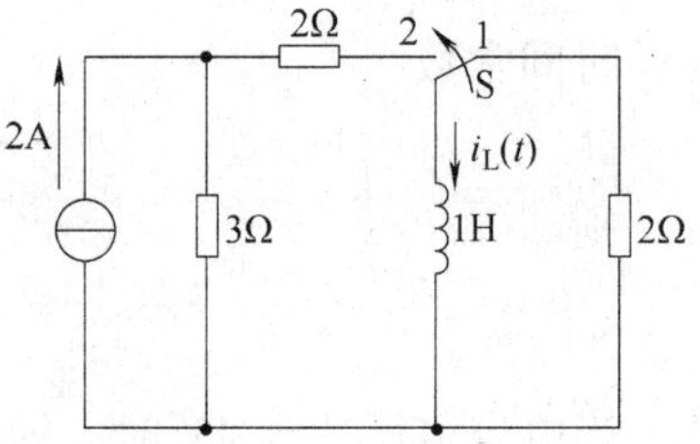

解：换路前，电路处于稳定状态，电感无储能，由换路定律可得

$$i_L(0_+) = i_L(0_-) = 0\text{A}$$

换路后，为 RL 电路的零状态响应，电路达到稳态时的电流为

$$i_L(\infty) = \left(\frac{3}{3+2} \times 2\right)\text{A} = 1.2\text{A}$$

图 3-31　例 3-13 的图

此时电阻 $R = 5\Omega$，时间常数为

$$\tau = \frac{L}{R} = 0.2\text{s}$$

则由式（3-21）可知

$$i_L(t) = 1.2(1 - e^{-5t})\text{A}$$

【例 3-14】　图 3-32 所示电路在换路前处于稳定。当 $t=0$ 时将开关 S 由 1 掷向 2，求换路后电流 $i_L(t)$ 和 $i_{R1}(t)$。

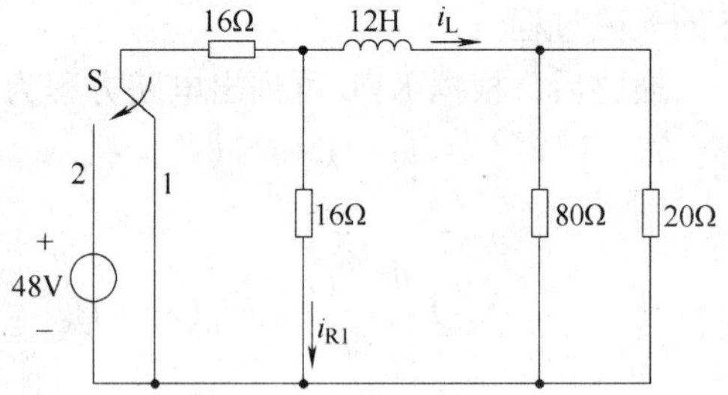

解：换路前，电路处于稳定状态，电感无储能，由换路定律可得

$$i_L(0_+) = i_L(0_-) = 0\text{A}$$

换路后，为 RL 电路的零状态响应，电路达到稳态时的电流为

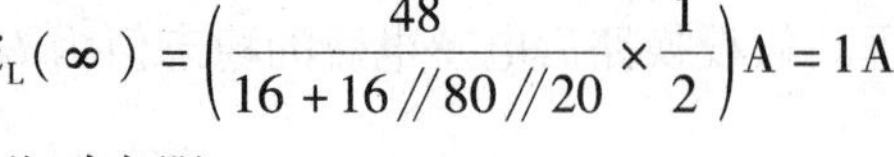

$$i_L(\infty) = \left(\frac{48}{16 + 16/\!/80/\!/20} \times \frac{1}{2}\right)\text{A} = 1\text{A}$$

图 3-32　例 3-14 的电路

此时电阻

$$R_{eq} = (16/\!/16 + 80/\!/20)\Omega = 24\Omega$$

时间常数为

$$\tau = \frac{L}{R} = \frac{12}{24}\text{s} = 0.5\text{s}$$

则

$$i_L(t) = 1 \times [1 - e^{-2t}]\text{A} = (1 - e^{-2t})\text{A}$$

所以

$$i_{R1}(t)=\frac{12\frac{\mathrm{d}i}{\mathrm{d}t}+80//20i(t)}{16}=(1+0.5\mathrm{e}^{-2t})\mathrm{A}$$

根据上述分析归纳可知，确定初始值的步骤为

1）计算出换路后稳态值 $u_C(\infty)$ 或 $i_L(\infty)$。

2）计算时间常数 τ，需注意其中电阻为换路后电容或电感元件两端的等效电阻。

3）将上面两个参数直接代入一阶电路的零输入响应函数 $u_C(t)=u_C(\infty)(1-\mathrm{e}^{-\frac{t}{\tau}})$ 或 $i_L(t)=i_L(\infty)(1-\mathrm{e}^{-\frac{t}{\tau}})$ 中。

4）根据 $u_C(t)$ 或 $i_L(t)$ 求所需计算参数。

【例3-15】 图3-33所示电路为一继电器延时电路模型。已知继电器线圈参数为 $R=100\Omega$，$L=4\mathrm{H}$。当线圈电流达到6mA时，继电器的触点接通。从开关闭合到触点接通时间称为延时时间。为了便于改变延时时间，在电路中串联一个电位器RP，参数为 $R_{RP}=0\sim900\Omega$。如果电源电压 $U_S=12\mathrm{V}$，请分析 R_{RP} 从0变化到900Ω时，延时时间的变化范围是多少？

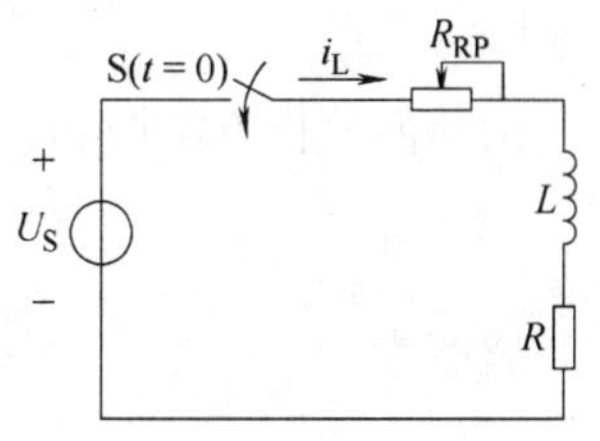

图3-33　例3-15的图

解： 开关闭合前电路达到稳定状态，初始状态为零，为零状态响应。即

$$i_L(0_-)=i_L(0_+)=0\mathrm{A}$$

换路后达到稳定状态

$$i_L(\infty)=\frac{U_S}{R+R_{RP}}=\frac{12\mathrm{V}}{100\Omega+R_{RP}}\mathrm{A}$$

时间常数为

$$\tau=\frac{L}{R+R_{RP}}=\frac{4\mathrm{H}}{100\Omega+R_{RP}}$$

则

$$i_L(t)=i_L(\infty)(1-\mathrm{e}^{-\frac{t}{\tau}})=\frac{12}{100+R_{RP}}(1-\mathrm{e}^{-\frac{(100+R_{RP})t}{4}})$$

当 $i_L(t)=6\mathrm{mA}$ 时

$$t=-\frac{L}{R+R_{RP}}\ln\left[1-\frac{(R+R_{RP})i_L(\infty)}{U_S}\right]$$

所以，当 $R_{RP}=0$ 时

$$t=2.05\mathrm{ms}$$

当 $R_{RP}=900\Omega$ 时

$$t=2.77\mathrm{ms}$$

可见，继电器延时时间为2.05～2.77ms。

练习与思考

3.4.1　某电感突然与直流电压源接通，接通瞬间电流是否跃变？电感换成电容，结论是否相同？

3.4.2　某电感突然与交流电流源接通，接通瞬间电流是否跃变？电感换成电容，结论是否相同？

3.5　全响应

动态电路在储能元件已经储存能量的情况下，换路后又有电源激励，二者共同作用所引起的响应，称为全响应。

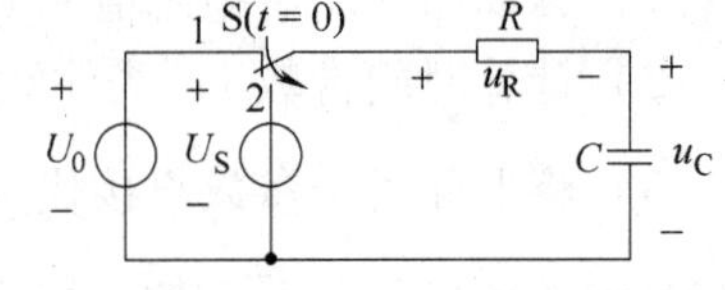

图 3-34　*RC* 全响应电路

图 3-34 所示 *RC* 电路，换路前 S 掷在位置 1，电容被充电至电压等于 U_0，即 $u_C(0_-)=U_0$；换路后 S 掷向位置 2，电源 U_S 作用于电路。因此，该电路的响应为全响应。

换路后，根据 KVL 可列出电路方程为

$$RC\frac{\mathrm{d}u_C(t)}{\mathrm{d}t}+u_C(t)=U_S$$

由前面分析方法可知，其解为

$$u_C=u_C'+u_C''$$

通解为

$$u_C'=U_S \tag{3-22}$$

根据初始条件 $u_C(0_+)=u_C(0_-)=U_0$ 及 $\tau=RC$，可得特解为

$$u_C''=(U_0-U_S)\mathrm{e}^{-\frac{t}{RC}} \tag{3-23}$$

所以，全响应时电容电压为

$$u_C(t)=U_S+(U_0-U_S)\mathrm{e}^{-\frac{t}{\tau}} \tag{3-24}$$

由式（3-24）可以看出，右边的第一项是电路微分方程的特解，其变化规律与电路所加电源激励相同，所以称为强制分量；第二项是电路微分方程的通解，其变化规律取决于电路参数而与外加电源激励无关，所以称为自由分量。因此，全响应可用强制分量和自由分量表示，即

全响应 = 强制分量 + 自由分量

RC 电路全响应曲线如图 3-35a 所示。

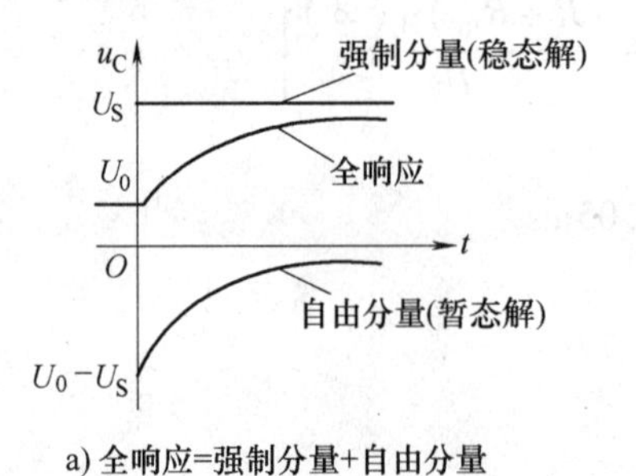

a) 全响应=强制分量+自由分量

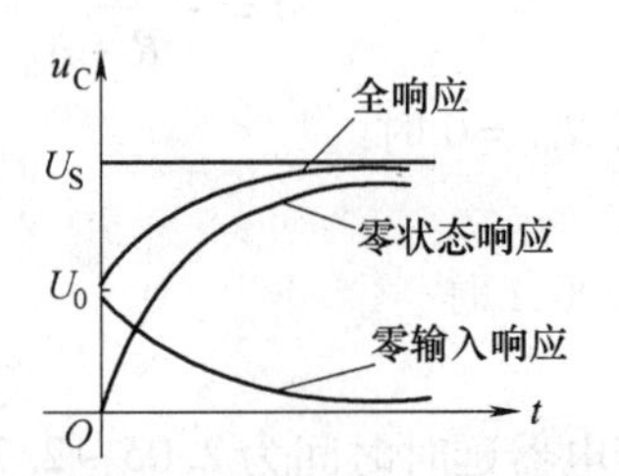

b) 全响应=零输入响应+零状态响应

图 3-35　*RC* 全响应曲线

把式（3-24）改写成

$$u_{C}(t)=U_{0}e^{-\frac{t}{\tau}}+U_{S}(1-e^{-\frac{t}{\tau}}) \tag{3-25}$$

由式（3-25）可以看出，右边第一项是电路的零输入响应；第二项是电路的零状态响应。因此，全响应可用零输入响应和零状态响应表示，即

$$全响应=零输入响应+零状态响应$$

由此可见，全响应是叠加定理在线性电路暂态分析中的体现。*RC* 电路全响应曲线如图 3-35b 所示。

对于 *RL* 电路，也有同样结论，即

$$i_{L}(t)=\underbrace{I_{S}}_{稳态分量}+\underbrace{(I_{0}-I_{S})e^{-\frac{t}{\tau}}}_{暂态分量}=\underbrace{I_{0}e^{-\frac{t}{\tau}}}_{零输入响应分量}+\underbrace{I_{S}(1-e^{-\frac{t}{\tau}})}_{零状态响应分量} \tag{3-26}$$

【例 3-16】 图 3-36 所示电路在换路前处于稳定。当 $t=0$ 时将开关 S 从 1 掷向 2。求换路后电容电压 $u_{C}(t)$ 和电流 $i(t)$。

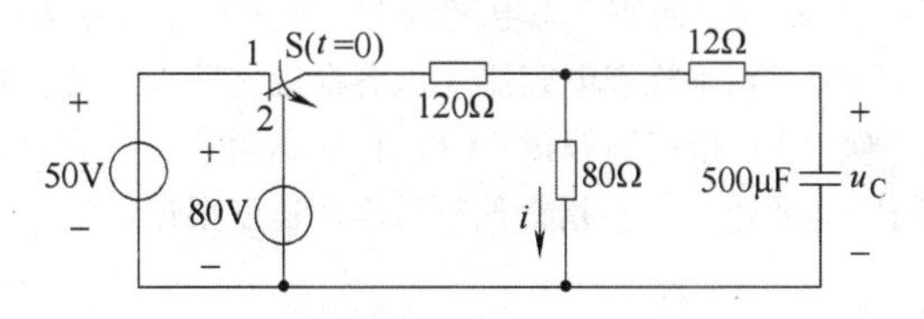

图 3-36　例 3-16 图

解： 由例 3-5 和例 3-11 知

$$u_{C}(0_{+})=20V$$
$$u_{C}(\infty)=32V$$
$$\tau=RC=3\times10^{-2}s$$

所以

$$u_{C}(t)=[20e^{-\frac{100t}{3}}+32(1-e^{-\frac{100t}{3}})]V$$

【例 3-17】 图 3-37 所示电路，开关 S 闭合前电路处于稳态。求换路后的电感电流 $i_{L}(t)$ 和电压 $u_{R}(t)$。

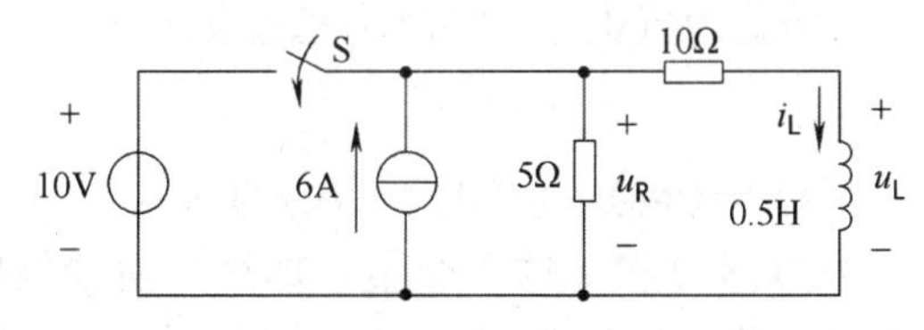

图 3-37　例 3-17 图

解： 换路前，电感相当于短路，电感电流初始值为

$$i_{L}(0_{+})=i_{L}(0_{-})=\frac{5}{5+10}\times6A=2A$$

换路后，电路达到稳态后电感电流为

$$i_{L}(\infty)=\frac{10}{10}A=1A$$

换路后电感两端等效电阻为 $R=10\Omega$，时间常数为

$$\tau = \frac{L}{R} = \frac{0.5}{10}\text{s} = 0.05\text{s}$$

由式（3-26）可得

$$i_L(t) = (1 + e^{-20t})\text{A} = [2e^{-20t} + (1 - e^{-20t})]\text{A}$$

练习与思考

3.5.1　已知 $u_C(t) = [20 + (5-20)e^{-\frac{t}{10}}]\text{V}$，或者 $u_C(t) = [5e^{-\frac{t}{10}} + 20(1 - e^{-\frac{t}{10}})]\text{V}$。试分析出该全响应中的稳态分量、暂态分量、零输入响应、零状态响应。

3.5.2　在一阶电路全响应中，由于零输入响应仅由元件初始储能产生，所以零输入响应就是暂态响应。而零状态响应是由外界激励引起的，所以零状态响应就是稳态响应。这种说法对否？

3.5.3　一阶电路的时间常数是由电路的结构形式决定的，对否？

3.5.4　在 RC 串联电路中，欲使暂态过程的速度不变，而使初始电流减小，应采取什么方法？在 RL 串联电路中，欲使暂态过程的速度不变，而使稳态电流减小，应采取什么方法？

3.5.5　常用万用表"R×1000"档来检查电容器（电容量应比较大）的质量。如果检查时发现下列现象，试解释并说明电容器的好坏。（1）指针满偏转；（2）指针不动；（3）指针很快偏转后又返回原刻度∞处；（4）指针偏转后不能返回原刻度处；（5）指针偏转后返回速度很慢。

3.6　一阶线性电路暂态分析的三要素法

通过上面的分析可知，当电路中仅含一个储能元件或者经过等效简化后只有一个储能元件时，其微分方程都是一阶常系数微分方程，因此这种电路统称为一阶线性电路。对任意一阶线性电路，都可以按照前面的方法应用 KVL 列出微分方程进行分析求解。但当电路结构比较复杂时，上述方法显得比较繁琐。为了使求解过程简化，可将换路后电路中的等效储能元件划出，利用戴维南定理或诺顿定理将其余部分等效成电压源或电流源，使电路简化成一个简单一阶电路，然后可利用三要素法直接求出任意一阶线性电路的暂态响应（电压或电流）表达式。

在直流电源激励下，若初始值为 $f(0_+)$，特解为稳态值 $f(\infty)$，时间常数为 τ，则全响应 $f(t)$ 可表示为

$$f(t) = f(\infty) + [f(0_+) - f(\infty)]e^{-\frac{t}{\tau}} \tag{3-27}$$

可见，只要确定了 $f(0_+)$、$f(\infty)$ 和 τ 这 3 个量，那么一阶线性电路的暂态过程也就确定了，因此这种方法称为三要素法。$f(0_+)$、$f(\infty)$、τ 称为一阶线性电路暂态分析的三要素。

$f(0_+)$ 和 $f(\infty)$ 的分析方法在前面已经讨论了，要特别说明的是 τ 的分析。τ 只取决于电路的参数和结构，与激励无关。所以，τ 中的电阻 R 为换路后储能元件两端对应有源网络除去独立电源后的戴维南等效电阻。

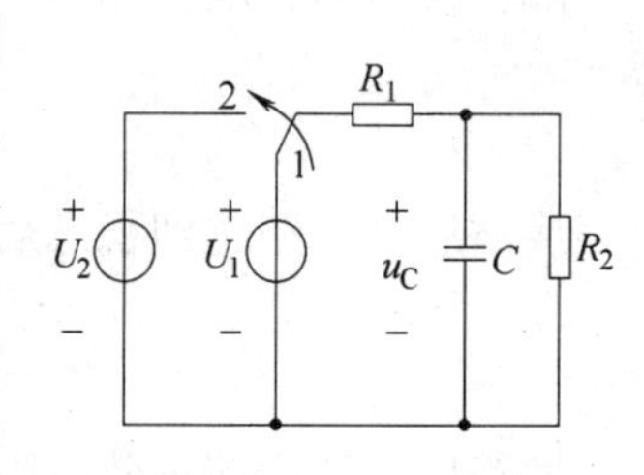

图 3-38　例 3-18 的图

【例 3-18】　图 3-38 所示电路中，$R_1 = 1\Omega$，$R_2 = 2\Omega$，$C = 0.003\text{F}$，$U_1 = 3\text{V}$，$U_2 = 6\text{V}$，$t = 0$ 时开关从 1 掷向 2。用三要素法求电容电压 $u_C(t)$。

解：换路前由换路定则可得

$$u_C(0_+) = u_C(0_-) = \frac{R_2}{R_1 + R_2}U_1 = 2\text{V}$$

换路后的电容稳态值为

$$u_C(\infty) = \frac{R_2}{R_1 + R_2}U_2 = 4\text{V}$$

换路后的电容两端的等效电阻为

$$R = R_1 /\!/ R_2 = \frac{2}{3}\Omega$$

所以时间常数为

$$\tau = RC = \frac{1}{500}\text{s}$$

则由式（3-27）可知

$$u_C(t) = [4 + (2-4)e^{-500t}]\text{V} = (4 - 2e^{-500t})\text{V}$$

【例3-19】 图示3-39电路中，换路前处于稳态。求电感电流 $i_L(t)$。

解：换路前由换路定则可得

$$i_L(0_+) = i_L(0_-) = \frac{15\text{V}}{R_1 + \frac{R_3R_4}{R_3 + R_4}}\,\frac{R_3}{R_3 + R_4} = \frac{1}{3}\text{A}$$

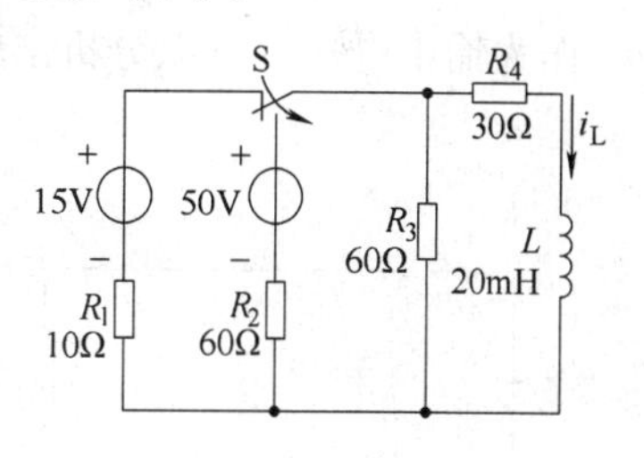

图3-39　例3-19的图

换路后

$$i_L(\infty) = \frac{50\text{V}}{R_2 + \frac{R_3R_4}{R_3 + R_4}}\,\frac{R_3}{R_3 + R_4} = \frac{5}{12}\text{A}$$

换路后的电容两端的等效电阻为

$$R = R_4 + R_3 /\!/ R_2 = 60\Omega$$

所以时间常数为

$$\tau = \frac{L}{R} = \frac{10^{-3}}{3}\text{s}$$

则由式（3-27）可知

$$i_L(t) = \left(\frac{5}{12} - \frac{1}{12}e^{-3\times10^3 t}\right)\text{A}$$

练习与思考

3.6.1　电路中含有多个电阻时，时间常数 τ 中电阻 R 等于多少？

3.6.2　电路中含有多个电容或者电感元件时，时间常数 τ 中的电容或电感等于多少？

3.6.3　分析例3-18和例3-19全响应中的稳态分量、暂态分量和零输入响应分量、零状态响应分量。

*3.7　微分电路和积分电路

一阶电路暂态过程中一个非常重要的参数就是电路的时间常数，它决定了暂态过程时间的长短，影响了暂态过程电路响应的波形，这种性质在电子技术和自动控制中起着重要作用。在数字电路中，经常会见到矩形脉冲信号，如图 3-40 所示，其中 U 为脉冲幅度，t_p 为脉冲宽度，T 为脉冲周期。

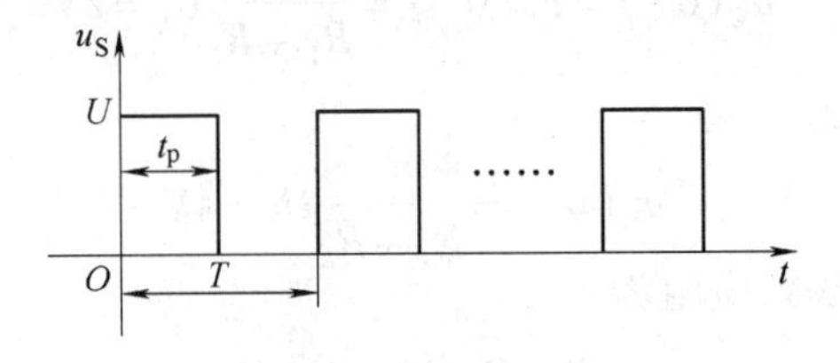

图 3-40　矩形脉冲信号

当 RC 串联电路在矩形脉冲的激励下，选择不同的时间常数及输出端，就可以得到输出电压波形与输入电压波形之间的特定关系——微分关系和积分关系。

3.7.1　微分电路

在图 3-41 所示 RC 电路中，激励源 u_S 为矩形脉冲信号，如图 3-42a 所示，电阻两端电压 u_R 作为输出电压，可以分析出输出电压 u_R 与输入电压 u_S 之间的关系。

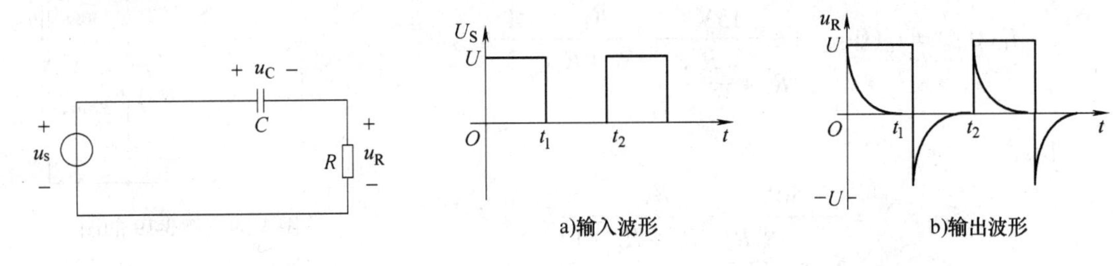

图 3-41　RC 微分电路　　　　图 3-42　RC 微分电路波形

下面分几个不同时间段来分析输出波形：

1）$t=0_+$ 时，$u_C(0_+)=u_C(0_-)=0$，$u_R(0_+)=U$，输出电压从 0 跃变到 U。

2）$0<t<t_1$，电容以时间常数 τ 按指数规律增加，即 $u_C(t)=U(1-e^{-\frac{t}{\tau}})$，则输出电压 $u_R(t)=u_S(t)-u_C(t)=U-u_C(t)=Ue^{-\frac{t}{\tau}}$，可见输出电压以时间常数 τ 按指数规律衰减，如图 3-42b 所示；若 $\tau \ll t_p$，电压变化速度很快，u_R 是一个幅度为 U 的尖脉冲电压。

3）$t=t_p$ 时，由于在 $t=t_p$ 以前电路已经稳定，电容充电完成后，所以 $u_C(t_{p-})=u_C(t_{p+})=U$，$u_R(0_+)=u_S-U=-U$，输出电压从 0 跃变到 $-U$。

4）$t_p<t<t_2$，电容放电，$u_C(t)=Ue^{-\frac{t}{\tau}}$，输出电压 $u_R(t)=U(1-e^{-\frac{t}{\tau}})$，指数规律增加（$u_R$ 的绝对值减小）。由于 τ 很小，所以 u_R 很快就增长到接近于零值，u_R 是一个幅度为 $-U$ 的尖脉冲电压。

从以上分析可以看出，图 3-42 电路可以把周期性矩形脉冲电压变换成同周期正负尖脉冲信号。尖脉冲信号的用途十分广泛，在数字电路中常用作触发器的触发信号；在变流技术中常用作晶闸管门电路的触发信号。这种输出尖脉冲信号反映了输入矩形脉冲信号微分的结果，故称这种电路为微分电路。

RC 微分电路应满足 3 个条件：激励必须为周期性矩形脉冲信号；从电阻两端输出电压；电路时间常数远小于脉冲宽度，即 $\tau \ll t_p$。

3.7.2　积分电路

在图3-43所示电路中，激励源u_i为矩形脉冲信号如图3-44a所示，电容两端电压u_C作为输出电压，可以分析出输出电压u_C与输入电压u_S之间的关系。

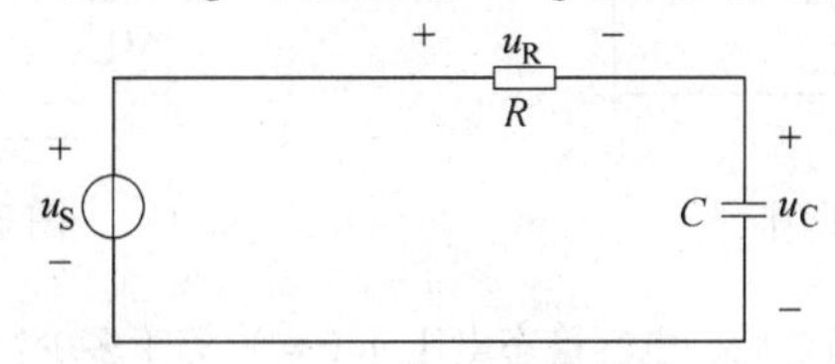

图3-43　RC积分电路

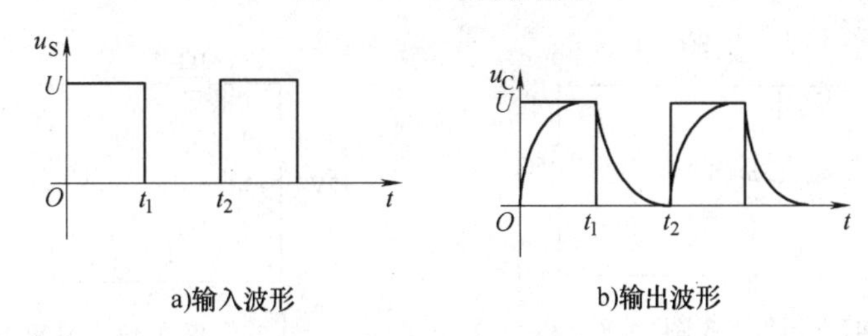

图3-44　积分电路波形

1）$t=0_+$时刻，$u_C(0_+)=u_C(0_-)=0$，$u_C(0_+)=0$，输出电压为零。

2）$0<t<t_1$，电容以时间常数τ按指数规律增加，即$u_C(t)=U(1-e^{-\frac{t}{\tau}})$，如图3-44b所示；若$\tau>>t_p$，电容充电速度很慢，输出电压在此期间缓慢增加，输出波形只是指数曲线起始部分的一小段，近似为一条直线，在此时间中电容充电未达到稳态电压。

3）$t=t_p$时刻，由于在$t=t_p$以前电路已经稳定，电容充电完成后，所以$u_C(t_{p_-})=u_C(t_{p_+})=U$。

4）$t_p<t<t_2$，电容放电，$u_C(t)=Ue^{-\frac{t}{\tau}}$，同充电一样，由于$\tau$很大，输出电压近似随时间线性下降所以放电时间长。

当电容电压还没有衰减到零时，u_S又发生突变并周而复始地进行，这样在输出端就得到了一个锯齿波信号。锯齿波信号常常用作对示波器、显示器等电子设备的扫描电压。

从波形可以看成，输出波形是对输入信号积分的结果，所以称这种电路为积分电路。

RC积分电路应满足3个条件：激励必须为周期性矩形脉冲信号；从电容两端输出电压；电路时间常数远大于脉冲宽度，即$\tau>>t_p$。

练习与思考

3.7.1　RC串联电路中，改变R的大小时，将如何改变微分电路和积分电路的输出波形？

3.7.2　用RL串联电路，如何构成微分电路和积分电路？

习　题

3-1　图3-45电路中，开关闭合后的电感初始电流$i_L(0_+)$等于多少？

3-2　图3-46电路中，电路原处于稳态，$t=0$时开关从1掷向2，试求$u_L(0_+)$等于多少？

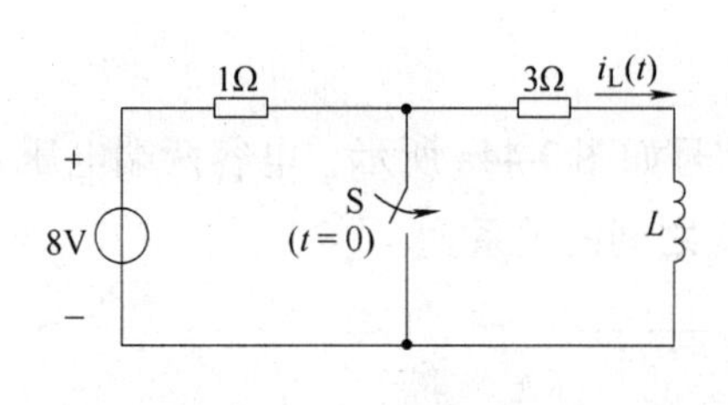

图 3-45　习题 3-1 图

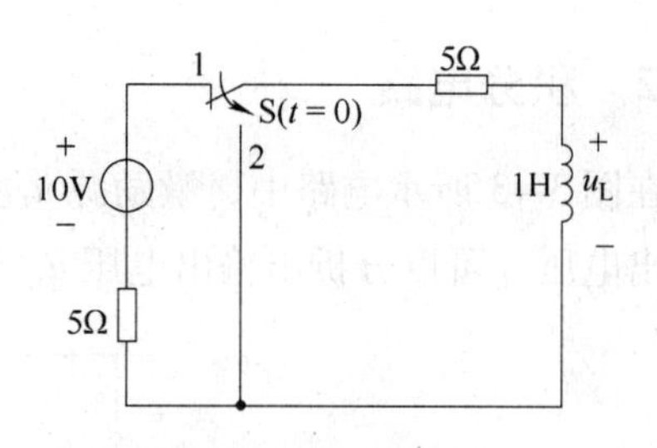

图 3-46　习题 3-2 图

3-3　图 3-47 电路中，开关闭合后，电容稳态电压 $u_C(\infty)$ 等于多少？

3-4　图 3-48 电路中，开关闭合后，电感的稳态电流 $i_L(\infty)$ 等于多少？

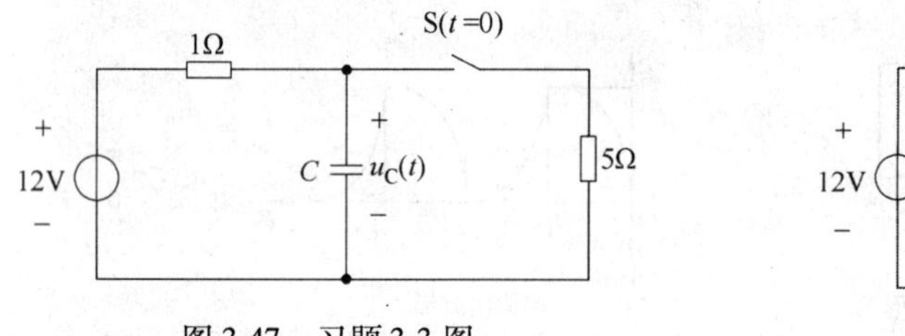

图 3-47　习题 3-3 图

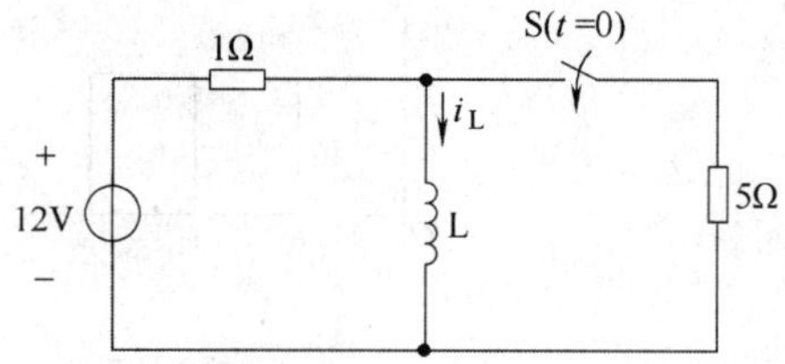

图 3-48　习题 3-4 图

3-5　图 3-49 电路中，开关原来在 1 处，电路已达稳态。在 $t=0$ 时刻，开关 S 掷到 2 处。求 $i_L(0_+)$ 和 $U_L(0_+)$。

3-6　图 3-50 电路中，开关原来在 1 处，电路已达稳态。在 $t=0$ 时刻，开关 S 掷到 2 处。求 $u_C(0_+)$。

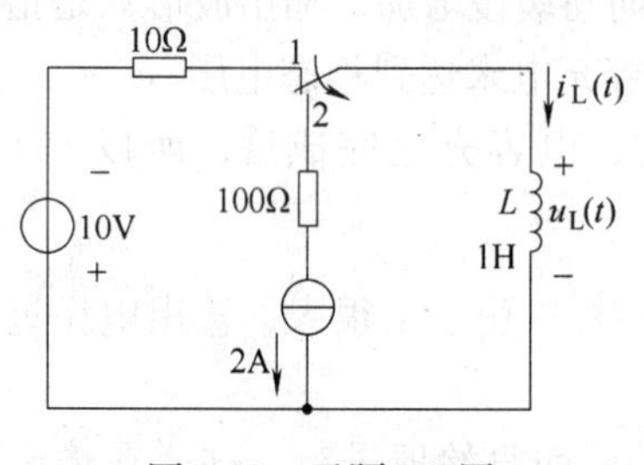

图 3-49　习题 3-5 图

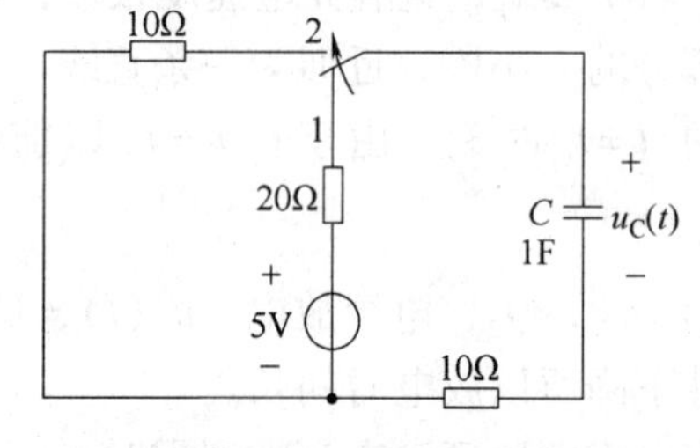

图 3-50　习题 3-6 图

3-7　图 3-51 电路原处于稳定状态，$t=0$ 时刻开关 S 从 1 掷到 2 处。求换路后的 $u_C(t)$。

3-8　图 3-52 电路原处于稳定状态，$t=0$ 时刻开关 S 从 1 掷向 2。求换路后的电感电流 $i_L(t)$。

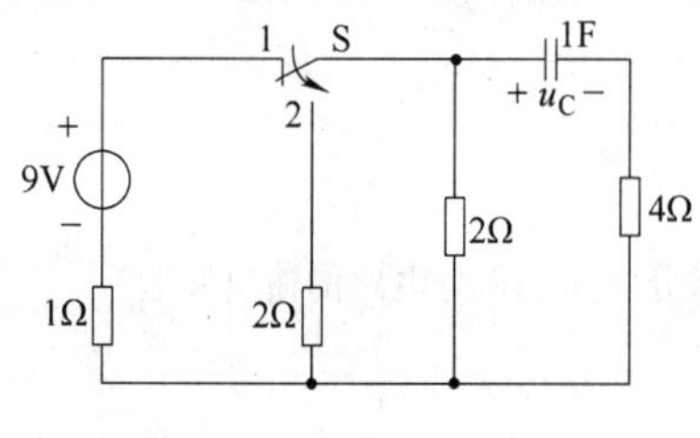

图 3-51　习题 3-7 图

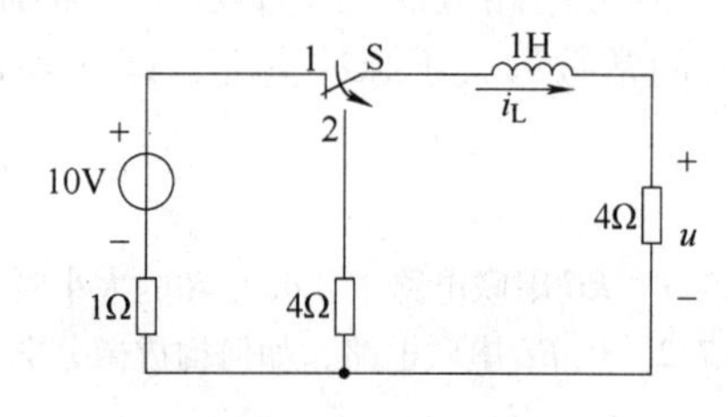

图 3-52　习题 3-8 图

3-9　图 3-53 电路原处于稳定状态，$t=0$ 时刻开关 S 闭合。求换路后的电感电流 $i_L(t)$。

3-10　图 3-54 电路原处于稳定状态，开关 S 在 $t=0$ 时刻闭合。已知 $i_L(0_+)=2A$，$L=10H$。求换路后的电感电流 $i_L(t)$，并指出零输入响应和零状态响应、稳态分量和暂态分量。

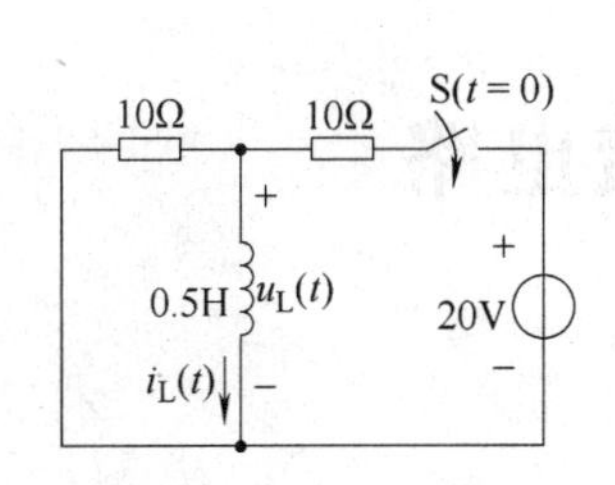

图3-53　习题3-9图

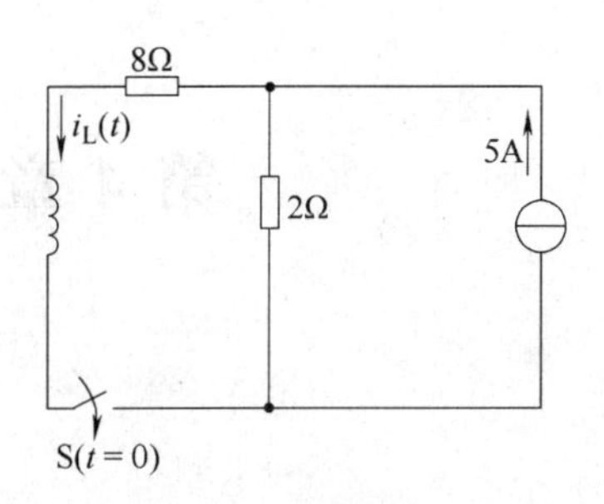

图3-54　习题3-10图

3-11　图3-55电路原处于稳定状态，$t=0$时刻开关S闭合，求$t>0$时的电压$u(t)$，并指出暂态响应和稳态响应、零输入响应和零状态响应。

3-12　图3-56电路原处于稳定状态，$t=0$时刻开关S闭合。求换路后电容电压$u_C(t)$和电容电流$i_C(t)$，并指出$u_C(t)$中零输入响应分量和零状态响应分量、稳态分量和暂态分量。

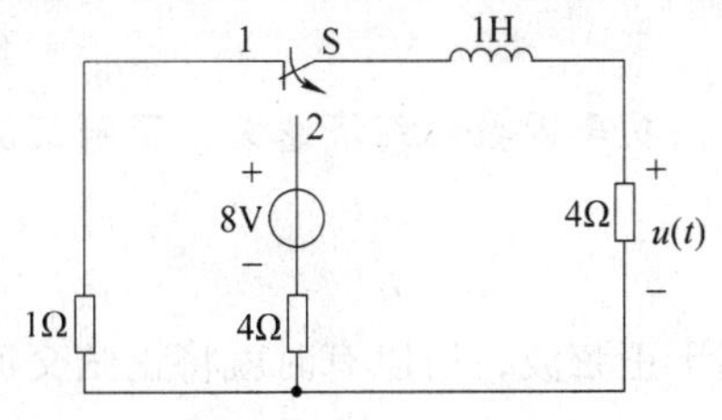

图3-55　习题3-11图

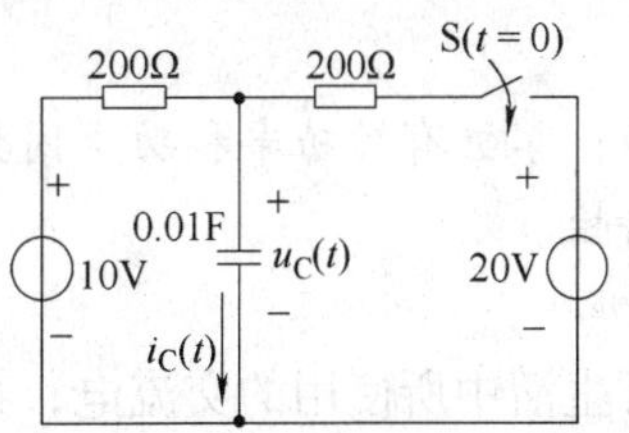

图3-56　习题3-12图

3-13　图3-57电路原处于稳定状态，$t=0$时刻开关S断开。求$t>0$时的电感电流$i_L(t)$。

3-14　图3-58电路中，已知开关S在“1”位置很久，$t=0$时刻开关S合向位置2。求换路后电容电流$i_C(t)$。

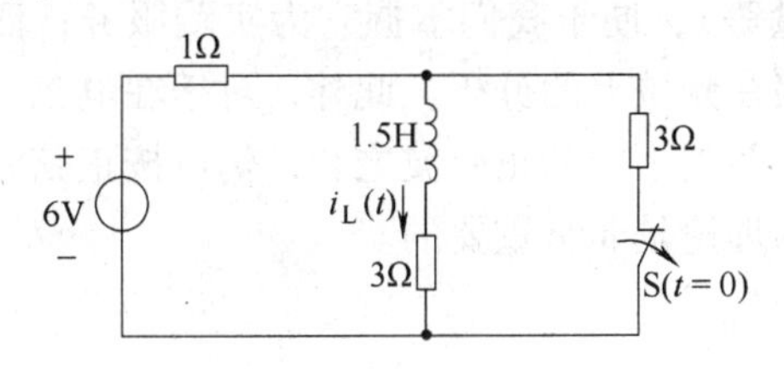

图3-57　习题3-13图

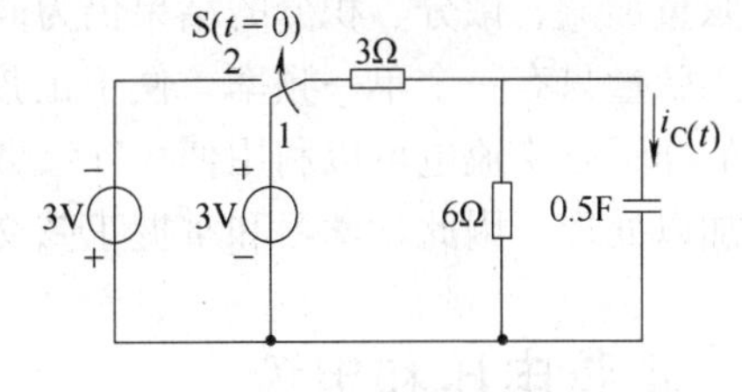

图3-58　习题3-14图

3-15　图3-59电路，已知开关S闭合时电路处于稳态，$t=0$时刻开关S断开。求$t\geqslant 0$时的$i_L(t)$，并指出其中的零输入响应分量和零状态响应分量。

3-16　图3-60电路原处于稳定状态，在$t=0$时刻开关S闭合，已知$u_C(0_+)=2V$，$C=1F$。求换路后电容电压$u_C(t)$，并指出零输入响应和零状态响应、稳态分量和暂态分量。

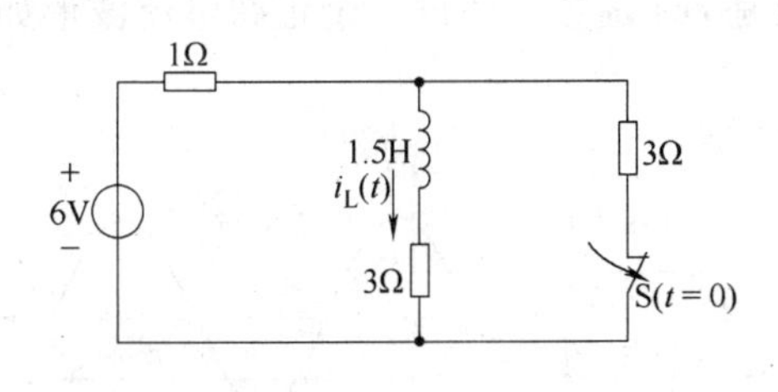

图3-59　习题3-15图

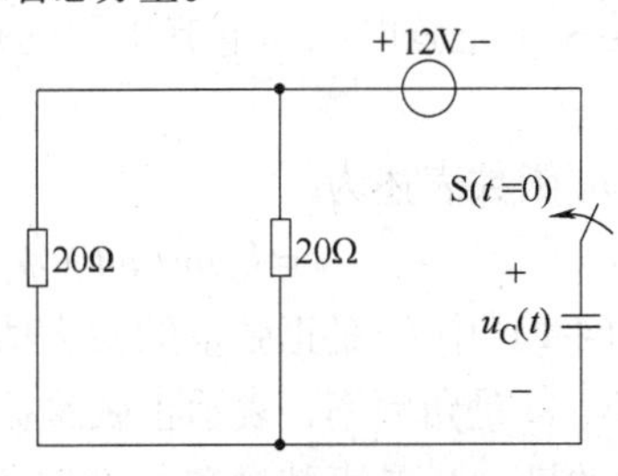

图3-60　习题3-16图

第4章　正弦交流电路

本章概要

交流电路分析方法不仅是交流电机和变压器的理论基础，同时也是电子电路分析的重要工具，它在工程技术、科学研究和日常生活中常常用到。

分析计算正弦交流电路，主要是确定不同参数和不同结构的各种电路中电压和电流之间的关系和功率，会遇到一些有别于直流电路的物理现象，并且要建立电路频率分析的概念。

重点：理解正弦交流电的三要素；掌握相量和阻抗的概念；掌握交流电路的相量分析计算法。

难点：掌握有功功率和功率因数的计算；了解提高功率因数的经济意义；了解交流电路的频率特性。

日常生活中所使用的交流电，其变化规律基本属于正弦波，所以有时就将正弦交流电简称为交流电。

正弦交流电能在实践中获得非常广泛的应用，一是因为它能够很容易地进行电压变换，便于使用和节约电能；二是因为交流用电设备（例如异步电动机等）也比相应的直流用电设备结构简单，使用和维修都方便；三是因为正弦量在数学上容易进行分折和运算（如同频正弦量加减、微分、积分的结果仍为同频正弦量等），便于我们掌握它为实践服务；四是因为正弦量只有一个单一频率，便于正弦交流电路在频域上的分析。此外，对于在电工上所常见的非正弦交流电可以利用傅里叶级数展开成一系列不同的正弦波之和，仍可按正弦波的特点加以处理。因此，学习和掌握正弦交流电路的理论是非常重要的。

4.1　正弦电压和电流

正弦电压和正弦电流是随时间按正弦规律变化的电压和电流。这种电压电流无论在理论分析或在实际工作中都有非常重要的作用。比如在日常生活生产的电力系统中采用的就是正弦电压。因此，分析研究正弦交流电路具有重要的意义。

描绘一个正弦电压和电流采用的是 sin 函数或是 cos 函数。假设一个正弦电流波形如图4-1 所示。

用 sin 函数表述为

$$i = I_m \sin(\omega t + \psi_i) \tag{4-1}$$

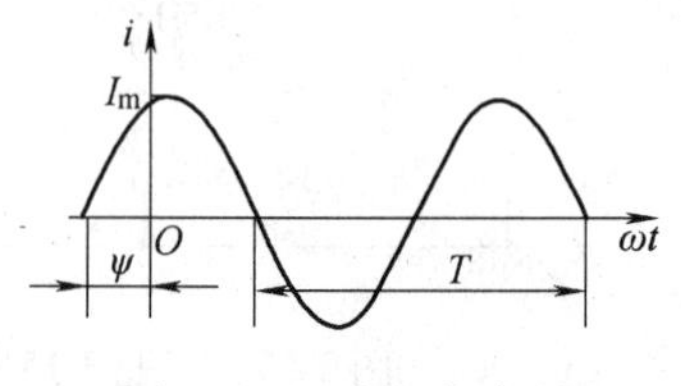

图4-1　正弦电流波形

式（4-1）中 I_m 是正弦量的最大值，也叫幅值，表示正弦量的大小；ω 是角频率，表示正弦量振荡的快慢，是一个与频率 f 有关的量；ψ_i 是正弦量在 $t=0$ 时刻时候的相位，反应正弦量初始值的大小，叫做正弦量的初相位，简称初相，表示正弦量的起始位置。这3个量是区分不同正弦量的关键，因此把它们叫做正弦量的三要素。

4.1.1　幅值和有效值

反映正弦电流大小的是幅值 I_m，是一个常量。相应的，正弦电压的幅值表示为 U_m，习惯上都用大写字母 U 加上角标 m 来表示幅值。

但是当用交流电表去测试正弦电流的大小时，读数并不是它的幅值，而是有效值 I。有效值 I 表示的是一个直流量，此直流量在一个周期内与交流电所做的功等效。有效值 I 定义为

$$I = \sqrt{\frac{1}{T}\int_0^T i^2 \mathrm{d}t} \tag{4-2}$$

将式（4-1）带入式（4-2）得

$$I = \frac{1}{\sqrt{2}}I_m = 0.707I_m \tag{4-3}$$

所以，也可以用有效值 I 表示正弦量，故有

$$i = \sqrt{2}I\sin(\omega t + \psi_i) \tag{4-4}$$

工程中使用的交流电气设备铭牌上标出的额定电流电压的数值、交流电压表、电流表上标出的数字都是有效值，所以也常常称有效值、角频率和初相位为正弦量三要素。

4.1.2　频率和周期

正弦量变换的快慢常用频率 f 表示，f 指 1s 内正弦量变换的次数，单位是 Hz（赫兹）。50Hz 是我国的工业供电的电力标准频率，习惯上称之为工频。不同国家规定的标准可能会不一样，美国的电力标准频率是 60Hz。

频率的倒数是周期，用 T 表示，公式描述为式（4-5）。

$$T = \frac{1}{f} \tag{4-5}$$

周期表示的是正弦量变换一次所需的时间，如图 4-1 所示，因此周期的单位是 s。

角频率 ω 是表示正弦量弧度变换快慢的，其单位是 rad/s（弧度每秒）。

因为在一个周期 T 内，变化的弧度是 2π，则 $\omega T = 2\pi$，即

$$\omega = \frac{2\pi}{T} = 2\pi f \tag{4-6}$$

若工频频率是 50Hz，角频率即为 100πrad/s。

在无线通信中，国家无线电管理机构会对无线电频率实行统一规划和分配。

4.1.3　初相位

ψ_i 是正弦量的初相位，$\omega t + \psi_i$ 是 t 时刻正弦量的相位。即使频率相同，若时刻不同，其正弦量的相位也不同，所以比较同频率的正弦量之间的相位差别，都用同一时刻比较，即初相位相比较。

两个同频率正弦量的相位角之差或初相位之差，称为相位角或相位差。设两个正弦量电

压和电流的如式（4-7）所示

$$\begin{cases} u = U_{\mathrm{m}}\sin(\omega t + \psi_1) \\ i = I_{\mathrm{m}}\sin(\omega t + \psi_2) \end{cases} \tag{4-7}$$

那么它们之间的相位差为

$$\varphi = (\omega t + \psi_1) - (\omega t + \psi_2) \tag{4-8}$$

当 $\varphi = 0$ 时，两个正弦量 u 和 i 同相；

当 $|\varphi| = 180°$时，两个正弦量反相；

当 $|\varphi| = \pi/2$ 时，两个正弦量正交；

当 $\varphi > 0$ 时，即 $\psi_1 > \psi_2$，称正弦量 u 比正弦量 i 超前 φ 角，或者说正弦量 i 比正弦量 u 滞后 φ 角；

反之，$\varphi < 0$ 时，正弦量 u 比正弦量 i 滞后 φ 角，或者说正弦量 i 比正弦量 u 超前 φ 角。

如果一个正弦量的角频率 $\omega = 0$，初相位 $\varphi = 0$，那么这个特殊的正弦量变成了一个直流量，大小为 I_{m}。

练习与思考

4.1.1　有一正弦电流 $i = 5\sin(\omega t + 60°)$ A，$f = 50$Hz，当 $t = 0.1$s 时，求电流的瞬时值为多少？

4.1.2　已知电流 $i_1 = 12\sin(\omega t - 30°)$ A，$i_2 = 24\cos(\omega t - 15°)$ A，分析它们的相位关系。

4.1.3　用电压表测一个交流电压，读数为 380V，求此电压的最大值。

4.2　正弦量的相量表示法

已知一个正弦量可以用三角函数表示，如 $i = I_{\mathrm{m}}\sin(\omega t + \psi_{\mathrm{i}})$，也可以用波形表示，如图 4-1 所示。但是采用这些方法表示的正弦量计算非常繁琐。在数学中，还有一种方法可以表示正弦量，那就是一个旋转的矢量表示，如图 4-2 所示。

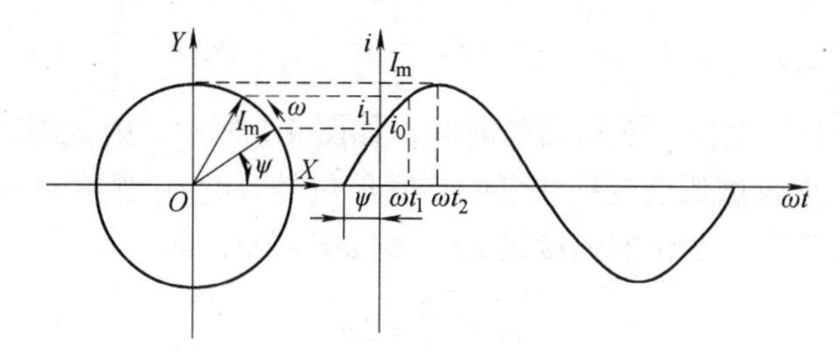

图 4-2　正弦量的矢量表示法

图 4-2 中，旋转矢量的长度等于正弦量的最大值，它与横轴的起始夹角等于初相位，它的旋转频率等于正弦量的角频率。任意时刻它在纵轴上的投影等于正弦量的瞬时值。因此，正弦量还可以用旋转矢量表示。

我们可以把此矢量表示成复数，设复平面有一个复数 F，它的模为 r，辐角为 Ψ，如图 4-3 所示。

这个复数还可以写成

$$F = a + \mathrm{j}b = r(\cos\psi + \mathrm{j}\sin\psi) \tag{4-9}$$
$$= r\mathrm{e}^{\mathrm{j}\psi} \tag{4-10}$$
$$= r\angle\psi \tag{4-11}$$

式（4-9）称为复数的代数形式，式（4-10）称为指数形式，式（4-11）是极坐标形式。三者之间的转换关系是

$$\begin{cases} r = \sqrt{a^2 + b^2} \\ \psi = \arctan \dfrac{b}{a} \end{cases} \tag{4-12}$$

或

$$\begin{cases} a = r\cos\psi \\ b = r\sin\psi \end{cases} \tag{4-13}$$

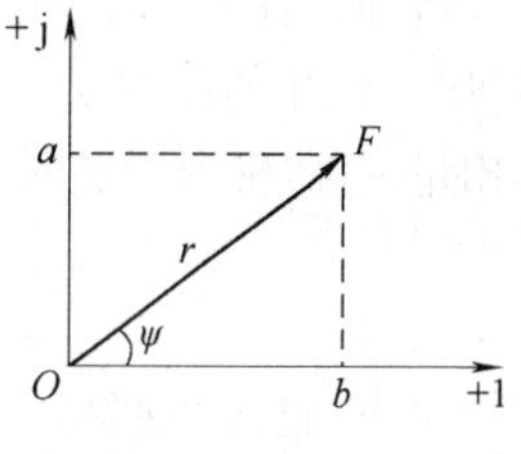

图 4-3　复数的表述

可以看出一个确定的复数有两个要素，而一个确定的正弦量有 3 个要素。但是在线性电路中，如果激励是正弦量，则电路中各支路的电压和电流的稳态响应都是同一个频率的正弦量，如果电路的多个激励都是同一频率的正弦量，则根据线性电路的叠加性质，电路全部稳态响应都是同一个频率的正弦量。所以，在正弦稳态电路中，只需要确定正弦量的两个要素，即幅值（或有效值）和初相位就可以了。

表示正弦量的复数叫做相量。例如正弦电压 $u = U_{\mathrm{m}}\sin(\omega t + \psi)$ 的相量表示式为

$$\dot{U}_{\mathrm{m}} = U_{\mathrm{m}}(\cos\psi + \mathrm{j}\sin\psi) = U_{\mathrm{m}}\angle\psi \tag{4-14}$$

或

$$\dot{U} = U(\cos\psi + \mathrm{j}\sin\psi) = U\angle\psi \tag{4-15}$$

式（4-14）是最大值相量，式（4-15）是有效值相量。常常用到的都是有效值相量 $\dot{U}$ 或 $\dot{I}$。

值得提醒的是，相量只有两个要素，所以它只能表示正弦量，而不是等于正弦量。相量在复平面的图形叫做相量图。

【例 4-1】　电流 $i_1 = 10\sqrt{2}\sin(314t + 60°)\,\mathrm{A}$，$i_2 = -5\sqrt{2}\sin(314t + 30°)\,\mathrm{A}$，写出两个正弦量的相量，并画出相量图。

解： i_1 的相量可以直接写出

$$\dot{I}_1 = 10\angle 60° = (5 + \mathrm{j}8.68)\,\mathrm{A}$$

i_2 表示为

$$i_2 = 5\sqrt{2}\sin(314t + 30° + 180°) = 5\sqrt{2}\sin(314t - 150°)\,\mathrm{A}$$

则　$$\dot{I}_2 = 5\angle -150°\,\mathrm{A}$$

画出相量图如图 4-4 所示。

注意，只有同频率的正弦量才能画在同一个相量图上。

相量的运算和复数的运算一样，加减时，用代数形式计算，乘除时，用指数形式或者极坐标形式计算。也可以用作图法在复平面上用相量图进行计算。

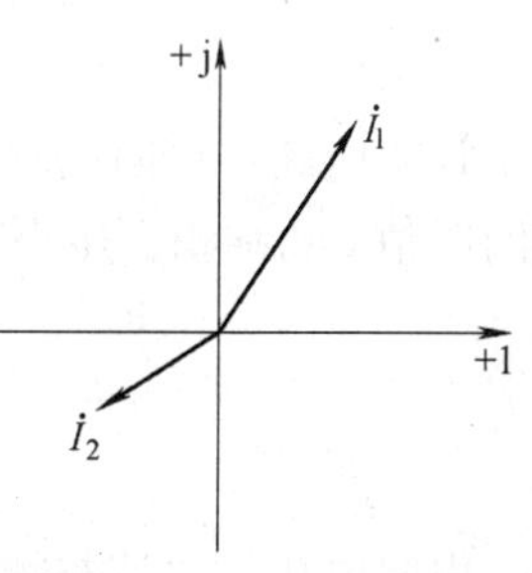

图 4-4　例 4-1 的相量图

【例 4-2】　已知电流 $\dot{I}_1 = (30 + \mathrm{j}52)\,\mathrm{A}$，$\dot{I}_2 = \mathrm{j}\ \mathrm{A}$，求 $\dot{I}_1\dot{I}_2$ 和 $\dot{I}_1/\dot{I}_2$。

解：为了计算乘除，先将相量转换成极坐标形式：$\dot{I}_1=(30+\mathrm{j}52)\,\mathrm{A}\approx 60\angle 60^\circ\,\mathrm{A}$，$\dot{I}_2=\mathrm{j}\,\mathrm{A}=1\angle 90^\circ\,\mathrm{A}$。

计算 $\dot{I}_1\dot{I}_2=60\angle 60^\circ\times 1\angle 90^\circ\,\mathrm{A}^2=60\angle(60^\circ+90^\circ)\,\mathrm{A}^2=60\angle 150^\circ\,\mathrm{A}^2$

$$\dot{I}_1/\dot{I}_2=60\angle 60^\circ/1\angle 90^\circ=60\angle(60^\circ-90^\circ)=60\angle -30^\circ$$

可知，任意一个相量乘以相量 j，相当于逆时针旋转 90°；除以相量 j，相当于顺时针旋转 90°。而 j 的倒数是 -j，相应的，任意一个相量乘以相量 -j，相当于顺时针旋转 90°；除以相量 -j，相当于逆时针旋转 90°。通常把 ±j 称之为旋转因子。

练习与思考

4.2.1　已知正弦交流电 $i_1=6\sin(\omega t+60^\circ)\,\mathrm{A}$，$i_2=8\sin(2\omega t+30^\circ)\,\mathrm{A}$，$i_3=8\cos(\omega t-15^\circ)\,\mathrm{A}$，$u=5\sin(\omega t-30^\circ)\,\mathrm{V}$，作出它们的相量图。

4.2.2　用相量图法计算 $i_1=10\sqrt{2}\sin(\omega t+60^\circ)\,\mathrm{A}$ 与 $i_1=20\sqrt{2}\sin(\omega t-30^\circ)\,\mathrm{A}$ 的和。

4.2.3　已知 $i_1=12\sin(314t+60^\circ)\,\mathrm{A}$，$i_2=24\sin(\omega t-30^\circ)\,\mathrm{A}$，试分析下列各式的正误，并说明为什么？$i=i_1+i_2$，$\dot{I}=\dot{I}_1+\dot{I}_2$，$I=I_1+I_2$。

4.3　单一参数交流电路

4.3.1　电阻元件交流电路

一个线性电阻元件的伏安关系是欧姆定律 $u=Ri$，设 $i=I_{\mathrm{m}}\sin\omega t$，代入欧姆定律得

$$u=Ri=RI_{\mathrm{m}}\sin\omega t=U_{\mathrm{m}}\sin\omega t \tag{4-16}$$

可以看出，在正弦稳态电路中，电阻上的电压电流不仅是同频率的正弦量，而且是同相，电压振幅为电流振幅的 R 倍。用相量表示如式（4-17）所示。

$$\dot{U}=R\dot{I} \tag{4-17}$$

可将图 4-5a 中电阻 R 的电路表示成图 4-5b 的相量形式，电阻 R 的电压和电流相量图如图 4-5c 所示。

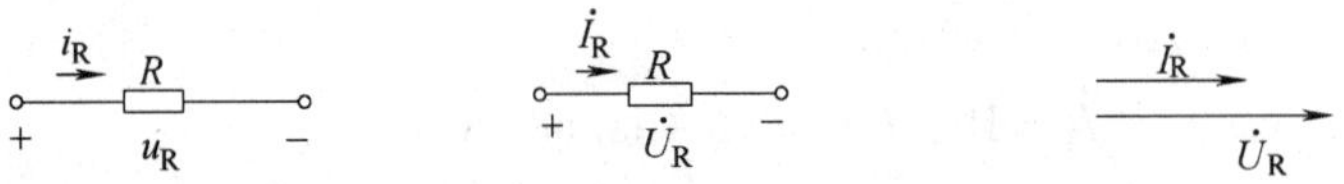

i_{R}　R　+　u_{R}　−

a) 电阻R的电路

$\dot{I}_{\mathrm{R}}$　R　+　$\dot{U}_{\mathrm{R}}$　−

b) 电阻R电路的相量形式

$\dot{I}_{\mathrm{R}}$　$\dot{U}_{\mathrm{R}}$

c) 电阻R电压电流相量的相量图

图 4-5　电阻 R 的电路相量形式和电压电流相量的相量图

计算电路中电阻的功率，应先看瞬时功率，瞬时功率是在任意瞬间，电压瞬时值 u 与电流瞬时值 i 的乘积，用小写字母 p 表示，其表达式为

$$\begin{aligned}p&=p_{\mathrm{R}}=ui=U_{\mathrm{m}}I_{\mathrm{m}}\sin^2\omega t=\frac{1}{2}U_{\mathrm{m}}I_{\mathrm{m}}(1-\cos 2\omega t)\\&=UI(1-\cos 2\omega t)\end{aligned} \tag{4-18}$$

电阻电压、电流与瞬时功率 p 的关系，用波形表示如图 4-6 所示。

由图 4-6 可以看出，电阻的瞬时功率 $p\geqslant 0$，电阻总是消耗功率，吸收能量的。由于瞬时

功率是随时间不断变化的，因此没有什么实际意义，为了衡量交流电功率的大小，常常采用平均功率。平均功率就是瞬时功率在一个周期的平均值，平均功率用 P 表示，定义为

$$P = \frac{1}{T}\int_0^T p\mathrm{d}t = \frac{1}{T}\int_0^T UI(1 - \cos 2\omega t)\,\mathrm{d}t$$

$$= UI = RI^2 = \frac{U^2}{R} \tag{4-19}$$

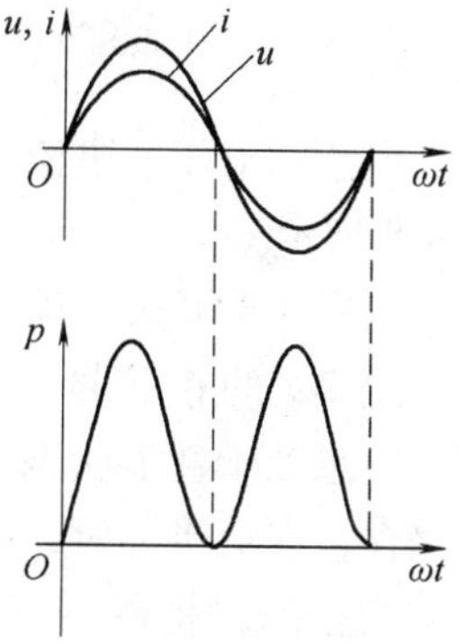

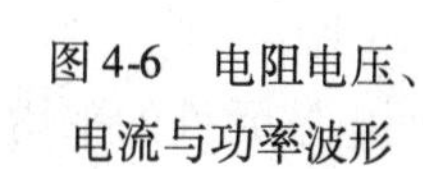

图 4-6　电阻电压、电流与功率波形

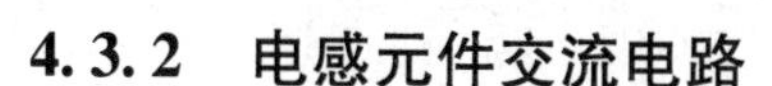

4.3.2　电感元件交流电路

已知一个线性电感元件的伏安关系为

$$u = L\frac{\mathrm{d}i}{\mathrm{d}t}$$

同样，设 $i = I_\mathrm{m}\sin\omega t$，代入其伏安关系得

$$u = L\frac{\mathrm{d}(I_\mathrm{m}\sin\omega t)}{\mathrm{d}t} = \omega LI_\mathrm{m}\cos\omega t$$

$$= \omega LI_\mathrm{m}\sin(\omega t + 90°) = U_\mathrm{m}\sin(\omega t + 90°) \tag{4-20}$$

由式（4-20）可以看出，电感元件上的电压和电流是同频率的，电压超前电流 90°，电压的大小是电流大小的 ωL 倍。用相量表示为

$$\dot{U} = \mathrm{j}\omega L\,\dot{I} \tag{4-21}$$

图 4-7b 表示了电感 L 电路的相量形式，图 4-7c 是电感上电压电流相量的相量图。

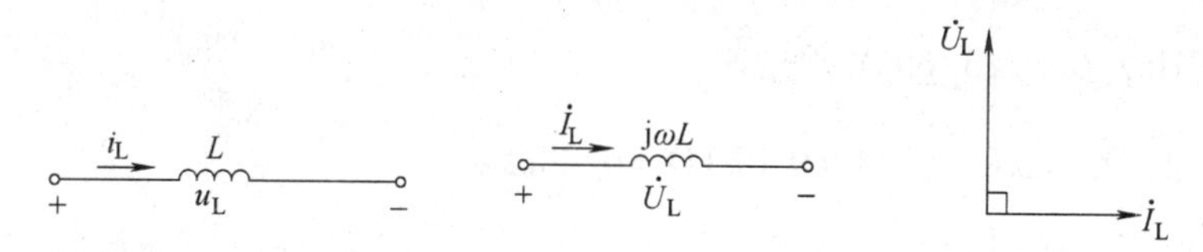

a) 电感L的电路　　b) 电感L电路的相量形式　　c) 电感L电压电流相量的相量图

图 4-7　电感 L 的电路相量形式和电压电流相量的相量图

式（4-21）中两边取模，可知，ωL 表示的是电感上电压幅值（或有效值）与电流幅值（或有效值）的比值，它与频率有关，定义为感抗，用 X_L 表示得

$$X_\mathrm{L} = \frac{U}{I} = \omega L = 2\pi f L \tag{4-22}$$

当电压一定时，感抗 X_L 越大，电流越小，它对交流电流起阻碍作用。X_L 又与频率有关，频率越高，感抗越大，对电流的阻碍作用越大。但频率为零时，$X_\mathrm{L} = 0$，电感可视为短路，所以电感元件具有隔交畅直的性质。它的伏安关系的相量形式又可以表示成

$$\dot{U} = \mathrm{j}\omega L\,\dot{I} = \mathrm{j}X_\mathrm{L}\dot{I} \tag{4-23}$$

电感的瞬时功率为

$$p = p_\mathrm{L} = ui = U_\mathrm{m}I_\mathrm{m}\sin\omega t\sin(\omega t + 90°)$$

$$= U_{\mathrm{m}} I_{\mathrm{m}} \sin\omega t \cos\omega t = \frac{U_{\mathrm{m}} I_{\mathrm{m}}}{2} \sin 2\omega t$$
$$= UI \sin 2\omega t \tag{4-24}$$

电感的电压、电流与功率的关系，用波形表示如图 4-8 所示。

由图 4-8 可知，瞬时功率 p 是一个幅值为 UI、角频率是 2ω 的正弦量，在正半周时，瞬时功率为正值，电感处于耗能状态，从电路取用能量转化为磁场能储存；在负半周时，瞬时功率为负值，电感元件处于供能状态，将磁场能转化为电能，为电路提供能量。

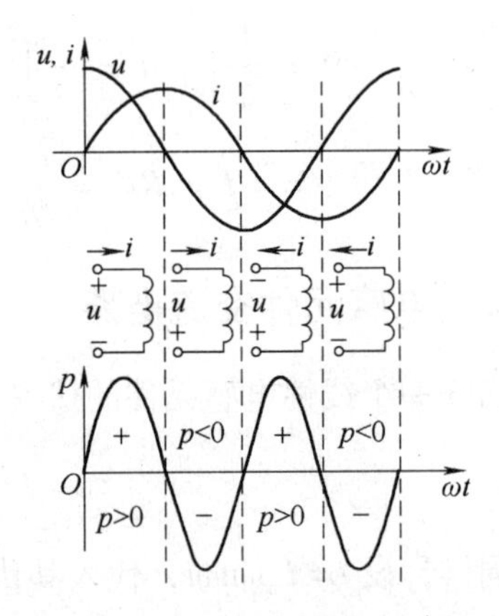

图 4-8　电感电压、电流与功率波形

而电感元件的平均功率为

$$P = \frac{1}{T}\int_0^T p\mathrm{d}t = \frac{1}{T}\int_0^T UI\sin 2\omega t\mathrm{d}t = 0 \tag{4-25}$$

由式（4-25）可以看出，在电感的正弦交流电路中，没有能量消耗，只有电路与电感之间的能量交换，所以也称电感为非耗能元件。电感量可用高频 Q 表或电桥等仪器测量。

电感的常见故障是断路。判断方法可用万用表的 $R\times1$ 或 $R\times10$ 档测量电感的电阻值，若读数无穷大，则说明电感内部已经断路。

【例 4-3】　一个电感元件 $L=0.02\mathrm{H}$，接在电源电压 $u=220\sqrt{2}\sin(314t+60°)\mathrm{V}$ 上，求解 X_{L}、电流 I 和 i，当电源频率提高一倍时，它们的值又为多大？

解： $f=\dfrac{\omega}{2\pi}=50\mathrm{Hz}$，$\dot{U}=220\angle 60°\mathrm{V}$

由式（4-22）知，$X_{\mathrm{L}}=\omega L=(314\times0.02)\Omega=6.28\Omega$

则，$I=\dfrac{U}{X_{\mathrm{L}}}=\dfrac{220}{6.28}\mathrm{A}\approx35\mathrm{A}$

由式（4-23）知，$\dot{I}=\dfrac{\dot{U}}{\mathrm{j}X_{\mathrm{L}}}=\dfrac{220\angle 60°}{\mathrm{j}6.28}\mathrm{A}=\dfrac{220}{6.28}\angle(60°-90°)\mathrm{A}\approx35\angle -30°\mathrm{A}$

得　$i=35\sqrt{2}\sin(314t-30°)\mathrm{A}$

当 $f=100\mathrm{Hz}$ 时

$X_{\mathrm{L}}=\omega L=(628\times0.02)\Omega=12.56\Omega$

$I=\dfrac{U}{X_{\mathrm{L}}}=\dfrac{220}{12.56}\mathrm{A}\approx17.5\mathrm{A}$

$\dot{I}=\dfrac{\dot{U}}{\mathrm{j}X_{\mathrm{L}}}=\dfrac{220\angle 60°}{\mathrm{j}12.56}\mathrm{A}=\dfrac{220}{12.56}\angle 60°-90°\mathrm{A}\approx17.5\angle -30°\mathrm{A}$

$i=17.5\sqrt{2}\sin(628t-30°)\mathrm{A}$

可见，随着频率增加，电感元件的感抗就越大，当电压有效值一定时，电感电流的有效值越小。

4.3.3　电容元件交流电路

已知一个线性电容元件的伏安关系为

$$i = C\frac{\mathrm{d}u}{\mathrm{d}t}$$

设 $u = U_{\mathrm{m}}\sin\omega t$，代入其伏安关系得

$$\begin{aligned} i &= C\frac{\mathrm{d}(U_{\mathrm{m}}\sin\omega t)}{\mathrm{d}t} = \omega C U_{\mathrm{m}}\cos\omega t \\ &= \omega C U_{\mathrm{m}}\sin(\omega t + 90°) = I_{\mathrm{m}}\sin(\omega t + 90°) \end{aligned} \tag{4-26}$$

由式（4-26）可以看出，电容元件上的电压和电流是同频率的，电压滞后电流 90°，电压的大小是电流大小的$\frac{1}{\omega C}$倍。用相量表示为

$$\dot{U} = \frac{1}{\mathrm{j}\omega C}\dot{I} = -\mathrm{j}\frac{1}{\omega C}\dot{I} \tag{4-27}$$

图 4-9b 表示了电容 C 的电路相量形式，其电压电流相量的相量图如图 4-9c 所示。

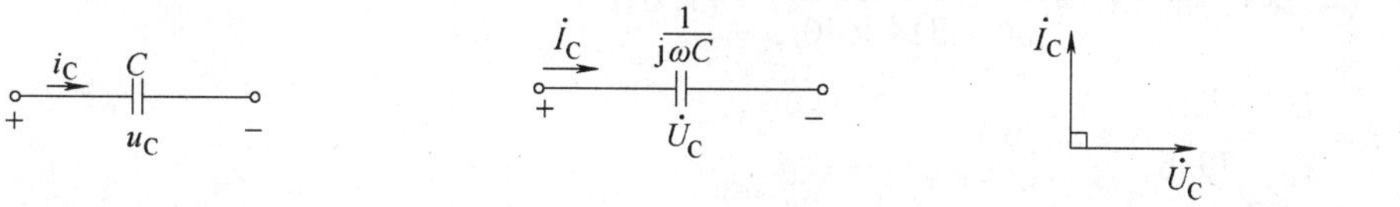

a) 电容C的电路　b) 电容C电路的相量形式　c) 电容C电压电流相量的相量图

图 4-9　电容 C 的电路相量形式和电压电流相量的相量图

式（4-27）两边取模，可知，$\frac{1}{\omega C}$表示的是电容上电压幅值（或有效值）与电流幅值（或有效值）的比值，它与频率有关，我们把它定义为容抗，用 X_{C} 表示为

$$X_{\mathrm{C}} = \frac{U}{I} = \frac{1}{\omega C} = \frac{1}{2\pi f C} \tag{4-28}$$

当电压一定时，容抗 X_{C} 越大，电流越小，它对交流电流起阻碍作用。X_{C} 又与频率有关，频率越高，容抗越小，对电流的阻碍作用越小。当频率为零时，$X_{\mathrm{C}} = \infty$，电容可视为开路，所以电容元件具有隔直畅交的性质。它的伏安关系的相量形式又可以表示成

$$\dot{U} = -\mathrm{j}\frac{1}{\omega C}\dot{I} = -\mathrm{j}X_{\mathrm{C}}\dot{I} \tag{4-29}$$

电容的瞬时功率为

$$\begin{aligned} p &= p_{\mathrm{C}} = ui = U_{\mathrm{m}}I_{\mathrm{m}}\sin\omega t\sin(\omega t + 90°) \\ &= U_{\mathrm{m}}I_{\mathrm{m}}\sin\omega t\cos\omega t = \frac{U_{\mathrm{m}}I_{\mathrm{m}}}{2}\sin 2\omega t \\ &= UI\sin 2\omega t \end{aligned} \tag{4-30}$$

电容的电压、电流与功率的关系，用波形表示如图 4-10 所示。

可知，瞬时功率 p 是一个幅值为 UI、角频率为 2ω 的正弦量，在负半周时，瞬时功率为

负值，电容元件处于供能状态，为电路提供能量，将电场能转化为电能；在正半周时，瞬时功率为正值，电容处于耗能状态，从电路取用能量存储为电场能。

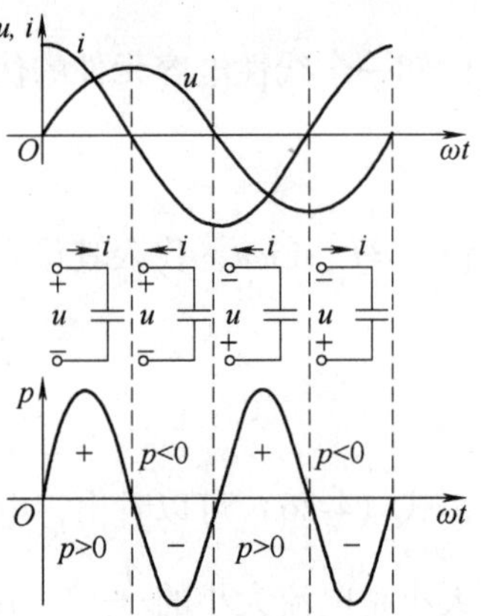

图 4-10　电容电压、电流与功率的波形

电容元件的平均功率为

$$P = \frac{1}{T}\int_0^T p\mathrm{d}t = \frac{1}{T}\int_0^T UI\sin 2\omega t\mathrm{d}t = 0 \qquad (4\text{-}31)$$

由式（4-31）可以看出，在电容元件的正弦交流电路中，没有能量消耗，只有电路与电容之间的能量交换，同样也称电容为非耗能元件。

【例 4-4】　一个电容元件 $C=40\mu\mathrm{F}$，接在电源电压 $u=220\sqrt{2}\sin(314t+60°)\mathrm{V}$ 上，求解 X_C，电流 I 和 i，当电源频率提高一倍时，它们的值又为多大？

解： $f=\dfrac{\omega}{2\pi}=50\mathrm{Hz}$，$\dot{U}=220\underline{/60°}\mathrm{V}$

由式（4-28）知，$X_C=\dfrac{1}{\omega C}=\dfrac{10^6}{314\times 40}\Omega=79.6\Omega$

则，$I=\dfrac{U}{X_C}=\dfrac{220}{79.6}\mathrm{A}\approx 2.76\mathrm{A}$

由式（4-29）知，$\dot{I}=\dfrac{\dot{U}}{-\mathrm{j}X_C}=\dfrac{220\underline{/60°}}{-\mathrm{j}79.6}\mathrm{A}=\dfrac{220}{79.6}\underline{/60°+90°}\mathrm{A}\approx 2.76\underline{/150°}\mathrm{A}$

得　$i=2.76\sqrt{2}\sin(314t+150°)\mathrm{A}$

当 $f=100\mathrm{Hz}$ 时

$X_C=\dfrac{1}{\omega C}=\dfrac{10^6}{628\times 40}\Omega=39.8\Omega$

$I=\dfrac{U}{X_C}\mathrm{A}=\dfrac{220}{39.8}\mathrm{A}\approx 5.53\mathrm{A}$

$\dot{I}=\dfrac{\dot{U}}{-\mathrm{j}X_C}=\dfrac{220\underline{/60°}}{-\mathrm{j}39.8}\mathrm{A}=\dfrac{220}{39.8}\underline{/60°+90°}\mathrm{A}\approx 5.53\underline{/150°}\mathrm{A}$

$i=5.53\sqrt{2}\sin(628t+150°)\mathrm{A}$

可见，随着频率增加，电容元件的感抗就越小，当电压有效值一定时，电容电流的有效值越大。

练习与思考

4.3.1　有一个 220V、1000W 的电热炉，把它接在 $u=220\sqrt{2}\sin(314t+120°)\mathrm{V}$ 的电源上，求电热炉的电流 I 及其有功功率 P。

4.3.2　一电容器 $C=10\mu\mathrm{F}$，在两端加一正弦电压 $u=220\sqrt{2}\sin 314t\ \mathrm{V}$，设电压和电流为关联参考方向，计算 $t=\dfrac{T}{6}$，$t=\dfrac{T}{4}$ 和 $t=\dfrac{T}{2}$ 瞬间的电压和电流大小，并说明它们在该时刻的实际方向。

4.4　*RLC* 串联交流电路

当电阻、电感与电容元件串联成交流电路，如图4-11a 所示。根据 KVL 可得

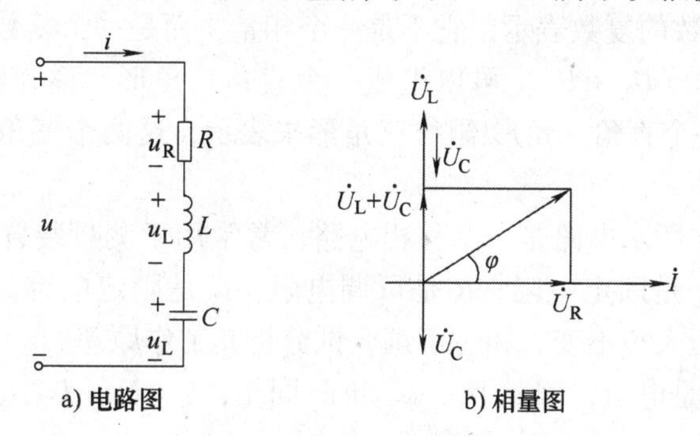

图4-11　电阻、电感与电容元件串联的交流电路

$$u = u_R + u_L + u_C = Ri + L\frac{di}{dt} + \frac{1}{C}\int idt \tag{4-32}$$

将式（4-32）表示成相量形式为

$$\begin{aligned}\dot{U} &= \dot{U}_R + \dot{U}_L + \dot{U}_C = R\dot{I} + jX_L\dot{I} - jX_C\dot{I} \\ &= [R + j(X_L - X_C)]\dot{I}\end{aligned} \tag{4-33}$$

以支路电流为参考量，电路中各电压和电路的相量图如图4-11b 所示。可以看出，基尔霍夫电压定律 KVL 也有相应的相量形式如式（4-34）或式（4-35）所示。

$$\sum\dot{U} = 0 \tag{4-34}$$

或

$$\sum\dot{U}_{升} = \sum\dot{U}_{降} \tag{4-35}$$

同理，KCL 的相量形式为

$$\sum\dot{I} = 0 \tag{4-36}$$

或

$$\sum\dot{I}_{入} = \sum\dot{I}_{出} \tag{4-37}$$

4.4.1　阻抗

阻抗的定义可以用图4-11 支路的电压、电流相量比值来表示，用 Z 表示，单位是 Ω。

$$Z = \frac{\dot{U}}{\dot{I}} = R + j(X_L - X_C) = \sqrt{R^2 + (X_L - X_C)^2}\,\angle\arctan\frac{X_L - X_C}{R} \tag{4-38}$$

可知

$$|Z| = \sqrt{R^2 + (X_L - X_C)^2} \tag{4-39}$$

$$\varphi_Z = \arctan\frac{X_L - X_C}{R} \tag{4-40}$$

式（4-39）中 $|Z|$ 为阻抗模，表示的是支路电压和电流相量的大小关系，即 U/I 的值。式（4-40）中 φ_Z 为阻抗角，表示的是支路电压和电流相量的相位差，即$(\psi_u - \psi_i)$。

阻抗的实部是电阻 R，阻抗的虚部是 $X_L - X_C = \omega L - \dfrac{1}{\omega C}$，叫做电抗。

当 $\varphi_Z > 0$ 时，即 $X_L > X_C$，阻抗呈现电感性；当 $\varphi_Z < 0$ 时，即 $X_L < X_C$，阻抗呈现电容性；当 $\varphi_Z = 0$ 时，即 $X_L = X_C$，阻抗呈现电阻性。电阻、电感和电容可以看成一些特殊阻抗。

阻抗不同于正弦函数的复数表示，它不是一个相量，而是一个复数计算量。

电压相量 $\dot{U}$、$\dot{U}_R$ 和（$\dot{U}_L + \dot{U}_C$）可以组成一个直角三角形，称为电压三角形。$|Z|$、R 和（$X_L - X_C$）也可用一个直角三角形-阻抗三角形来表示，这两个三角形是相似三角形，如图 4-12 所示。

【例 4-5】 图 4-13a 所示电路是一个移相电路，常常用于测量装置和自动调节系统等电子系统中。其中 $R_1 = R_2$ 是固定电阻，R 是可调电阻，C 是固定电容，当调节 R 的大小时，电路 c、d 端输出的电压大小不变，相位可调，试分析其工作原理。

解： 因为 R_1 和 R_2 是电阻，因此 $\dot{U}_1$、$\dot{U}_2$ 和 $\dot{U}$ 同相，$\dot{U} = \dot{U}_1 + \dot{U}_2$，且 $\dot{U}_1 = \dot{U}_2$，同时 $\dot{U} = \dot{U}_R + \dot{U}_C$，$\dot{U}_C$ 滞后于 $\dot{U}_R$90°，因此 $\dot{U}_R$、$\dot{U}_C$ 和 $\dot{U}$ 关系为直角三角形。又因为 $\dot{U}_{cd} = \dot{U}_R - \dot{U}_1$，画出它们的相量图如图 4-13b 所示。

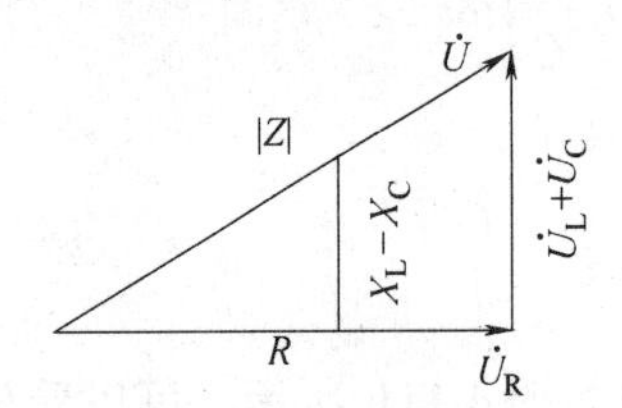

图 4-12　电压和阻抗三角形

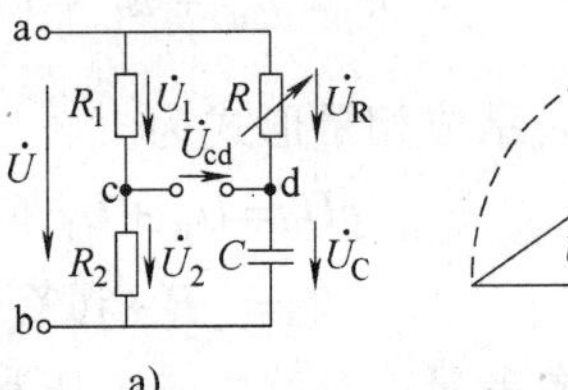

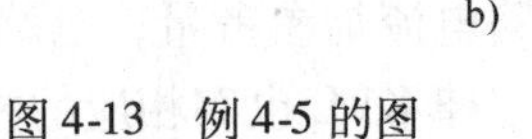

图 4-13　例 4-5 的图

由图 4-13 可以看出，因为 $\dot{U}_R$、$\dot{U}_C$ 和 $\dot{U}$ 关系为直角三角形，那么不管 R 怎么变化，直角那一点的运行轨迹始终在圆上。所以 $\dot{U}_{cd}$的大小始终等于圆的半径，即等于 $\dot{U}_1$ 或 $\dot{U}_2$ 的大小，是不变的。而它的相位可调，调节范围为 180°。

4.4.2　交流电路功率

电阻、电感与电容元件串联交流电路的瞬时功率为

$$
\begin{aligned}
p &= ui = U_m I_m \sin(\omega t + \varphi)\sin\omega t = UI[\cos\varphi - \cos(2\omega t + \varphi)] \\
&= UI\cos\varphi - UI\cos(2\omega t + \varphi)
\end{aligned} \tag{4-41}
$$

由式（4-41）可以看出，某些时段瞬时功率为正，电路从外部吸收能量；某些时段瞬时功率为负，电路从外部发送能量；这是因为电路中有储能元件的原因。电路的平均功率为

$$
P = \frac{1}{T}\int_0^T p\mathrm{d}t = \frac{1}{T}\int_0^T [UI\cos\varphi - UI\cos(2\omega t + \varphi)]\mathrm{d}t = UI\cos\varphi \tag{4-42}
$$

式（4-42）说明平均功率不仅与电压、电流的有效值有关，还与电压、电流的相位差有关，即与阻抗的阻抗角有关，受电路阻抗参数影响。$\cos\varphi$ 叫做电路的功率因素，φ 又叫做功率因数角。工程应用中，平均功率又叫做有功功率。表示为

$$
P = UI\cos\varphi = U\cos\varphi I = U_R I = I^2 R \tag{4-43}
$$

从式（4-43）可以看出，有功功率实际上是阻抗的电阻部分消耗的功率，当阻抗为纯电

阻时，$P=UI$，当阻抗为纯电感或纯电容时，$P=0$。所以有功功率体现的是能量消耗，并没有体现能量交换。为了描述电源与负载之间的能量交换，定义无功功率 Q 为

$$Q=UI\sin\varphi \tag{4-44}$$

无功功率的单位是 var（乏）。当阻抗为纯电阻时，$Q=0$；当阻抗是电感性的，$Q>0$；当阻抗是电容性的，$Q<0$。当 $Q>0$ 时，吸收无功功率；当 $Q<0$ 时，则为发出无功功率。

在电路中既有电感元件又有电容元件时，无功功率相互补偿，它们在电路内部先相互交换一部分能量后，不足部分再与电源进行交换。电路的无功功率是电感元件的无功功率与电容元件无功功率的代数和，为

$$Q=Q_L+Q_C \tag{4-45}$$

无功功率 Q 还可以表示为

$$Q=UI\sin\varphi=I^2|Z|\sin\varphi=I^2X=I^2(X_L-X_C) \tag{4-46}$$

同时，定义视在功率 S 为

$$S=UI \tag{4-47}$$

式（4-47）表示的是电气设备的容量，指设备可能输出的最大有功功率。电源设备如变压器和发电机等所输出的有功功率与负载的功率因数 $\cos\varphi$ 有关，不是一个常数，对于纯阻性负载，$\cos\varphi=1$，才有可能获得最大的有功功率，在数值上达到 S 的大小。因此电源设备通常只用视在功率 S 表示其容量，而不是用有功功率表示，视在功率的单位是 V · A（伏安）。

视在功率 S、有功功率 P 和无功功率 Q 的关系为

$$S=\sqrt{P^2+Q^2} \tag{4-48}$$

$$\varphi=\arctan\frac{Q}{P} \tag{4-49}$$

同样的，它们也可以构成一个直角三角形，叫做功率三角形。功率三角形和阻抗三角形及电压三角形都是相似三角形，如图 4-14 所示。

【例 4-6】 图 4-15 所示电路为线圈参数测量电路，电路中有 3 个测量表，因此叫做三表法测量电路。一个是电压表，一个是电流表，还有一个是功率表。电压表并联在被测支路中，测的是电压的有效值；电流表串联在被测支路中，测的是电流的有效值；功率表有两对接线柱，电流线圈的一对接线柱与被测支路串联，电压线圈的一对接线柱与被测支路并联，并且注意将两个线圈的同名端连在一起，功率表测的是支路的有功功率。电路接在工频电源上，电压表读数为 50V，电流表读数为 1A，功率表读数为 30W。求线圈的参数 R 和 L。

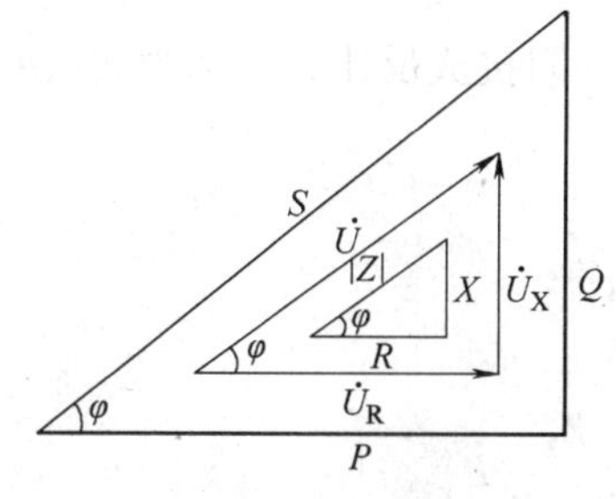

图 4-14　功率、电压和阻抗三角形

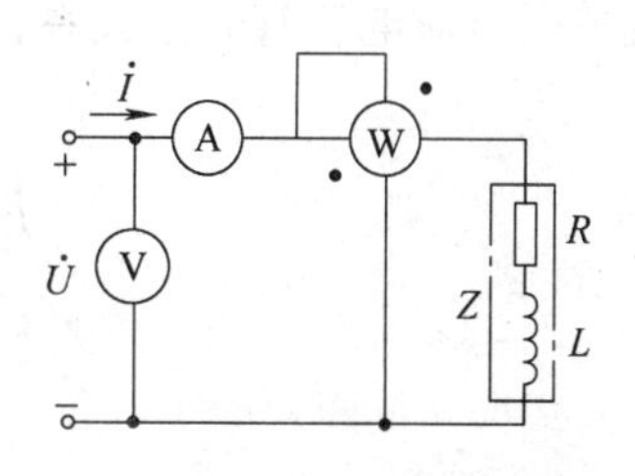

图 4-15　例 4-6 的图

解：已知 $U=50\text{V}$，$I=1\text{A}$，$P=30\text{W}$。

由式（4-47）得

$$S=UI=50\text{V}\cdot\text{A},\ Q=\sqrt{S^2-P^2}=\sqrt{50^2-30^2}\text{var}=40\text{var}$$

因为有功功率实际上是阻抗的电阻部分消耗的功率，由式（4-43）得

$$R=\frac{P}{I^2}=30\Omega$$

由式（4-46）得

$$X_\text{L}=\frac{Q}{I^2}=40\Omega$$

因此得到：$L=\dfrac{X_\text{L}}{\omega}=\dfrac{40}{314}\text{H}=0.127\text{H}$

4.4.3　阻抗的串联和并联

阻抗和电阻一样，有串联和并联的连接方式。图 4-16 是阻抗串联和并联的电路。同样，根据电路等效的概念计算其等效阻抗。

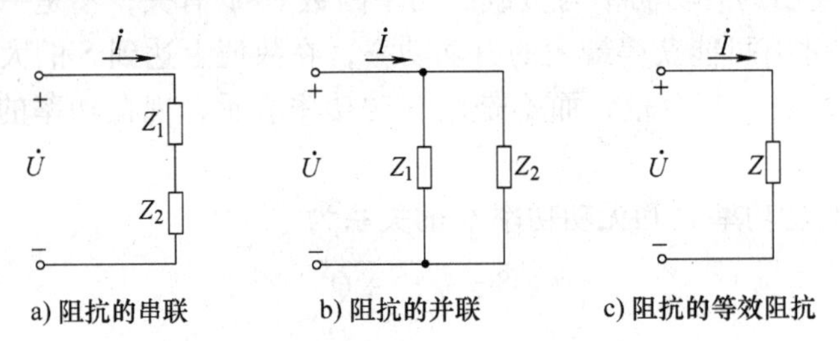

图 4-16　阻抗的串联、并联和等效阻抗

如图 4-16a 所示，当阻抗串联时

$$Z=\sum Z_k \tag{4-50}$$

阻抗串联时对电压有分压关系，相应阻抗上的电压与阻抗成正比，表示为式（4-51）的关系。

$$\dot{U}_1=Z_1\dot{I}=\frac{Z_1}{Z}Z\dot{I}=\frac{Z_1}{Z_1+Z_2}\dot{U} \tag{4-51}$$

如图 4-16b 所示，当阻抗并联时

$$\frac{1}{Z}=\sum\frac{1}{Z_k} \tag{4-52}$$

阻抗并联时对电流有分流关系，相应阻抗上的电流与阻抗成反比，表示为式（4-53）的关系。

$$\dot{I}_1=\frac{\dot{U}}{Z_1}=\frac{Z}{Z_1}\frac{\dot{U}}{Z}=\frac{1}{Z_1\dfrac{1}{Z}}\dot{I}$$

$$=\frac{1}{Z_1\left(\dfrac{1}{Z_1}+\dfrac{1}{Z_2}\right)}\dot{I}=\frac{Z_2}{Z_1+Z_2}\dot{I} \tag{4-53}$$

请注意，图4-16中因为$U \neq U_1 + U_2$，即$|Z|I \neq |Z_1|I + |Z_2|I$，所以$|Z| \neq |Z_1| + |Z_2|$。同样得$\frac{1}{|Z|} \neq \frac{1}{|Z_1|} + \frac{1}{|Z_2|}$。

图4-16a和图4-16b都可以等效成图4-16c的电路。

【例4-7】 电路如图4-17所示，已知$\dot{U} = 220\angle 0°\text{V}$，$Z_1 = (3 + \text{j}4)\Omega$，$Z_2 = (8 - \text{j}6)\Omega$，求$\dot{I}_1$、$\dot{I}_2$和$\dot{I}$。

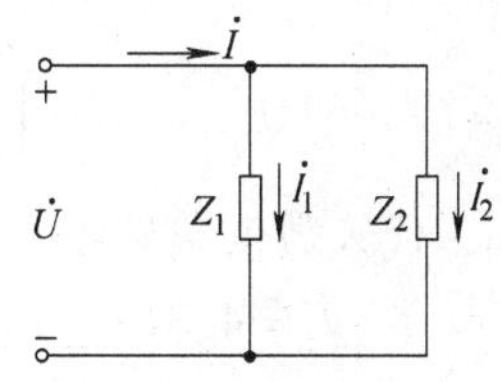

图4-17　例4-7的图

解：求等效阻抗

$$Z = \frac{Z_1 Z_2}{Z_1 + Z_2} = \frac{5\angle 53° \times 10\angle -37°}{3 + \text{j}4 + 8 - \text{j}6}\Omega = 4.47\angle 26.5°\Omega$$

则，

$$\dot{I}_1 = \frac{\dot{U}}{Z_1} = \frac{220\angle 0°}{5\angle 53°}\text{A} = 44\angle -53°\text{A}$$

$$\dot{I}_2 = \frac{\dot{U}}{Z_2} = \frac{220\angle 0°}{10\angle -37°}\text{A} = 22\angle 37°\text{A}$$

$$\dot{I} = \frac{\dot{U}}{Z} = \frac{220\angle 0°}{4.47\angle 26.5°}\text{A} = 49.2\angle -26.5°\text{A}$$

练习与思考

4.4.1　图4-18电路中，已知$u = 220\sqrt{2}\sin 314t\text{V}$，试求$R = 4\Omega$，$L = 12.7\text{mH}$时，电路的阻抗$Z$、阻抗角$\varphi$、电流$I$及功率$P$。

4.4.2　电子装置中常用的输入电路如图4-19所示，设输入电压u的有效值不变，频率ω连续可变，试分析：（1）当ω增大后$\dot{U}_\text{R}$和$\dot{U}_\text{C}$如何变化？（2）当$\frac{U_\text{R}}{U} = \frac{1}{\sqrt{2}}$时，对应的$\omega_0$的数值是多少？$\dot{U}_\text{R}$与$\dot{U}$的相位差是多少？

4.4.3　图4-20所示电路中$\dot{U} = 220\angle 0°\text{V}$，$Z_1 = \text{j}10\Omega$，$Z_2 = \text{j}20\Omega$，$Z_3 = 100\Omega$，求各支路电流及总电流。

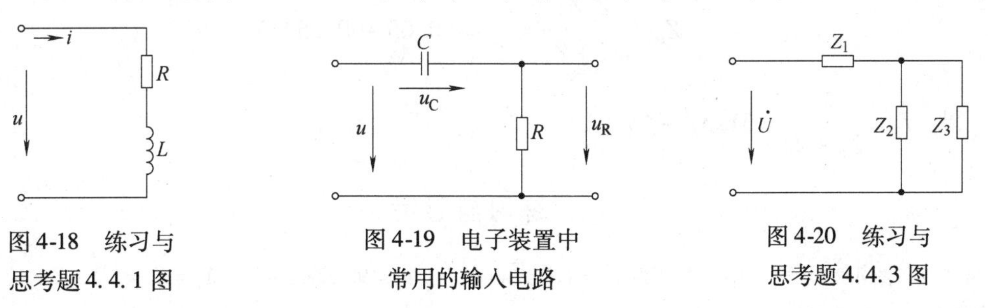

图4-18　练习与思考题4.4.1图　　图4-19　电子装置中常用的输入电路　　图4-20　练习与思考题4.4.3图

4.5　正弦交流电路的相量分析法

用相量法分析线性正弦交流电路，和直流电路一样可以应用支路电流法、节点电压法、叠加定理和戴维南定理等方法。具体步骤为

1）计算出相应的L、C对应的感抗与容抗。

2）绘制原电路对应的相量模型。

3）按照KCL、KVL及元件的VCR计算待求量对应的相量。

4）得出待求量对应的时域值。

【例 4-8】 图 4-21 所示电路中，已知 $Z_1 = \mathrm{j}20\Omega$，$Z_2 = \mathrm{j}10\Omega$，$Z_3 = 40\Omega$，$\dot{U}_1 = 220\underline{/0°}\mathrm{V}$，$\dot{U}_2 = 220\underline{/-20°}\mathrm{V}$，求各支路电流 $\dot{I}_1$、$\dot{I}_2$ 和 $\dot{I}_3$。

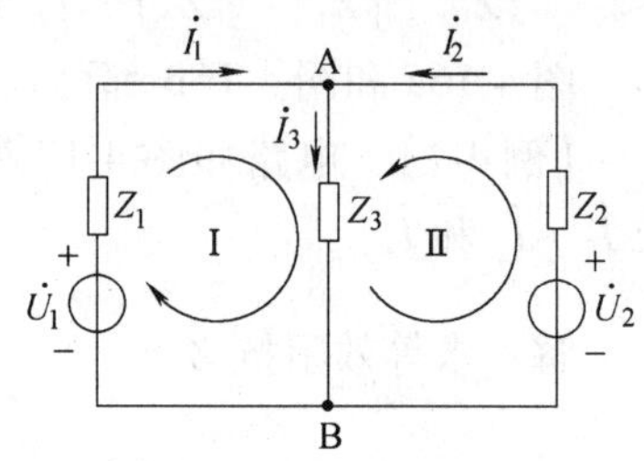

图 4-21 例 4-8 的图

解：利用支路法列写方程，得

$$\begin{cases}\dot{I}_3 = \dot{I}_1 + \dot{I}_2 \\ \dot{U}_1 = \dot{I}_1 Z_1 + \dot{I}_3 Z_3 \\ \dot{U}_2 = \dot{I}_2 Z_2 + \dot{I}_3 Z_3\end{cases}$$

代入数值求解得

$$\dot{I}_1 = 4.31\underline{/-15.3°}\mathrm{A},\ \dot{I}_2 = 1.22\underline{/-50.5°}\mathrm{A},$$

$$\dot{I}_3 = 5.35\underline{/-22.9°}\mathrm{A}$$

【例 4-9】 图 4-22a 所示电路中，已知 $Z_1 = Z_2 = (0.1 + \mathrm{j}0.5)\Omega$，$Z_3 = (5 + \mathrm{j}5)\Omega$，$\dot{U}_1 = 230\underline{/0°}\mathrm{V}$，$\dot{U}_2 = 227\underline{/0°}\mathrm{V}$，用戴维南定理计算 $\dot{I}_3$。

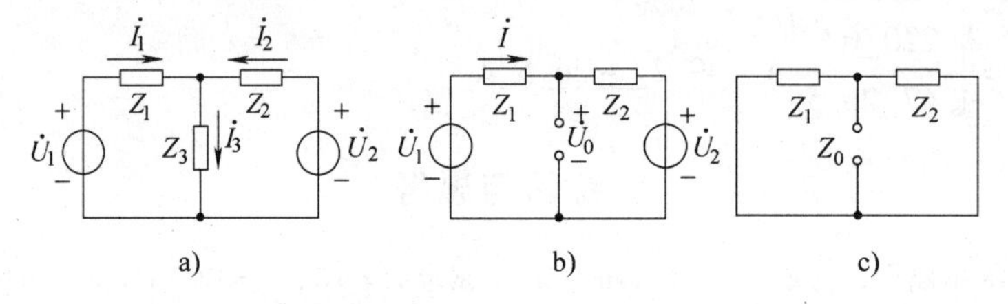

图 4-22 例 4-9 的图

解：断开 Z_3 支路，如图 4-22b 所示，求开路电压 $\dot{U}_0$：

$$\dot{U}_0 = \frac{\dot{U}_1 - \dot{U}_2}{Z_1 + Z_2} Z_2 + \dot{U}_2 = 228.85\underline{/0°}\mathrm{V}$$

求等效内阻抗 Z_0，如图 4-22c 所示。

$$Z_0 = \frac{Z_1 Z_2}{Z_1 + Z_2} = \frac{Z_1}{2} = (0.05 + \mathrm{j}0.25)\Omega$$

得 $\dot{I}_3 = \dfrac{\dot{U}_0}{Z_0 + Z_3} = 31.3\underline{/-46.1}\mathrm{A}$

练习与思考

4.5.1 图 4-23 示电路中，电压源 $u_1 = 120\sqrt{2}\sin\omega t$ V，$u_2 = 90\sqrt{2}\sin\omega t$ V，$X_1 = X_2 = 1\Omega$，$Z = (3 + \mathrm{j}4)\Omega$，试用节点电压法计算各支路电流。

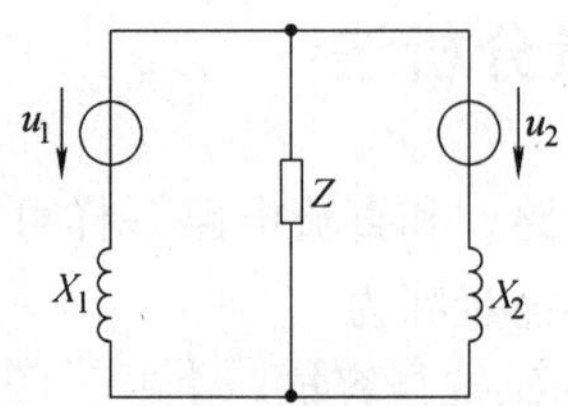

图 4-23 练习与思考题 4.5.1 图

4.5.2 根据图 4-23 所示，使用叠加原理求解各支路电流。

4.6　交流电路的功率因数提高

前面提到负载的功率因数决定了有功功率的大小，由 $P=UI\cos\varphi$ 可知，只有电阻性负载（例如白炽灯、电阻炉等）的功率因数才等于1，而其他负载的功率因数均小于1。例如交流电动机（异步电动机），当它空载时，功率因数约等于0.83～0.85。为了合理使用电能，国家电业部门规定，用电企业的功率因数必须维持在0.85以上，低于此指标的会罚款，对低于0.5者停止供电。

设备处于低功率因数下运行，会引起两个问题：一是不能充分利用电气设备的容量，因为 $P=S\cos\varphi$；二是输电线路的电能损失大，因为当发电机的电压 U 和输出功率 P 一定时，电流 I 和功率因数成反比，功率因数低，电流大，消耗在线路上的电能就多。因此，提高电路功率因数有利于提高经济效益。

造成供电系统功率因数低的主要原因是电感性负载的存在，所以提高功率因数的简便而有效的方法之一，是给电感性负载并联适当大小的电容器（又称静止补偿器），如图4-24a所示。

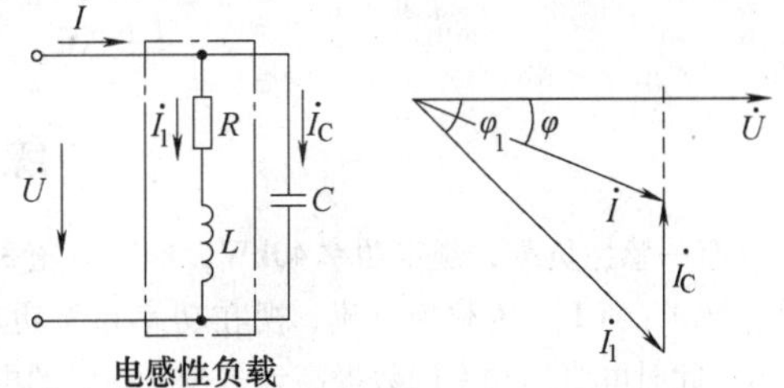

a) 感性负载并联电容电路　　b) 电路相量图

图4-24　感性负载电路功率因数的提高

因为是并联，原支路的电压电流不变，保证了原电路中电器的额定工作状态，并联后总电流 $\dot{I}$ 为

$$\dot{I}=\dot{I}_1+\dot{I}_C \tag{4-54}$$

总电流与电源电压的相位差由原来的 φ_1 变为 φ，相位差减小，相应功率因数 $\cos\varphi$ 就提高了。若要求将原来的功率因数 $\cos\varphi_1$ 提高到 $\cos\varphi$，则并联的电容 C 的大小可由图4-24b中的三角关系推导出来。

因为

$$I_C=I_1\sin\varphi_1-I\sin\varphi \tag{4-55}$$

且

$$\begin{cases} I_1=\dfrac{P}{U\cos\varphi_1} \\ I=\dfrac{P}{U\cos\varphi} \\ I_C=U\omega C \end{cases} \tag{4-56}$$

得

$$C=\frac{P}{\omega U^2}(\tan\varphi_1-\tan\varphi) \tag{4-57}$$

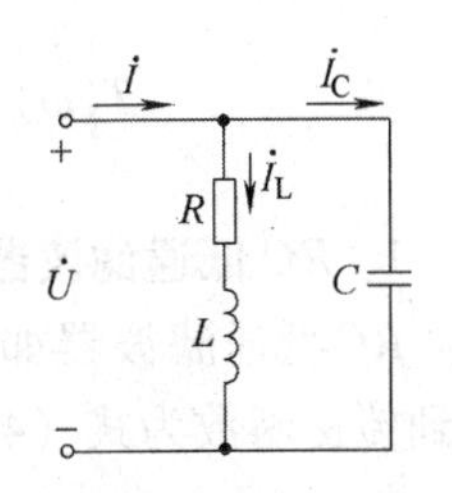

图4-25　例4-10的图

【例4-10】　已知图4-25所示工频电路中，$U=220\text{V}$，接有100盏40W的荧光灯，用RL的串联电路等效，其功率因素为0.5。试问：（1）如果将功率因素提高到0.95，求并联的电容的电容值；

（2）电容并联前后的线路电流。

解：（1）$\cos\varphi_1 = 0.5$，则 $\varphi_1 = 60°$；$\cos\varphi = 0.95$，则 $\varphi = 18°$。

因为 $P = (40 \times 100)\text{W} = 4\text{kW}$，由式（4-57）得

$$C = \frac{4 \times 10^3}{2\pi \times 50 \times 220^2}(\tan 60° - \tan 18°)\mu\text{F} = 370\mu\text{F}$$

（2）由式（4-56）得电容并联前电流为

$$I_L = \frac{P}{U\cos\varphi_1} = \frac{4 \times 10^3}{220 \times 0.5}\text{A} = 36.4\text{A}$$

电容并联后的电流为

$$I = \frac{P}{U\cos\varphi} = \frac{4 \times 10^3}{220 \times 0.95}\text{A} = 19.1\text{A}$$

练习与思考

有一感性负载，额定功率 40kW，额定电压 380V，额定功率因素 $\cos\varphi = 0.4$，接 380V、50Hz 的交流电压，试求：（1）负载的电流、视在功率和无功功率；（2）若与负载并联一个电容，使电路总电流降到 10A，此时电路的功率因数提高到多少？并联的电容值是多大？

4.7　交流电路的频率特性

在交流电路中存在着电抗性的元件，如电容和电感，它们的电抗值会随着频率的变化而变化。而电抗是反映元件的电流与电压关系的，当电抗随频率变化后，电路各处响应也会相应变化。这种电路响应与频率的关系就叫做电路的频率响应。研究电路在不同频率下的工作情况，就是频域分析，这在电子技术和控制领域是必要的。

4.7.1　滤波电路

滤波电路分为无源滤波和有源滤波，有源滤波电路将在系列教材的电子技术中介绍。无论是有源滤波还是无源滤波都可以从处理信号的频率范围来分，均可分为低通、高通、带通和带阻。本节将基于 *RC* 无源滤波电路进行分析。

在频域对滤波电路进行分析，采用相量模型，分析电路的输出电压与输入电压的比值，此比值是频率的函数，又叫做传递函数或转移函数，用 $T(\omega)$ 表示。

$$T(\omega) = \frac{\dot{U}_2(\omega)}{\dot{U}_1(\omega)} \tag{4-58}$$

1. *RC* 低通滤波器

RC 低通滤波器如图 4-26 所示，分析电路得到传递函数为式（4-59）。

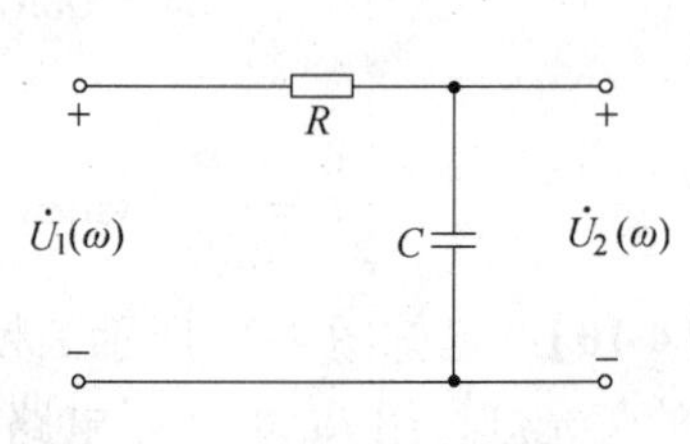

图 4-26　*RC* 低通滤波电路

$$T(\omega)=\frac{\dot{U}_2(\omega)}{\dot{U}_1(\omega)}=\frac{\frac{1}{\mathrm{j}\omega C}}{R+\frac{1}{\mathrm{j}\omega C}}$$

$$=\frac{1}{1+\mathrm{j}\omega C}=\frac{1}{\sqrt{1+(\omega RC)^2}}\angle-\arctan(\omega RC) \tag{4-59}$$

从式（4-59）可知

$$|T(\omega)|=\frac{1}{\sqrt{1+(\omega RC)^2}} \tag{4-60}$$

$$\varphi(\omega)=-\arctan(\omega RC) \tag{4-61}$$

式（4-60）中的$|T(\omega)|$是传递函数$T(\omega)$的模，是角频率的函数，称为幅频特性；式（4-61）中$\varphi(\omega)$是传递函数$T(\omega)$的辐角，也是角频率的函数，叫做相频特性。

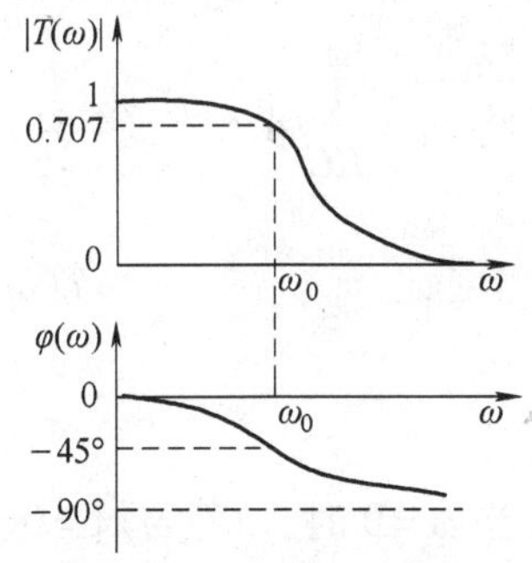

图4-27　低通滤波电路的频率特性

当$\omega=0$时，$|T(\omega)|=1$，$\varphi(\omega)=0$；

当$\omega=\infty$时，$|T(\omega)|=0$，$\varphi(\omega)=-\frac{\pi}{2}$；

当$\omega=\frac{1}{RC}$时，$|T(\omega)|=\frac{1}{\sqrt{2}}=0.707$，$\varphi(\omega)=-\frac{\pi}{4}$。

在频率轴上画出RC电路传递函数的幅频特性和相频特性，如图4-27所示。

在频率特性曲线上，当$\omega=\frac{1}{RC}$时，输出电压下降到输入电压的70.7%，定义

$$\omega_0=\frac{1}{RC} \tag{4-62}$$

ω_0称为截止频率。当$\omega<\omega_0$时，$|T(\omega)|$接近于1；当$\omega>\omega_0$时，$|T(\omega)|$明显下降，因此RC电路具有易使低频信号通过，抑制高频信号的特点，所以叫做低通滤波电路。而频率范围$0<\omega<\omega_0$称为通频带。

代入截止频率ω_0之后的传递函数为

$$T(\omega)=\frac{1}{1+\mathrm{j}\frac{\omega}{\omega_0}}=\frac{1}{\sqrt{1+\left(\frac{\omega}{\omega_0}\right)^2}}\angle-\arctan\left(\frac{\omega}{\omega_0}\right) \tag{4-63}$$

注意到$|T(\omega)|$下降到$\frac{1}{\sqrt{2}}$时，因功率正比于电压二次方，此时输出功率只是输入功率的一半，所以ω_0又叫做半功率点频率。实际应用中常将$|T(\omega)|$用对数形式表示，单位为dB（分贝）。$20\log(0.707)=-3\mathrm{dB}$，因此$\omega_0$还叫做3dB频率。

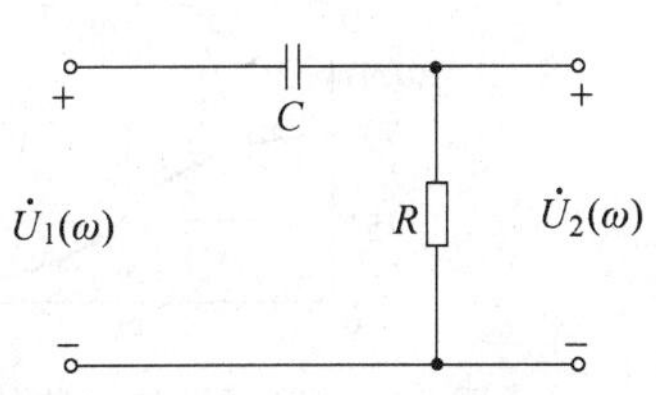

图4-28　RC高通滤波电路

2. RC高通滤波器

RC高通滤波器如图4-28所示，分析电路得到传递函数为

$$T(\omega)=\frac{\dot{U}_2(\omega)}{\dot{U}_1(\omega)}=\frac{\frac{1}{\mathrm{j}\omega C}}{R+\frac{1}{\mathrm{j}\omega C}}$$

$$=\frac{1}{1+\mathrm{j}\omega C}=\frac{1}{\sqrt{1+(\omega RC)^2}}\underline{/-\arctan(\omega RC)} \tag{4-64}$$

同理，得到幅频特性和相频特性分别如式（4-65）和式（4-66）所示。

$$|T(\omega)|=\frac{1}{\sqrt{1+\left(\frac{1}{\omega RC}\right)^2}} \tag{4-65}$$

$$\varphi(\omega)=-\arctan(\omega RC) \tag{4-66}$$

将 $\omega_0=\frac{1}{RC}$ 带入式（4-64）得

$$T(\omega)=\frac{1}{1-\mathrm{j}\frac{\omega_0}{\omega}}=\frac{1}{\sqrt{1+\left(\frac{\omega_0}{\omega}\right)^2}}\underline{/\arctan\left(\frac{\omega_0}{\omega}\right)} \tag{4-67}$$

当 $\omega=0$ 时，$|T(\omega)|=0$，$\varphi(\omega)=\frac{\pi}{2}$；

当 $\omega=\infty$ 时，$|T(\omega)|=1$，$\varphi(\omega)=0$；

当 $\omega=\omega_0$ 时，$|T(\omega)|=\frac{1}{\sqrt{2}}=0.707$，$\varphi(\omega)=\frac{\pi}{4}$。

在频率轴上画出幅频特性和相频特性，如图 4-29 所示。

可以看出此 RC 电路具有使高频信号易通过，抑制低频信号的特点，因此成为高频滤波电路。

3. RC 带通滤波器

RC 带通滤波器如图 4-30 所示，经分析电路得到传递函数为

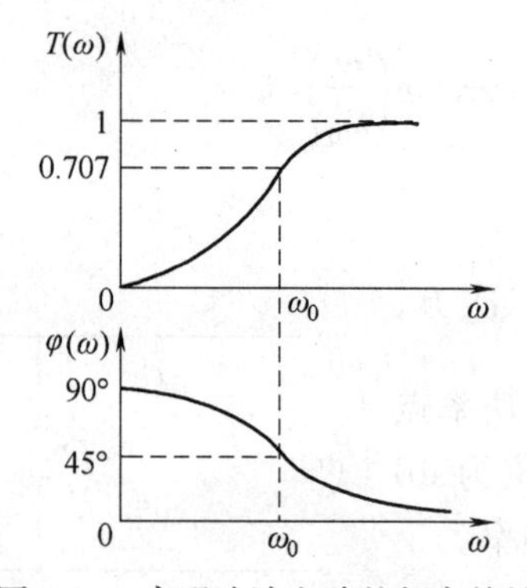

图 4-29　高通滤波电路的频率特性

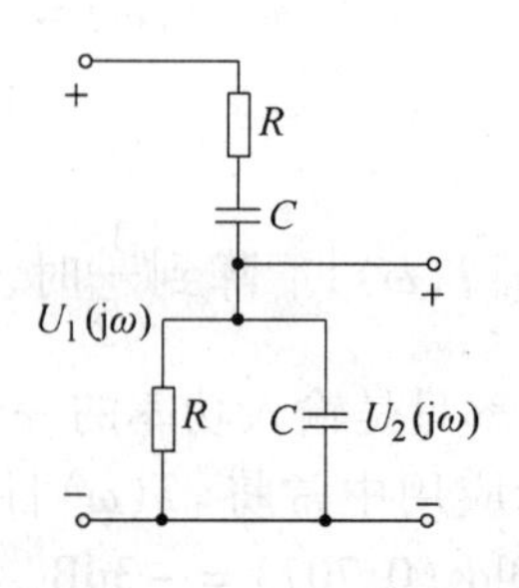

图 4-30　RC 带通滤波电路

$$T(\omega)=\frac{\dot{U}_2(\omega)}{\dot{U}_1(\omega)}=\frac{\dfrac{\dfrac{R}{\mathrm{j}\omega C}}{R+\dfrac{1}{\mathrm{j}\omega C}}}{R+\dfrac{1}{\mathrm{j}\omega C}+\dfrac{\dfrac{R}{\mathrm{j}\omega C}}{R+\dfrac{1}{\mathrm{j}\omega C}}}=\frac{1}{3+\mathrm{j}\left(\omega RC-\dfrac{1}{\omega RC}\right)}$$

$$=\frac{1}{\sqrt{3^2+\left(\omega RC-\dfrac{1}{\omega RC}\right)^2}}\angle-\arctan\frac{\omega RC-\dfrac{1}{\omega RC}}{3} \tag{4-68}$$

同理，得幅频特性和相频特性分别如式（4-69）和式（4-70）所示。

$$|T(\omega)|=\frac{1}{\sqrt{3^2+\left(\omega RC-\dfrac{1}{\omega RC}\right)^2}} \tag{4-69}$$

$$\varphi(\omega)=-\arctan\frac{\omega RC-\dfrac{1}{\omega RC}}{3} \tag{4-70}$$

将 $\omega_0=\dfrac{1}{RC}$ 带入式（4-68）得

$$T(\omega)=\frac{1}{3+\mathrm{j}\left(\dfrac{\omega}{\omega_0}-\dfrac{\omega_0}{\omega}\right)}$$

$$=\frac{1}{\sqrt{3^2+\left(\dfrac{\omega}{\omega_0}-\dfrac{\omega_0}{\omega}\right)^2}}\angle-\arctan\frac{\dfrac{\omega}{\omega_0}-\dfrac{\omega_0}{\omega}}{3} \tag{4-71}$$

当 $\omega=0$ 时，$|T(\omega)|=0$，$\varphi(\omega)=\dfrac{\pi}{2}$；

当 $\omega=\infty$ 时，$|T(\omega)|=0$，$\varphi(\omega)=-\dfrac{\pi}{2}$；

当 $\omega=\omega_0$ 时，$|T(\omega)|=\dfrac{1}{3}$，$\varphi(\omega)=0$。

在频率轴上画出幅频特性和相频特性，如图4-31所示。

可以看出此 RC 电路具有只使得一段频率信号易通过，抑制此频段之外信号的特点，因此称为为带通滤波电路。

$|T(\omega)|$ 的最大值等于 $\dfrac{1}{3}$，当其下降到70.7%时所对应的频率是 ω_1 和 ω_2，$\omega_1<\omega_2$，ω_1

叫做下限频率，ω_2 叫做上限频率。ω_1 到 ω_2 之间的频率段叫做通频带 $\Delta\omega=\omega_2-\omega_1$。此电路常用来选频，作用于正弦波振荡器中。

此外滤波器还有带阻滤波器，其分析方法和上述其他滤波器一样，这里就不再详述了。

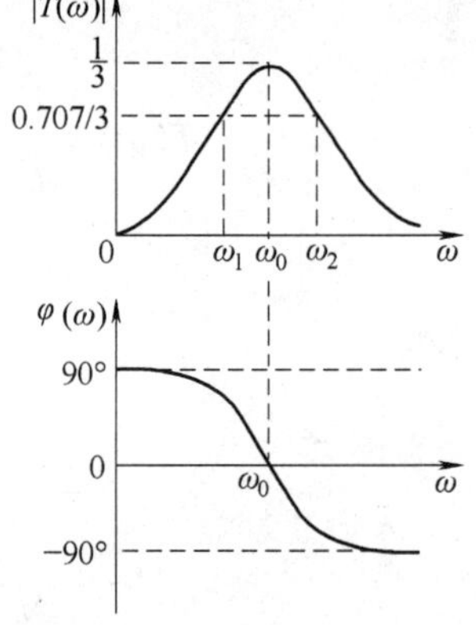

图 4-31　带通滤波电路的频率特性

4.7.2　谐振电路

在交流电路中，当电容和电感处于同一个电路时，会发生谐振现象。谐振现象就是电路虽具有电容和电感，但在电路两端的电压和电流却是同相的，呈现电阻的特征。谐振现象的研究具有重要的实际意义，一方面这种现象得到非常广泛的应用，另一方面在某些场合谐振现象会产生危害。根据电路的结构，谐振又分为串联谐振和并联谐振。

1. 串联谐振

串联谐振电路如图 4-32 所示。

根据谐振的定义可知谐振时 $\dot{U}$ 和 $\dot{I}$ 同相，则电路中 $\varphi_Z=0$，即

$$\varphi_Z=\arctan\frac{X_L-X_C}{R}=\arctan\frac{\omega L-\dfrac{1}{\omega C}}{R}=0 \tag{4-72}$$

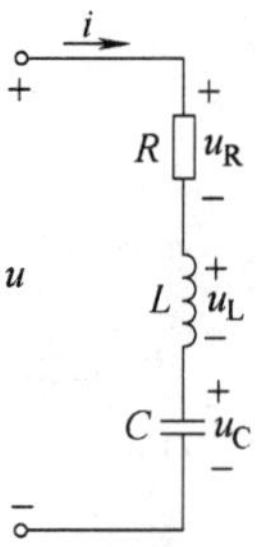

图 4-32　串联谐振电路

可知，谐振时角频率定义为 ω_0，可表示为

$$\omega_0=\frac{1}{\sqrt{LC}} \tag{4-73}$$

得谐振频率 f_0 为

$$f_0=\frac{1}{2\pi\sqrt{LC}} \tag{4-74}$$

可以看出，谐振角频率或谐振频率取决于 L、C 值，而与 R 值和电源的角频率 ω 无关，是电路本身具备的特性。

此谐振发生在串联电路中，因此又叫串联谐振。串联谐振时，电路具有以下特性。

（1）电路阻抗最小，呈现纯电阻性

当 $\omega_0=\dfrac{1}{\sqrt{LC}}$时，$Z=R+\mathrm{j}\left(\omega_0 L-\dfrac{1}{\omega_0 C}\right)=R$，为最小值。电源供给电路的能量全部消耗在电阻 R 上，而动态元件的储能与放能过程完全在电容与电感之间完成，即储能元件并不与电源之间交换能量。

由于电路呈现电阻性，因此端口电压 $\dot{U}$ 和电流 $\dot{I}$ 的相位一致，如图 4-33 所示。

由图 4-34 所示，因为 $\dot{U}_L+\dot{U}_C=0$，所以串联谐振又叫短路谐振。

（2）回路电流最大

谐振时，由于电路的阻抗最小，当端口电压 U 一定时，电

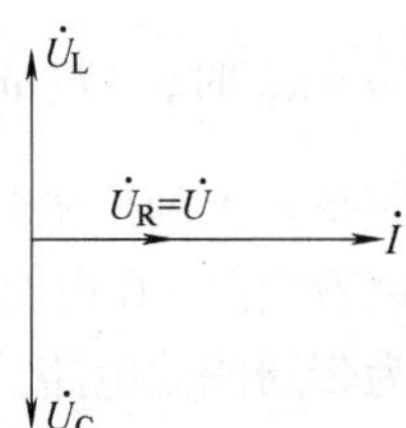

图 4-33　串联谐振电路相量图

路的电流在谐振频率f_0处达到最大值U/R，如图4-34中电流与频率的关系曲线所示。该值的大小仅与电阻的阻值有关，与电感和电容的值无关。

（3）电感电压与电容电压有效值相等，相位相反

谐振时的总阻抗等于电阻，从而总电压和电阻上的电压相等。这是否说，电容和电感上此时没有电压呢？事实上恰恰相反，在通常的谐振电路中，谐振时电容和电感上的电压往往比总电压大几十倍到几百倍。只是因为谐振时电容和电感上电压大小相等，而它们的相位相反，因而彼此抵消了。这种分压大于总电压的现象，只有在同时包含电容和电感的电路中才可能出现。电感电压和电容电压为

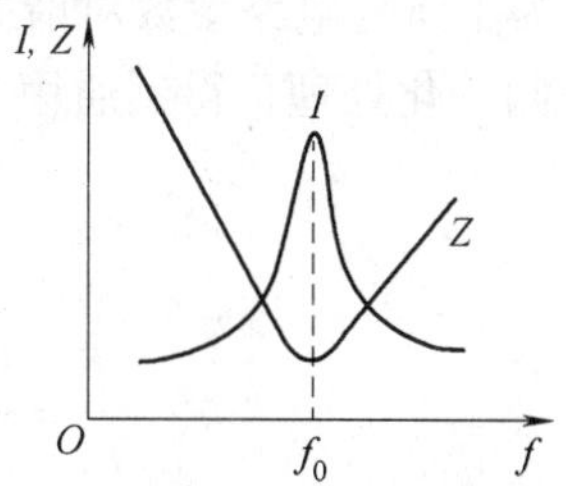

图4-34　串联谐振电路阻抗Z、电流I与频率的关系

$$U_L = IX_L = \frac{U}{R}X_L \tag{4-75}$$

和

$$U_C = IX_C = \frac{U}{R}X_C \tag{4-76}$$

当$X_L = X_C >> R$时，$U_L = U_C >> U$，因此串联谐振又叫电压谐振。在电力系统中，应尽量避免谐振，以免击穿电路设备（L、C等）；而在电子电路中，常用此方法获得高压。

（4）由频率特性可知，电路对频率具有选择性

串联谐振电路中，电流与角频率的关系称做电流的幅频特性，如式（4-77）所示。

$$I = \frac{U}{\sqrt{R^2 + \left(\omega L - \frac{1}{\omega C}\right)^2}} \tag{4-77}$$

用图4-35表示式（4-77）的幅频特性，图4-35中，在电流I值等于谐振时最大值I_m的70.7%处，频率的上下限之间宽度称为通频带宽度。即

$$\Delta f = f_2 - f_1 \tag{4-78}$$

从图4-35可以看出，通频带宽度越小，曲线越尖锐，稍有偏离谐振频率的信号就大大减弱，而谐振频率的信号则被凸显出来，串联谐振电路的这一特性叫做选择性，通常定义品质因数Q来表示谐振电路的选择性。

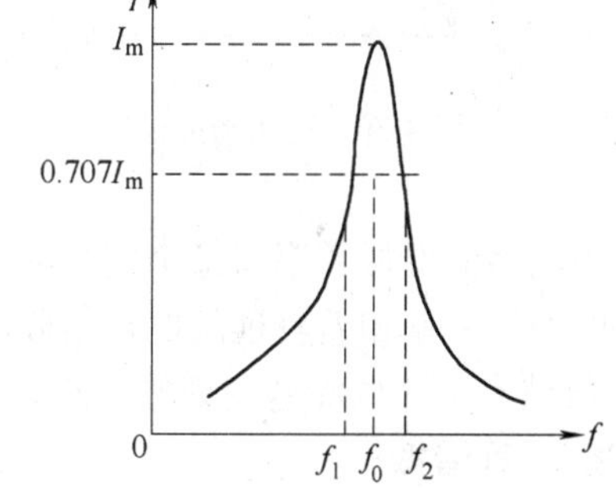

图4-35　串联谐振电路的电流幅频特性

品质因数Q即为电容或电感上的电压有效值与总电压有效值之间的倍数，如式（4-79）所示。

$$Q = \frac{U_C}{U} = \frac{U_L}{U} = \frac{\omega_0 L}{R} = \frac{\frac{1}{\omega_0 C}}{R} = \frac{1}{R}\sqrt{\frac{L}{C}} \tag{4-79}$$

谐振时电容或电感上的电压均为总电压的Q倍。电容或电感上的电压常比总电压大得多，因此通常$Q >> 1$。

Q值反映了谐振电路的固有性质，当电阻、电容和电感确定后，电路的品质因数就确定

了。

为了研究电路参数对谐振特性的影响，通常采用通用谐振曲线。即将电流值除以最大值 I_m 作归一化处理，得到通用频率特性为

$$\frac{I}{I_m}=\frac{\dfrac{U}{\sqrt{R^2+\left(\omega L-\dfrac{1}{\omega C}\right)^2}}}{I_m}=\frac{\dfrac{U}{R\sqrt{1+Q^2\left(\dfrac{\omega}{\omega_0}-\dfrac{\omega_0}{\omega}\right)^2}}}{I_m}=\frac{1}{\sqrt{1+Q^2\left(\dfrac{\omega}{\omega_0}-\dfrac{\omega_0}{\omega}\right)^2}} \tag{4-80}$$

令 $\eta=\dfrac{\omega}{\omega_0}$，绘制式（4-80）的关系曲线如图 4-36 所示。

从图 4-36 可以看出，谐振曲线的尖锐程度与 Q 值相关，Q 值越大，曲线越尖锐，电路的选择性越好，抗干扰能力越强。

串联谐振电路在无线电技术中最重要的应用是选择信号。例如，各广播电台以不同频率的电磁波向空间发射自己的信号，收音机的调谐旋钮与谐振电路的可变电容器相连，改变电容，就可改变电路的谐振频率，如图 4-37 所示。图中 L_1 是天线线圈，电感线圈 L 与可变电容 C 组成串联谐振电路。e_1、e_2 和 e_3 是来自 3 个不同电台的信号等效电源，它们频率各不相同。

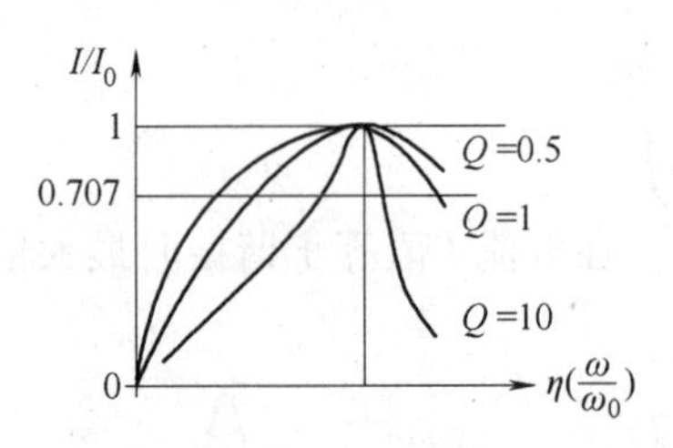

图 4-36　通用谐振曲线

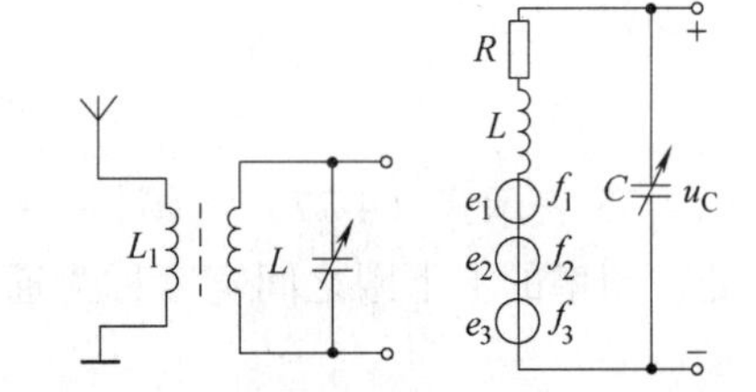

图 4-37　收音机的输入电路与等效电路

当电路的谐振频率与某个电台的发射频率一致时，收到的信号就最强，其他发射频率与电路的谐振频率相差较远的电台就收听不到。这就是利用了谐振电路的选频特性。同时，电路 Q 值越大，谐振峰越尖锐的电路，它的频率选择性就越强，越不容易发生“串台”现象。

2. 并联谐振

实际中的并联谐振电路一般都是由电感线圈与电容器的并联而成的，其等效电路如图 4-38 所示。电路等效阻抗为

$$Z=\frac{\dfrac{1}{\mathrm{j}\omega C}(R+\mathrm{j}\omega L)}{\dfrac{1}{\mathrm{j}\omega C}+(R+\mathrm{j}\omega L)}=\frac{L}{RC}\,\frac{1-\mathrm{j}\dfrac{R}{\omega L}}{1-\mathrm{j}\left(\dfrac{1}{\omega RC}-\dfrac{\omega L}{R}\right)} \tag{4-81}$$

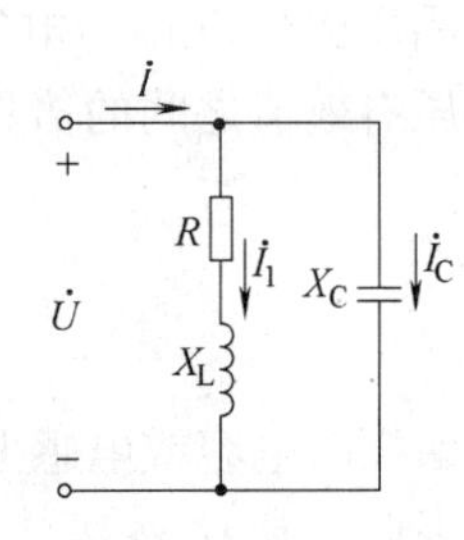

图 4-38　并联谐振电路

当 $\dfrac{R}{\omega L}=\dfrac{1}{\omega RC}-\dfrac{\omega L}{R}$ 时，$\varphi_Z=0$，电路发生谐振，呈纯电阻性，

即谐振角频率为

$$\omega_0=\sqrt{\frac{1}{LC}-\frac{R^2}{L^2}}=\sqrt{\frac{1}{LC}\left(1-\frac{R^2}{L/C}\right)} \tag{4-82}$$

通常 $R^2 \ll \frac{L}{C}$，因此 $\omega_0\approx\sqrt{\frac{1}{LC}}$ $\left(或 f_0=\frac{1}{2\pi\sqrt{LC}}\right)$。

与串联谐振电路分析过程一样，对照分析可以得到并联谐振的特点，这里就不再赘述。

并联谐振在无线电工程中也常应用，用来选择信号和消除干扰。

【例4-11】 图4-39所示电路是常用的 RC 选频网络，$R_1=R_2$，$C_1=C_2$，试问频率为多少时，输出电压 $\dot{U}_2$ 与输入电压 $\dot{U}_1$ 同相？此时它们的大小关系是什么？

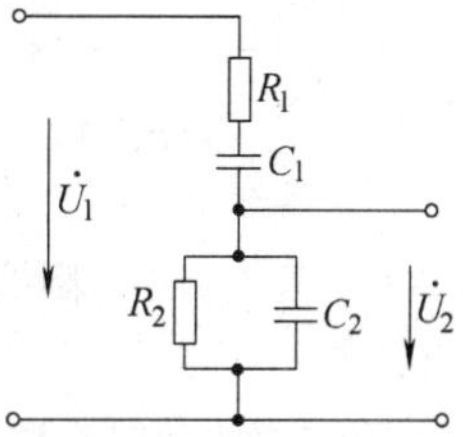

图4-39　例4-11的图

解： 设 $R_1=R_2=R$，$C_1=C_2=C$，得

$$\frac{\dot{U}_2}{\dot{U}_1}=\frac{\dfrac{1}{\dfrac{1}{R}+j\omega C}}{R+\dfrac{1}{j\omega C}+\dfrac{1}{\dfrac{1}{R}+j\omega C}}=\frac{1}{R\left(\dfrac{1}{R}+j\omega C\right)+\dfrac{1}{j\omega C}\left(\dfrac{1}{R}+j\omega C\right)+1}$$

$$=\frac{1}{1+(1+j\omega RC)+\left(\dfrac{1}{j\omega RC}+1\right)}=\frac{1}{3+j\left(\omega RC-\dfrac{1}{\omega RC}\right)}$$

要使 $\dot{U}_2$、$\dot{U}_1$ 同相，令 $\omega RC-\frac{1}{\omega RC}=0$ 即可，因此得

$\omega_0=\frac{1}{RC}$时，$\dot{U}_2$、$\dot{U}_1$ 同相，此时$\frac{\dot{U}_2}{\dot{U}_1}=\frac{1}{3}$。

练习与思考

已知线圈 $L=4\text{mH}$，$R=50\Omega$，与电容 $C=160\text{pF}$ 串联后接在 $U=25\text{V}$ 的电源上，式分析（1）当 $f=200\text{kHz}$ 时发生谐振，电流和电容上的电压值；（2）当频率增加10%时，电流和电容上的电压值。

习　题

4-1　已知 $u=220\sqrt{2}\sin(314t+30°)$ V，$i=5\sqrt{2}\sin(314t-45°)$ A，试求：

（1）电压和电流的最大值、有效值、角频率、频率、相位、初相位。

（2）写出相量表达式，画出电压和电流的相量图。

（3）求电压电流的相位差，说明超前或滞后关系。

4-2　已知$\dot{U}=(30+j40)$ V，$\dot{I}=5\angle 40°$A，求所对应的正弦量瞬时值表达式。

4-3　已知 $u_1=10\sqrt{2}\sin(314t+35°)$V，$u_1=5\sqrt{2}\sin(314t-75°)$V，求它们的和与乘积。

4-4　一电感 $L=25.5\text{mH}$，给它通入 $i=15\sqrt{2}\sin(314t+30°)$A 的电流，求电感两端的电压。

4-5　一个高压电容器接于工频电网上，电网电压5.77kV，初相位40°，电流200mA，求电容 C 的值和电容承受的最大电压。

4-6　电路如图 4-40 所示，已知 A、A_2、A_3 的读数分别是 5A、8A、4A，求电流表 A_1 的读数。

4-7　RLC 串联电路中，$R=10\Omega$，$L=0.01\text{H}$，$C=0.1\mu\text{F}$，$\dot{U}_S=24\angle0°$，$\omega=100\text{rad/s}$，求等效阻抗和电流，并说明等效阻抗的性质（阻性、感性或容性）。

4-8　电路如图 4-41 所示，$\dot{I}_S=2\angle0°\text{A}$，$Z_1=-\text{j}5\Omega$，$Z_2=(2+\text{j})\Omega$，$Z_3=(3+\text{j}4)\Omega$，求电路电流源两端等效阻抗及各支路电流。

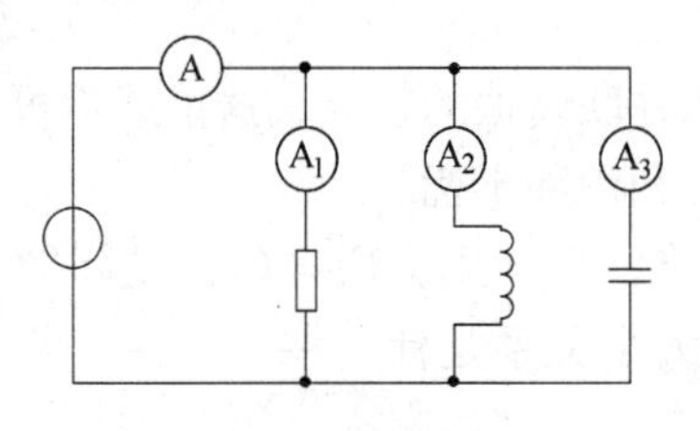

图 4-40　习题 4-6 图

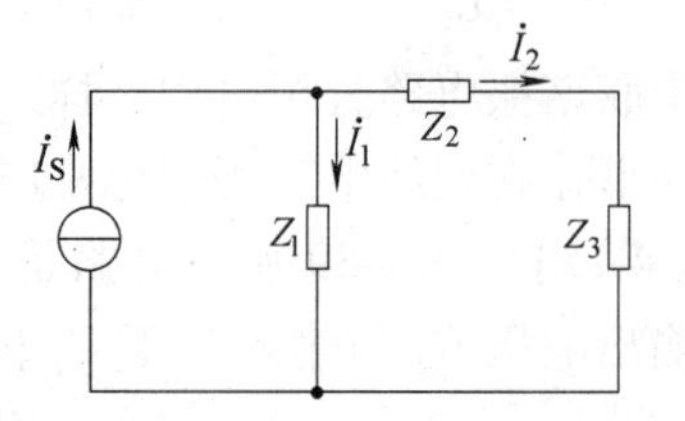

图 4-41　习题 4-8 图

4-9　某电路中一阻抗 $Z=(80+\text{j}50)\Omega$，其两端电压 $\dot{U}=220\angle0°\text{V}$，求该阻抗的平均功率、无功功率和视在功率。

4-10　电路如图 4-42 所示，已知 $R=200\Omega$，$L=0.1\text{H}$，$C=2.5\mu\text{F}$，$i_R=\sqrt{2}\sin2000t$ A，求 u_R、i_C、i_1、U_L、U_S 及整个电路的功率因数、有功功率、无功功率及视在功率，画出相量图。

4-11　在图 4-43 所示电路中电压表的读数为 220V，电流表读数为 4.2A，并由功率表测得电路的有功功率为 325W，试计算 R、C 的数值并画出阻抗三角形、电压三角形及功率三角形。

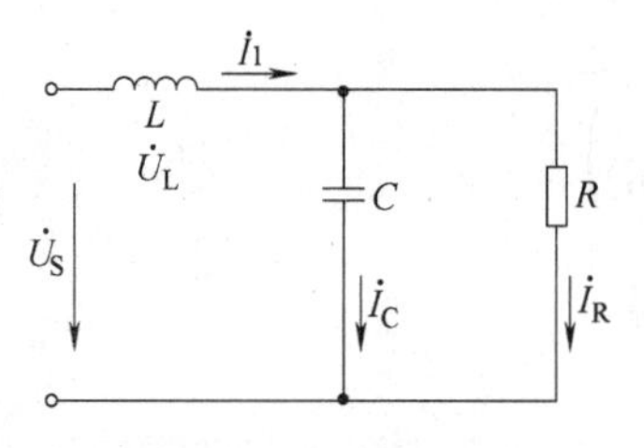

图 4-42　习题 4-10 图

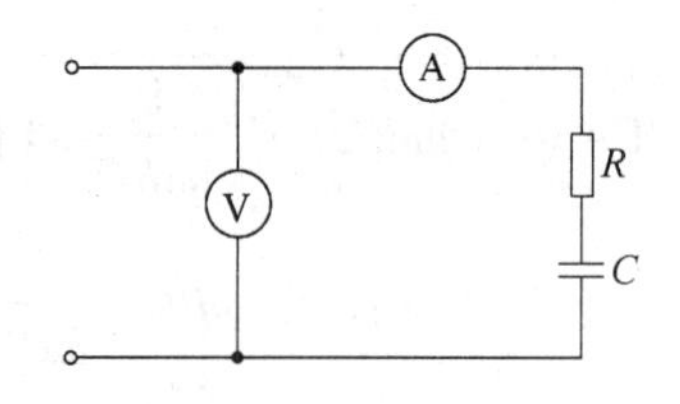

图 4-43　习题 4-11 图

4-12　试用戴维南定理求图 4-44 电路中流过的电阻 R_3 的电流 $\dot{I}_3$。已知 $R_1=4\Omega$，$R_2=3\Omega$，$R_3=2\Omega$，$X_{L1}=2\Omega$，$X_{C2}=3\Omega$，$X_{L3}=4\Omega$，$\dot{U}_1=100\angle0°\text{V}$，$\dot{U}_2=50\angle30°\text{V}$。

4-13　电路如图 4-45 所示，$\dot{U}_{S1}=220\angle0°\text{V}$，$\dot{U}_{S2}=220\angle-20°\text{V}$，$Z_1=(1+\text{j}2)\Omega$，$Z_2=(0.8+\text{j}2.8)\Omega$，$Z=(40+\text{j}30)\Omega$，试用网孔电流法求各支路电流和 Z 上的电压。

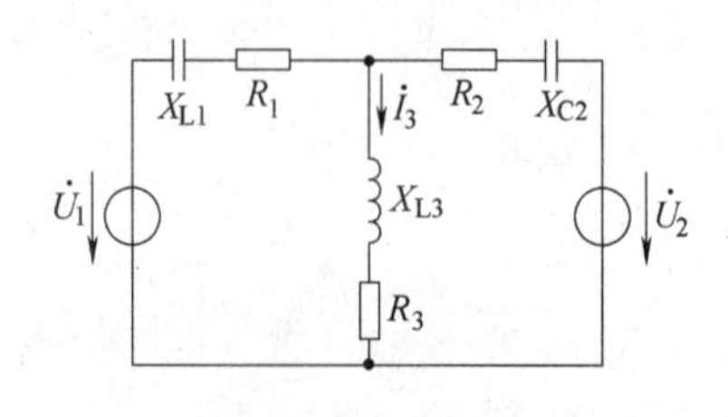

图 4-44　习题 4-12 图

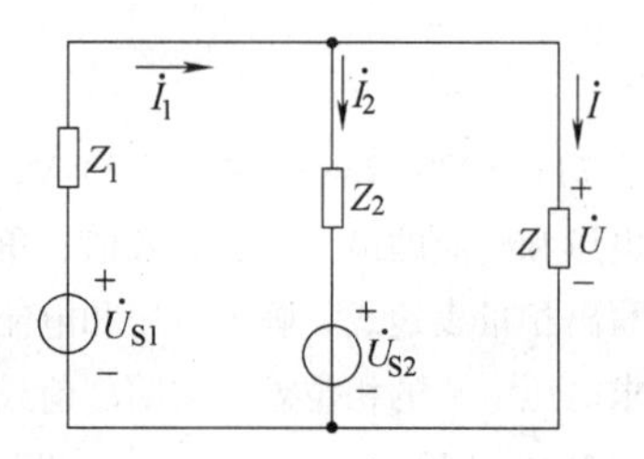

图 4-45　习题 4-13 图

4-14　某发电厂以 220kV 的高压向某地输送 2.4×10^5kW 的电力。若输电线路的总电阻 $r=10\Omega$，试计算当电路的功率因数由 0.6 提高到 0.9 时，输电线上一年少损耗多少电能？

4-15　功率为 60W、功率因数为 0.5 的荧光灯（感性负载）与功率为 100W 的白炽灯（阻性负载）各

50只，并联在电压为220V的工频交流电源上，如果将功率因素提高到0.95，试计算应并联多大的电容？

4-16　电路如图4-46所示，这是一个无源二阶低通滤波电路，试分析它的幅频特性和相频特性。

4-17　电路如图4-47所示，这是一个石英晶体的等效电路，计算电路分别发生串联谐振和并联谐振时的谐振频率。

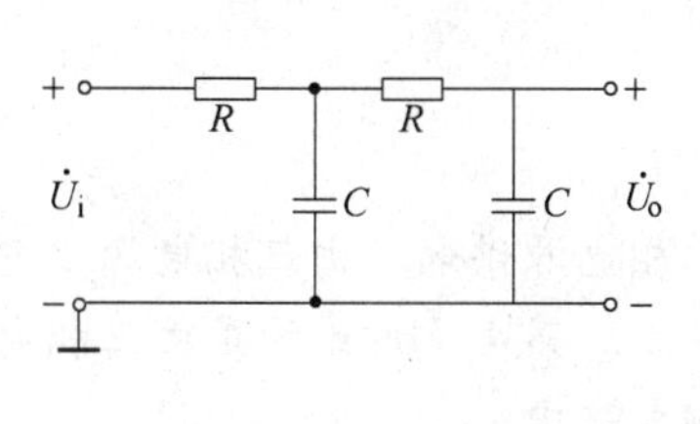

图4-46　习题4-16图

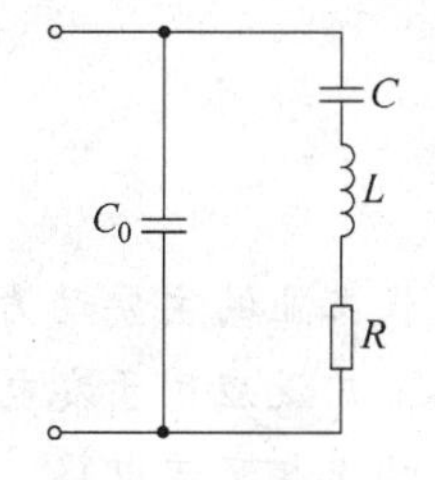

图4-47　习题4-17图

4-18　在 RLC 串联电路中，外加电压 $u = 120\sqrt{2}\sin\omega t$ V，设 $R = 34\Omega$，$L = 400$mH，求当 $f = 500$Hz 时电路发生谐振时的电容值，谐振时的电流、电容和电感上的电压有效值，以及品质因数 Q。

第5章　供电与用电

本章概要

电力是现代工业的主要动力，电力系统普遍采用三相电源供电。由三相电源供电的电路称为三相电路，广泛应用于发电、输电和动力用电等方面。第4章讨论的是由三相电源中某一相电源供电的单相交流电路，其概念可以延伸到三相电路中。

本章首先从三相电源的产生入手，着重讨论三相电路的连接方式及其电压、电流和功率的计算方法，这些内容是后面学习三相变压器、三相异步电动机等三相电气设备的基础。

电的应用对社会生产力的高度发展和人民的物质文化生活起着巨大的作用，但是如果使用不当，也会造成触电及伤亡事故。因此，本章最后还特别介绍了电力系统和安全用电的基本知识。

重点： 三相电路中相电压与线电压、相电流与线电流的概念及关系。

难点： 理解安全用电知识。

5.1　三相电源

5.1.1　三相交流电压的产生

三相交流电源由三相交流发电机产生。发电机的基本结构如图5-1a所示，主要由定子和转子组成。定子也称电枢，内圆周表面有凹槽，用以放置三相绕组。三相绕组始端（首）标以A、B、C，末端（尾）标以X、Y、Z，首端（或末端）空间互差120°，如图5-1b所示。转子是一对由直流电流通过励磁绕组而形成的特殊磁极，产生的磁场在空气隙中按正弦规律分布。

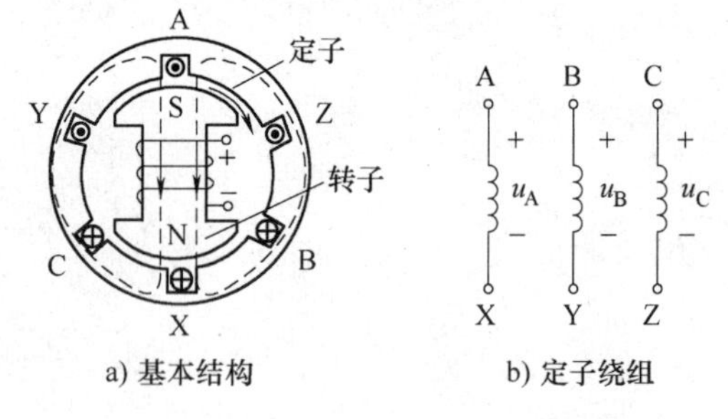

图5-1　三相发电机基本结构及绕组的表示

当发电机转子由原动机拖动以角速度 ω 按顺时针方向匀速旋转时，转子磁场将依次切割定子绕组，并在每相绕组内产生出频率相同、幅值相等、相位互差120°的三相对称正弦感应电动势，即三相对称电源，简称三相电源。

若以 u_A 为参考正弦量，则三相对称电源的瞬时表达式为

$$\begin{cases} u_A = U_m \sin\omega t \\ u_B = U_m \sin(\omega t - 120°) \\ u_C = U_m \sin(\omega t + 120°) \end{cases} \tag{5-1}$$

相量式可表示为

$$\begin{cases}\dot{U}_A = U\angle 0^\circ \\ \dot{U}_B = U\angle -120^\circ \\ \dot{U}_C = U\angle 120^\circ\end{cases} \tag{5-2}$$

如果将此三相对称电源用正弦波形表示，则如图 5-2a 所示；用相量图来表示，如图 5-2b 所示。

显然，三相对称电源的瞬时值或相量之和始终为零，即

$$\left.\begin{aligned} u_A + u_B + u_C = 0 \\ \dot{U}_A + \dot{U}_B + \dot{U}_C = 0 \end{aligned}\right\} \tag{5-3}$$

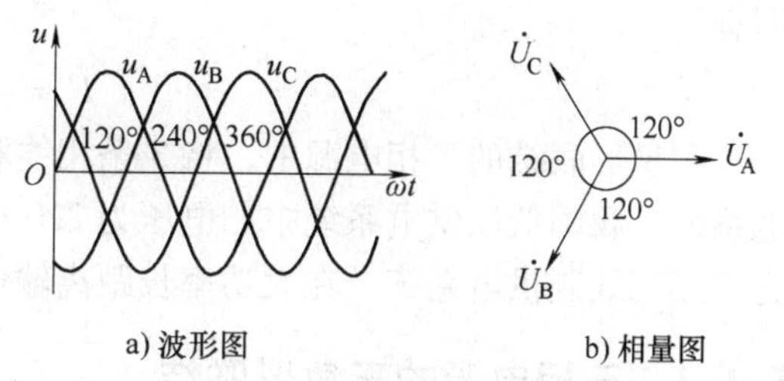

图 5-2 三相对称电源的波形图和相量图

三相正弦交流电源依次到达最大值（或过零值）的顺序，称为相序，它与磁极旋转方向有关。因此，当磁极顺时针旋转时，三相电源出现最大值的顺序是 $\dot{U}_A \rightarrow \dot{U}_B \rightarrow \dot{U}_C$，这样的顺序称为正序（或顺序）；反之，称为负序（或逆序）。如果没有特殊说明，在工农业生产和人们的日常生活中，三相对称电源的相序均采用正序。

发电机的三相绕组通常作适当的联结之后再给负载供电。三相绕组有两种联结方法：一种为星形联结（也称为Y形联结），另一种为三角形联结（也称为△形联结）。下面将分别予以介绍。

5.1.2 三相电源的星形联结

把发电机三相绕组的末端连接在一个公共点上，从三相绕组的始端分别对外引出 3 条线，这种连接方式称为星形联结，如图 5-3a 所示。其中，公共点 N 称为中性点，从中性点引出的线称为中性线或零线；从始端引出的三根线称为相线或端线（俗称火线）。

端线与中性线之间的电压称为相电压，分别记作 $\dot{U}_A$、$\dot{U}_B$、$\dot{U}_C$，参考方向为首端指向末端，有效值用 U_p 表示。端线与端线之间的电压称为线电压，分别记作 $\dot{U}_{AB}$、$\dot{U}_{BC}$、$\dot{U}_{CA}$，有效值用 U_l 表示。

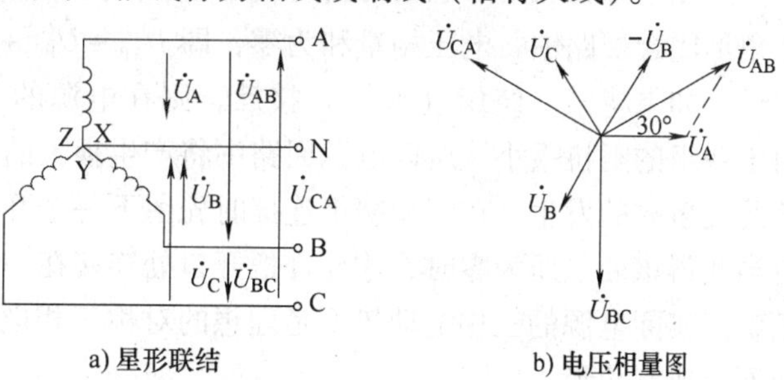

图 5-3 三相电源的星形联结及其电压相量图

根据图 5-3a 所示的参考方向，应用 KVL 可以得到相电压与线电压之间的关系为

$$\begin{cases}\dot{U}_{AB} = \dot{U}_A - \dot{U}_B \\ \dot{U}_{BC} = \dot{U}_B - \dot{U}_C \\ \dot{U}_{CA} = \dot{U}_C - \dot{U}_A\end{cases} \tag{5-4}$$

以 $\dot{U}_A$ 作为参考相量，由式（5-4）可画出相电压和线电压的相量图，如图 5-3b 所示。可见，三相对称电源的线电压也是频率相同、幅值相等、相位互差 120°的三相对称电压。各线电压与对应的相电压的关系为

$$\begin{cases}\dot{U}_{AB}=\sqrt{3}\dot{U}_A\angle 30^\circ \\ \dot{U}_{BC}=\sqrt{3}\dot{U}_B\angle 30^\circ \\ \dot{U}_{CA}=\sqrt{3}\dot{U}_C\angle 30^\circ\end{cases} \tag{5-5}$$

可见，在数值上各线电压为相电压的$\sqrt{3}$倍，在相位上线电压超前于相应的相电压 30°，即有

$$\dot{U}_l=\sqrt{3}\dot{U}_p\angle 30^\circ \tag{5-6}$$

在星形联结的三相电源中，将 3 条相线和一条中性线引出的供电系统称为三相四线制供电系统。我国低压供电系统中相电压为 220V，线电压为 380V。中性线不引出的供电系统称为三相三线制供电系统，在大功率长距离输电时被普遍使用。

5.1.3 三相电源的三角形联结

把发电机的任一相绕组的末端与另一相绕组的始端依次连接起来，组成一个回路，再从 3 个连接点分别对外引出 3 条线，这种连接方式称为三角形联结，如图 5-4 所示。可见，三角形联结的电源只能采用三相三线制供电方式。

由图 5-4 可知，三相电源为三角形联结时，线电压等于相应的相电压，即

$$\begin{cases}\dot{U}_{AB}=\dot{U}_A \\ \dot{U}_{BC}=\dot{U}_B \\ \dot{U}_{CA}=\dot{U}_C\end{cases} \tag{5-7}$$

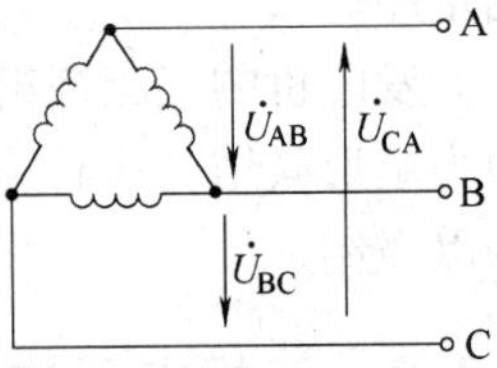

图 5-4　三相电源的三角形联结

也就是说

$$\dot{U}_l=\dot{U}_p \tag{5-8}$$

三相电源为三角形联结时要特别小心。这是因为当三相绕组连接正确时，在对称电源的三角形闭合回路中，电压相量和为零，即 $\dot{U}_{AB}+\dot{U}_{BC}+\dot{U}_{CA}=0$，所以电源内部不会产生电流。但是，如果将某一绕组（首末）接反，则在电源的三角形闭合回路中将产生两倍相电压，由于绕组的阻抗很小，所以电源回路中将产生很大的电流，很容易烧毁三相发电机。为了避免此类事故的发生，在三相绕组连接时先留下一个开口，并在开口处接一只交流电压表，只有当测得该处电压为零时，才允许把开口处连接在一起，以此验证三相绕组的连接方法是否正确。实际电源的三相电动势不是理想的对称三相电动势，所以三相电源通常都接成星形，而不接成三角形。

练习与思考

5.1.1　三相电源星形联结时，如果误将 X、Y、C 连接成中性点，是否可以产生对称三相电压？

5.1.2　三相电源星形联结时，设线电压 $u_{AB}=380\sqrt{2}\sin(\omega t+30^\circ)$ V，试写出相电压 $\dot{U}_A$。如果三相电源三角形联结，则相电压 $\dot{U}_A$ 等于多少？

5.1.3　三相电源三角形联结时，如果第三相绕组接反即 C 和 Z 接反，通过相量图分析回路中的电压。

5.1.4　为什么三相电源通常都采用星形联结？

5.2　三相负载

使用交流电的负载很多，按照它对电源的要求可分为单相负载和三相负载。单相负载是指需要单相电源供电的设备，如电灯、电炉、计算机、各种家用电器等；三相负载是指必须由三相电源供电的设备，如三相交流异步电动机等。当三相负载的阻抗完全相等时，称为三相对称负载；否则，称为不对称负载。由三相电源和三相负载组成的电路，称为三相电路；由对称三相电源和对称三相负载组成的三相电路称为对称三相电路；若负载不对称，则称为不对称三相电路。

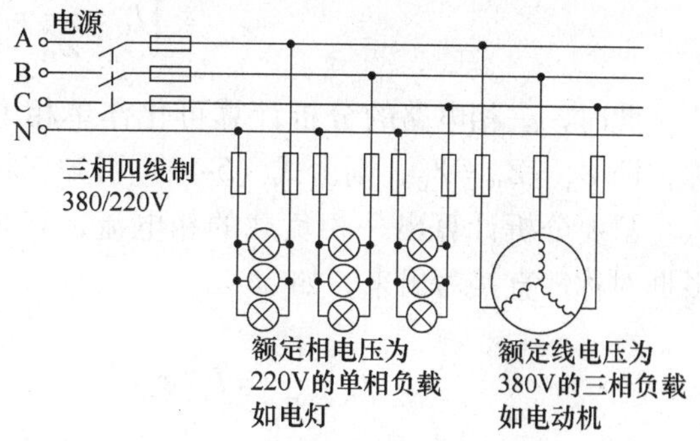

图5-5　负载的三相四线制联结

图5-5所示的是三相四线制电路，电源线电压为380V，相电压为220V，是三相电源供电给单相负载和三相负载的电路。其中，因为单相负载（如电灯）是大量使用的，不能集中在一相电路中，应把它们尽量平均分配到各相电路中，使电源的各相负载基本平衡；三相异步电动机有三相绕组，属于三相负载。

和三相电源一样，三相负载也有星形联结和三角形联结两种连接方式，下面将分别予以介绍。

5.2.1　三相负载的星形联结

把三相负载的3个末端连接在一个公共点N′（负载中性点）上，并把N′与电源中性线相接，把负载的另外3个端子A′、B′、C′分别与电源端线相接，就构成了三相四线制星形联结电路，如图5-6所示。

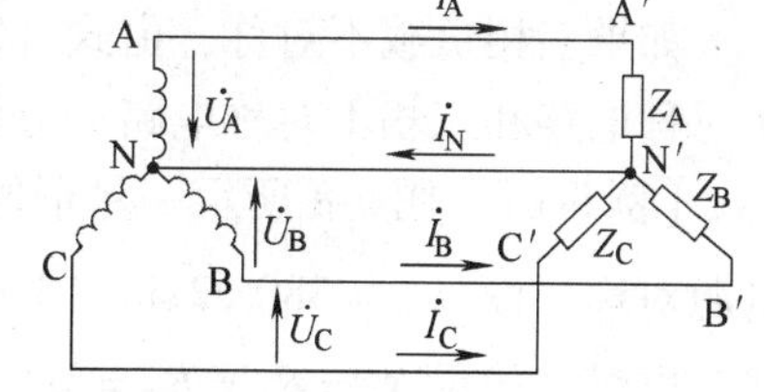

图5-6　三相负载的星形联结

三相电路中，每相负载中的电流称为相电流，分别记作$\dot{I}_{A'N'}$、$\dot{I}_{B'N'}$、$\dot{I}_{C'N'}$，有效值用I_p表示；每条相线中的电流称为线电流，分别记作$\dot{I}_A$、$\dot{I}_B$、$\dot{I}_C$，有效值用I_l表示。

由图5-6可见，在负载为星形联结时，线电流和相电流在同一条支路上，所以线电流等于相应的相电流，即

$$\begin{cases}\dot{I}_A=\dot{I}_{A'N'}\\ \dot{I}_B=\dot{I}_{B'N'}\\ \dot{I}_C=\dot{I}_{C'N'}\end{cases}\tag{5-9}$$

各端线上的线电流等于各相负载的相电流，相电流可通过欧姆定律计算，为

$$\begin{cases} \dot{I}_{A} = \dfrac{\dot{U}_{A}}{Z_{A}} = \dfrac{U_{p}\angle 0^{\circ}}{Z_{A}} \\ \dot{I}_{B} = \dfrac{\dot{U}_{B}}{Z_{B}} = \dfrac{U_{p}\angle -120^{\circ}}{Z_{B}} \\ \dot{I}_{C} = \dfrac{\dot{U}_{C}}{Z_{C}} = \dfrac{U_{p}\angle 120^{\circ}}{Z_{C}} \end{cases} \tag{5-10}$$

此时，三相电路的分析计算可化作单相电路来处理，如图 5-7 所示。如果三相负载对称，即 $Z_{A}=Z_{B}=Z_{C}$，则由式（5-10）可知三相电流也对称。

只要分析计算出一相负载的相电流，其余两相就可以根据对称性直接写出来，如

$$\dot{I}_{A}=\frac{\dot{U}_{A}}{Z_{A}}=I_{A}\angle\varphi_{A}$$

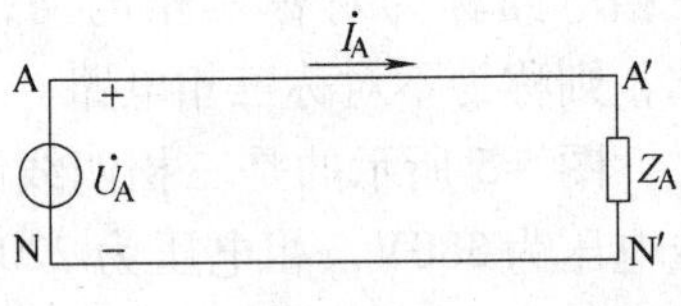

图 5-7　三相电路对应的单相电路

则

$$\dot{I}_{B}=I_{A}\angle(-120^{\circ}+\varphi_{A})$$

$$\dot{I}_{C}=I_{A}\angle(120^{\circ}+\varphi_{A})$$

对称三相电路中，由于三相电流对称，所以中性线上电流为零，即

$$\dot{I}_{N}=\dot{I}_{A}+\dot{I}_{B}+\dot{I}_{C}=0$$

因为中性线上没有电流，所以中性线可以省去。此时，对称负载星形联结可采用三相三线制（Y-Y），对称负载的中性点 N′和对称电源的中性点 N 等电位，即 $U_{NN'}=0$，故各相负载的电压仍为电源端相电压。

如果三相负载不对称，由式（5-10）可以计算出各相电流也不对称。下面将举例说明三相对称电路和三相不对称电路的分析计算。

【例 5-1】　图 5-8 所示一星形联结的三相电路，电源对称，设 $u_{AB}=380\sqrt{2}\sin(314t+30^{\circ})$ V。负载为电灯，如果 $R_{A}=R_{B}=R_{C}=5\Omega$，求各线电流 $\dot{I}_{A}$、$\dot{I}_{B}$、$\dot{I}_{C}$ 及中性线电流 $\dot{I}_{N}$；如果 $R_{A}=5\Omega$，$R_{B}=10\Omega$，$R_{C}=20\Omega$，分析结果将如何变化。

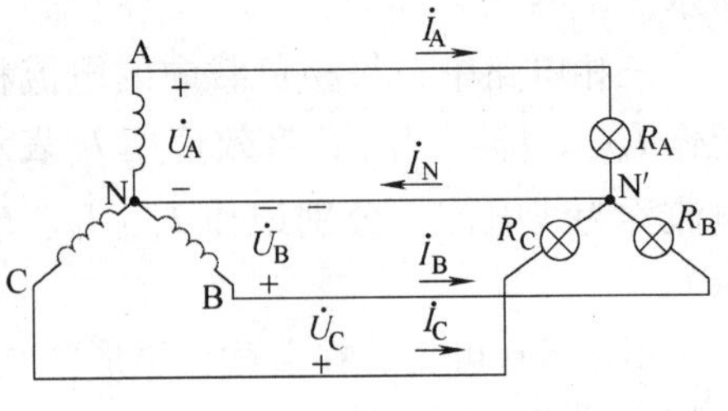

图 5-8　例 5-1 的图

解： 根据已知条件知

$$\dot{U}_{AB}=380\angle 30^{\circ}\text{V}$$

则

$$\dot{U}_{A}=220\angle 0^{\circ}\text{V}$$

（1）如果 $R_{A}=R_{B}=R_{C}=5\Omega$，则为对称三相负载，其中

$$\dot{I}_{A}=\frac{\dot{U}_{A}}{R_{A}}=\frac{220\angle 0^{\circ}}{5}\text{A}=44\angle 0^{\circ}\text{A}$$

由三相对称性，可得

$$\dot{I}_B = 44\angle -120^\circ \text{A}$$

$$\dot{I}_C = 44\angle 120^\circ \text{A}$$

$$\dot{I}_N = 0\text{A}$$

（2）如果 $R_A = 5\Omega$，$R_b = 10\Omega$，$R_A = 20\Omega$，则为不对称三相负载，其中

$$\dot{I}_A = \frac{\dot{U}_A}{R_A} = \frac{220\angle 0^\circ}{5}\text{A} = 44\angle 0^\circ \text{A}$$

$$\dot{I}_B = \frac{\dot{U}_B}{R_B} = \frac{220\angle -120^\circ}{10}\text{A} = 22\angle -120^\circ \text{A}$$

$$\dot{I}_C = \frac{\dot{U}_C}{R_C} = \frac{220\angle 120^\circ}{20}\text{A} = 11\angle 120^\circ \text{A}$$

$$\dot{I}_N = \dot{I}_A + \dot{I}_B + \dot{I}_C = 29\angle -19^\circ \text{A}$$

【例 5-2】 在图 5-8 所示的三相电路中，试分析下列情况下各相负载电压的大小。（1）A 相短路，中性线未断开时；（2）A 相短路，中性线断开时；（3）A 相断路，中性线未断开时；（4）A 相断路，中性线断开时。

解：（1）A 相短路，中性线未断开时，如图 5-9 所示。

此时 A 相短路电流很大，将 A 相熔断丝熔断；而 B 相和 C 相不受影响，负载正常工作。即

$$\dot{U}_A' = 0\text{V}；\ \dot{U}_B' = 220\text{V}；\ \dot{U}_C' = 220\text{V}$$

（2）A 相短路，中性线断开时，如图 5-10 所示。

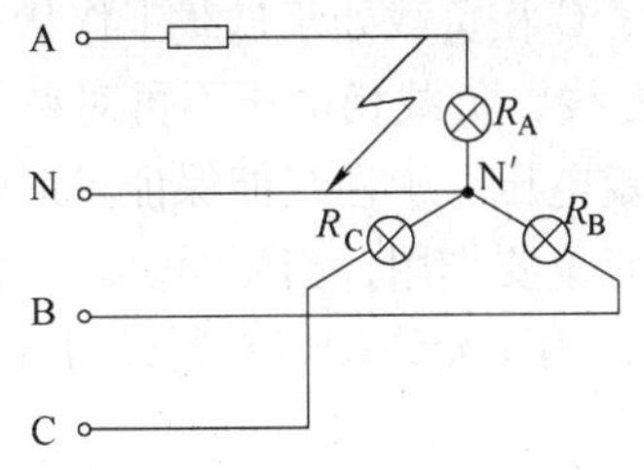

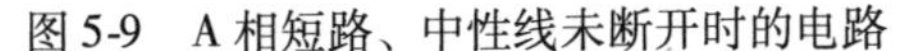

图 5-9　A 相短路、中性线未断开时的电路

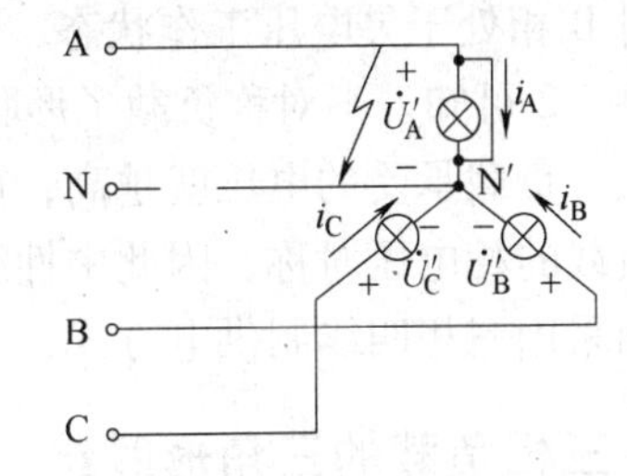

图 5-10　A 相短路、中性线断开时的电路

因为 A 相短路，负载中性点 N′和第一相电源相接，因此负载各相电压为

$$U_A' = 0\text{V}；\ U_B' = U_{BA}' = 380\text{V}；\ U_C' = U_{CA}' = 380\text{V}$$

可见，B 相和 C 相的电灯由于承受的电压超过额定电压会损坏，因此这是不允许的。

（3）A 相断路，中性线未断开时，如图 5-11 所示。

因为中线未断开，B 相和 C 相电灯所承受电压依然为 220V，正常工作；而 A 相断路，电流为 0，所以负载电压为 0。此时

$$U_A' = 0\text{V}；\ U_B' = 220\text{V}；\ U_C' = 220\text{V}；$$

（4）A 相断路，中性线断开时，电路如图 5-12a 所示。

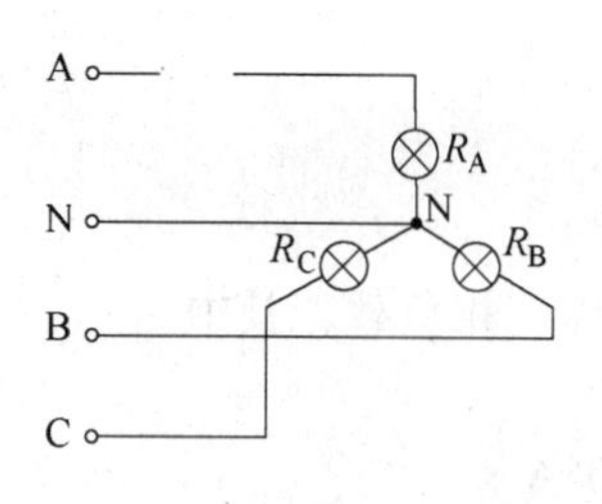

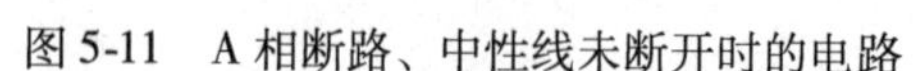
图 5-11　A 相断路、中性线未断开时的电路

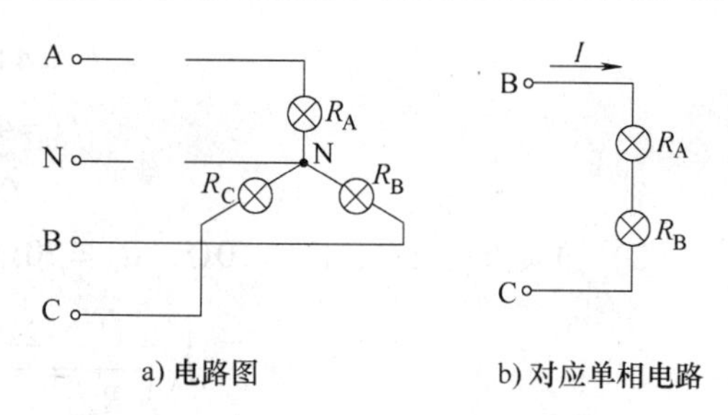

图 5-12　A 相断路、中性线断开时的电路

A 相开路并且中线断开后，整个电路变为单相电路，B 相和 C 相负载两端电压为线电压 U_{BC}，如图 5-12b 所示。则有

$$U_B' = \frac{R_B}{R_B + R_C} U_{BC}$$

$$U_C' = \frac{R_C}{R_C + R_C} U_{BC}$$

当 $R_A = R_B = R_C = 50\Omega$ 时，可得

$$U_B' = 190\text{V}，U_C' = 190\text{V}$$

此时 B 相和 C 相负载都处于欠电压工作状态，电灯不能正常发光。

当 $R_A = 5\Omega$，$R_B = 10\Omega$，$R_C = 20\Omega$ 时，可得

$$U_B' = 127\text{V}，U_C' = 254\text{V}$$

此时 B 相处于欠电压工作状态，电灯不能正常发光；C 相负载处于过载工作状态。

从例 5-2 可知，不对称负载Y形联结时，若未接中性线，负载相电压不再对称，且负载电阻越大，负载承受的电压就越高，可能超出负载的额定电压。中性线能保证星形联结三相不对称负载的相电压对称，因此中性线在三相电路中起着重要作用，当照明负载三相不对称时，必须采用三相四线制供电方式，且中性线（指干线）内不允许接熔断器或刀开关。

5.2.2　三相负载的三角形联结

把三相负载的首尾依次联结在一起构成一个闭环，各相负载的首端分别与电源端线相接，就构成了负载三角形联结的三相电路，这种连接方法只能是三相三线制，如图 5-13 所示。

在图 5-13 所示参考方向下，每相负载的相电压等于电源的线电压。即不论负载对称与否，其相电压总是对称的，满足

$$\begin{cases} \dot{U}_{A'} = \dot{U}_{AB} \\ \dot{U}_{B'} = \dot{U}_{BC} \\ \dot{U}_{C'} = \dot{U}_{CA} \end{cases}$$

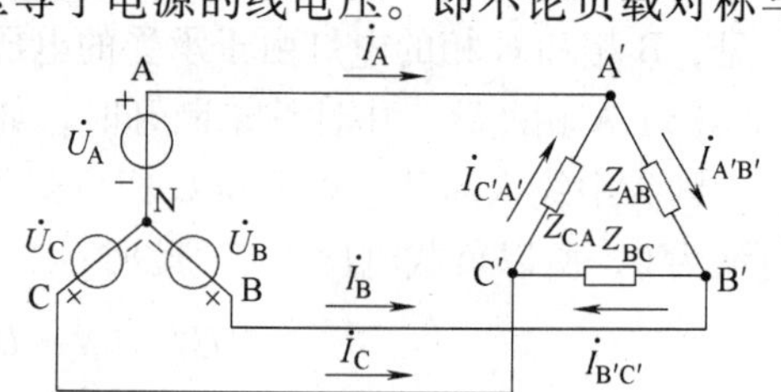

图 5-13　三相负载的三角形联结

每相负载的相电流为

$$\begin{cases}\dot{I}_{A'B'}=\dfrac{\dot{U}_{AB}}{Z_{AB}}\\ \dot{I}_{B'C'}=\dfrac{\dot{U}_{BC}}{Z_{BC}}\\ \dot{I}_{C'A'}=\dfrac{\dot{U}_{CA}}{Z_{CA}}\end{cases}$$

当负载对称时，三相负载相电流对称。只要分析计算一相负载的相电流，其余两相就可以根据对称性直接写出来，即

$$\dot{I}_{A'B'}=I_p\underline{/\varphi_{A'}}$$

则

$$\dot{I}_{B'C'}=I_p\underline{/(-120°+\varphi_{A'})}$$
$$\dot{I}_{C'A'}=I_p\underline{/(120°+\varphi_{A'})}$$

负载三角形联结电路中，线电流与相电流不相等。根据 KCL 知

$$\begin{cases}\dot{I}_A=\dot{I}_{A'B'}-\dot{I}_{C'A'}\\ \dot{I}_B=\dot{I}_{B'C'}-\dot{I}_{A'B'}\\ \dot{I}_C=\dot{I}_{C'A'}-\dot{I}_{B'C'}\end{cases}$$

可见，当负载对称时，各线电流在数值上为相电流的$\sqrt{3}$倍，在相位上线电流滞后于相应的相电流 30°，即有

$$\dot{I}_l=\sqrt{3}\dot{I}_p\underline{/-30°} \tag{5-11}$$

【例5-3】 电路如图5-14 所示，对称三相负载的每相负载阻抗 $Z=(30+j40)\ \Omega$，电源相电压 220V。试求电路的相电流 $\dot{I}_{AB}$、$\dot{I}_{BC}$、$\dot{I}_{CA}$和线电流 $\dot{I}_A$、$\dot{I}_B$、$\dot{I}_C$，并画出相量图。

解：由于负载对称，则

$$I_{AB}=I_{BC}=I_{CA}=\frac{U_p}{|Z|}=\frac{U_l}{|Z|}=\frac{380}{\sqrt{30^2+40^2}}\text{A}=7.6\text{A}$$

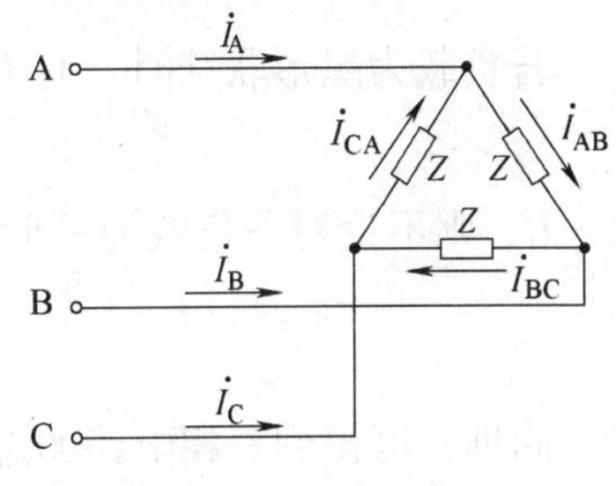

图 5-14 例 5-3 的图

设 $\dot{I}_{AB}$为参考相量，则各相电流为

$$\dot{I}_{AB}=7.6\underline{/0°}\text{A}$$
$$\dot{I}_{BC}=7.6\underline{/-120°}\text{A}$$
$$\dot{I}_{CA}=7.6\underline{/120°}\text{A}$$

各线电流为

$$\dot{I}_A=\sqrt{3}\dot{I}_{AB}\underline{/-30°}\text{A}=13.2\underline{/-30°}\text{A}$$
$$\dot{I}_B=13.2\underline{/-150°}\text{A}$$
$$\dot{I}_C=13.2\underline{/90°}\text{A}$$

各相电流滞后于对应相电压的相位角为

$$\varphi=\arctan\frac{40}{30}=53.1°$$

其相量图如图 5-15 所示。

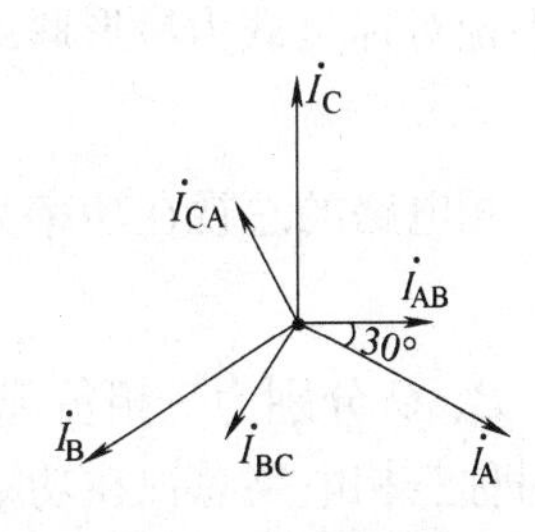

图 5-15 电流相量图

练习与思考

5.2.1　为什么电灯开关一定要接在端线上？

5.2.2　三相四线制电路中，中性线上是否可以接熔断器？为什么？

5.2.3　三相负载对称是指下述哪一种情况：（1）$|Z_A| = |Z_B| = |Z_C|$；（2）$\varphi_A = \phi_B = \varphi_C$；（3）$Z_A = Z_B = Z_C$。

5.2.4　在对称三相电路中，负载以星形方式联结，下列表达式哪些是正确的：（1）$I_l = \frac{U_p}{|Z|}$；（2）$I_l = \frac{U_l}{|Z|}$；（3）$I_p = \frac{U_l}{|Z|}$；（4）$I_p = \frac{U_p}{|Z|}$；（5）$U_l = \sqrt{3}U_p$；（6）$U_p = \sqrt{3}U_l$；（7）$U_l = U_p$；（8）$U_p = \frac{U_l}{\sqrt{3}}$。如果负载以三角形方式联结，结果又如何？

5.3　三相功率

5.3.1　三相电路的功率计算

在三相电路中，负载吸收的总有功功率等于各相负载有功功率之和，即

$$P = P_1 + P_2 + P_3 = U_A I_A \cos\varphi_A + U_B I_B \cos\varphi_B + U_C I_C \cos\varphi_C \tag{5-12}$$

式中，U_A、U_B 和 U_C 分别是三相负载相电压的有效值；I_A、I_B 和 I_C 分别是相电流的有效值；φ_A、φ_B 和 φ_C 分别是负载的阻抗角，也是相电压与相电流之间的相位差。

当负载对称时，由于相电压和相电流均对称，且各相功率因数相同，所以三相有功功率为一相有功功率的 3 倍，即

$$P = 3U_p I_p \cos\varphi \tag{5-13}$$

若负载为星形联结时，有 $U_p = \frac{1}{\sqrt{3}}U_l$ 和 $I_p = I_l$；若负载为三角形联结时，有 $U_p = U_l$ 和 $I_p = \frac{1}{\sqrt{3}}I_l$，则不论对称负载为星形联结还是三角形联结，三相有功功率为

$$P = \sqrt{3}U_l I_l \cos\varphi \tag{5-14}$$

同理，可得到三相电路的总无功功率为各相无功功率之和，即

$$Q = U_A I_A \sin\varphi_A + U_B I_B \sin\varphi_B + U_C I_C \sin\varphi_C \tag{5-15}$$

则当负载对称时，与上面分析方法相同，对称三相电路总无功功率为一相无功功率的 3 倍，不论对称负载为星形联结还是三角形联结，有

$$Q = \sqrt{3}U_l I_l \sin\varphi = 3U_p I_p \sin\varphi \tag{5-16}$$

三相电路的总视在功率为

$$S = \sqrt{P^2 + Q^2} \tag{5-17}$$

式中，P、Q 分别为三相负载总有功功率和总无功功率。

对称三相电路总视在功率为

$$S = 3U_p I_p = \sqrt{3}U_l I_l \tag{5-18}$$

【例5-4】　计算例5-3中的三相负载的有功功率和无功功率。

解： 由于负载对称，则三相负载的有功功率为

$$P = 3U_pI_p\cos\varphi = 3\times 380\times 7.6\times\frac{30}{\sqrt{30^2+40^2}}\text{W} = 5198.4\text{W}$$

或

$$P = \sqrt{3}U_lI_l\cos\varphi = \sqrt{3}\times 380\times 7.6\sqrt{3}\times\frac{30}{\sqrt{30^2+40^2}}\text{W} = 5198.4\text{W}$$

无功功率为

$$Q = 3U_pI_p\sin\varphi = 3\times 380\times 7.6\times\frac{40}{\sqrt{30^2+40^2}}\text{var} = 6931.2\text{var}$$

或

$$Q = \sqrt{3}U_lI_l\sin\varphi = \sqrt{3}\times 380\times 7.6\sqrt{3}\times\frac{40}{\sqrt{30^2+40^2}}\text{var} = 6931.2\text{var}$$

【例5-5】　有一三相电动机，每相绕组的等效阻抗为 $Z=(29+\text{j}21.8)\ \Omega$，试分析将绕组连接成星形和三角形接于线电压为380V的三相电源时，电动机的相电流 I_p、线电流 I_l 以及从电源输入的功率，并比较所得的结果。

解：（1）三相电动机绕组为星形方式联结

$$I_p = \frac{U_p}{|Z|} = \frac{220}{\sqrt{29^2+21.8^2}}\text{A} = 6.1\text{A}$$

$$P = \sqrt{3}U_lI_l\cos\varphi = \sqrt{3}\times 380\times 6.1\times\frac{29}{\sqrt{29^2+21.8^2}}\text{W} = \sqrt{3}\times 380\times 6.1\times 0.8\text{W} = 3.2\text{kW}$$

（2）三相电动机绕组以三角形方式联结

$$U_p = U_l$$

$$I_p = \frac{U_p}{|Z|} = \frac{380}{\sqrt{29^2+21.8^2}}\text{A} = 10.5\text{A}$$

$$I_l = \sqrt{3}I_p = 18.2\text{A}$$

$$P = \sqrt{3}U_lI_l\cos\varphi = \sqrt{3}\times 380\times 18.2\times 0.8\text{W} = 9.6\text{kW}$$

（3）比较两种联结方式所得结果可知，当电动机额定电压为220V时，电动机的绕组应采用星形联结；当电动机额定电压为380V时，电动机的绕组应采用三角形联结。

在电源电压不变的情况下，电动机绕组的星形和三角形两种联结法中，绕组的相电压、相电流以及功率都会发生改变，因此在实际应用中要正确接线。

【例5-6】　某大楼为荧光灯和白炽灯混合照明，需装40W荧光灯210盏（$\cos\varphi_1=0.5$），60W白炽灯90盏（$\cos\varphi_2=1$），它们的额定电压都是220V，由380V/220V的电网供电。试分配负载并指出应如何接入电网，计算线电流 $\dot{I}_A$、$\dot{I}_B$、$\dot{I}_C$ 等于多少？

解：（1）该照明系统与电网连接图如图5-16所示。

为了使三相负载对称，需要将 210 盏荧光灯和 90 盏白炽灯平均分配给三相电源，所以每相电源与 70 盏荧光灯和 30 盏白炽灯相连接。

（2）设 $\dot{U}_A = 220\underline{/0°}\text{V}$，则 30 盏白炽灯上的电流为

$$\dot{I}_{1A} = 30 \times \frac{60}{220 \times 1}\underline{/0°}\text{A} = 8.18\underline{/0°}\text{A}$$

70 盏荧光灯上的电流为

$$\dot{I}_{2A} = 70 \times \frac{40}{220 \times 0.5}\underline{/-60°}\text{A} = 25.46\underline{/-60°}\text{A}$$

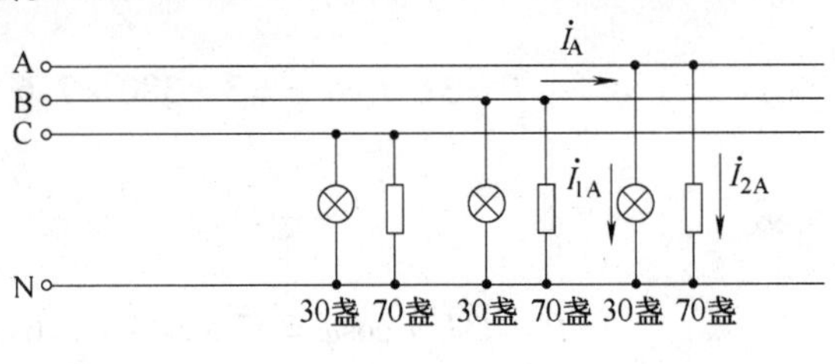

图 5-16　例 5-6 的图

线电流为

$$\dot{I}_A = \dot{I}_{1A} + \dot{I}_{2A} = 30.4\underline{/-46.5°}\text{A}$$

因为负载对称，所以线电流也对称。根据对称性，可得

$$\dot{I}_B = 30.4\underline{/-166.5°}\text{A}$$

$$\dot{I}_C = 30.4\underline{/73.5°}\text{A}$$

5.3.2　三相电路的功率测量

用于测量功率的仪表称为功率表或瓦特表，基本结构及符号如图 5-17a 和图 5-17b 所示。由于功率与电压和电流相关，所以功率表中有两组测量线圈：一组线圈用于测量负载电压；另一组线圈用于测量负载电流。用于测量负载电压的线圈是一组可动线圈，匝数较多，线径较细，并串有高阻值的倍压器，测量时将它与负载并联连接；用于测量负载电流的线圈是一组固定线圈，匝数较少，线径较粗，测量时将它与负载串联连接。为了保证功率表的正确连接，在两个线圈的始端都分别标注“·”号，这两端均应连在电源的同一端上，如图 5-17c 所示。

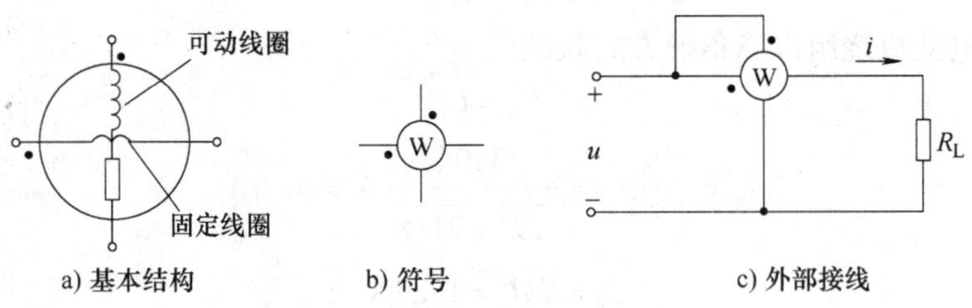

图 5-17　功率表及接线

对称三相四线制电路的功率测量常采用一表法，即先测出其中任一相功率，再乘 3 即为三相负载的总有功功率。功率表的测量数为

$$P_A = U_A I_A \cos(\varphi_u - \varphi_i)$$

三相总有功功率为

$$P = 3P_A = 3U_A I_A \cos(\varphi_u - \varphi_i) \tag{5-19}$$

不对称三相四线制电路的功率测量常采用三表法，即分别测量出每一相的有功功率，再求和，即得到三相负载总有功功率。测量电路如图 5-18 所示，设功率表的读数分别为 P_1、

P_2、P_3，则三相总功率为

$$P = P_1 + P_2 + P_3 \tag{5-20}$$

在三相三线制电路中，不论负载为三角形联结还是星形联结，也不论负载是否对称，都可采用两表法来测量三相有功功率。功率表的电流线圈通过的是线电流，电压线圈加的是线电压。其中，功率表 W_1 和 W_2 的电流线圈分别串接在 A 相、B 相中，电压线圈分别接 AC 相和 BC 相，所测量的是负载的线电压。测量电路如图 5-19 所示。

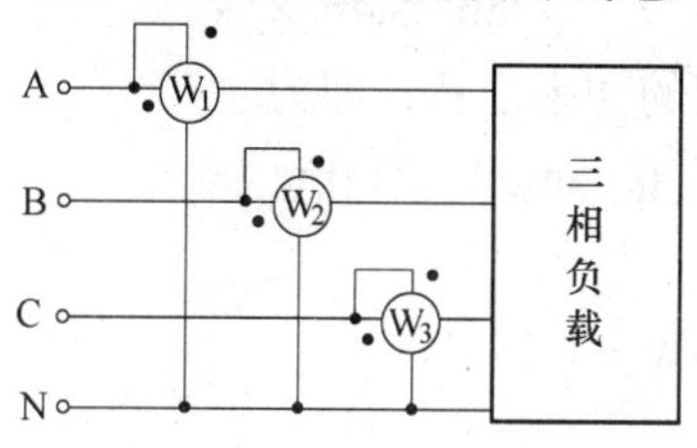

图 5-18　三表法测量三相负载功率

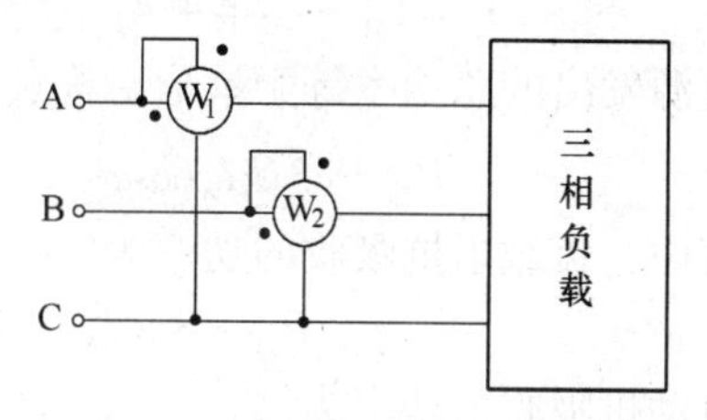

图 5-19　两表法测量三相负载功率

两只功率表的瞬时功率之和为

$$\begin{aligned} p_1 + p_2 &= u_{AC}i_1 + u_{BC}i_2 = (u_A - u_C)i_1 + (u_B - u_C)i_2 \\ &= u_A i_1 + u_B i_2 + u_C(-i_1 - i_2) \\ &= u_A i_1 + u_B i_2 + U_C i_3 \\ &= p_A + p_B + p_C \end{aligned}$$

若两只功率表的读数为 P_1 和 P_2，则有

$$P_1 + P_2 = P_A + P_B + P_C \tag{5-21}$$

可见，三相总的有功功率为两个功率表的读数之和。所以，只读取任意一个功率表的数据是没有意义的。

图 5-19 是两表法的一种接线方式，还可以采用其他接线方式。两表法的接线原则为

1）两只功率表的电流线圈分别串接入任意两条相线。

2）两只功率表的电压线圈一端与自身电流线圈相接，另一端与没有接入功率表电流线圈的相线相接。

3）功率表电流线圈和电压线圈的始端即标有“·”号的端子，应连在电源的同一端。

【例 5-7】　三相电路如图 5-20 所示。已知三相电源线电压 $U_l = 380\text{V}$，所接对称星形三相负载阻抗 $Z_1 = (30 + \text{j}40)\Omega$，电动机功率为 $P = 1700\text{W}$、功率因数 $\cos\varphi = 0.8$（滞后）。求：（1）线电流 $\dot{I}_A$ 和电源发出的总功率 P；（2）用两表法测电动机负载的功率，画出接线图并分析两只功率表的读数。

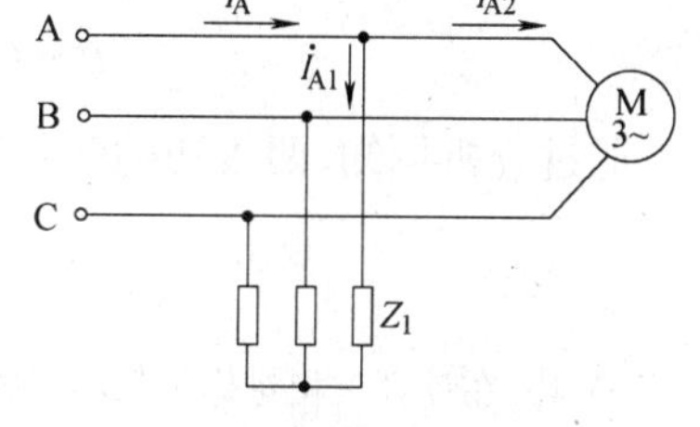

图 5-20　例 5-7 的图

解： 设 $\dot{U}_{AB} = 220\underline{/0°}\text{V}$

（1）对称星形三相负载阻抗的相电流为

$$\dot{I}_{A1} = \frac{\dot{U}_{AN}}{Z} = \frac{220\underline{/0°}}{30 + \text{j}40}\text{A} = 4.4\underline{/-53.1°}\text{A}$$

对电动机负载来说

$$P=\sqrt{3}U_lI_{A2}\cos\varphi=1700\text{W}$$

$$I_{A2}=\frac{P}{\sqrt{3}U_l\cos\varphi}=\frac{P}{\sqrt{3}\times 380\times 0.8\Omega}=3.23\text{A}$$

$$\dot{I}_{A2}=3.23\underline{/-36.9^\circ}\text{A},\ \cos\varphi=0.8,\ \varphi=36.9^\circ$$

则总电流为

$$\dot{I}_A=\dot{I}_{A1}+\dot{I}_{A2}=4.4\underline{/-53.1^\circ}+3.23\underline{/-36.9^\circ}=7.56\underline{/-46.2^\circ}\text{A}$$

电源发出的总功率等于星形对称负载和电动机吸收的功率之和，即为

$$P_{总}=\sqrt{3}U_lI_A\cos\varphi_{总}=\sqrt{3}\times 380\times 7.56\cos 46.2^\circ\text{W}=3.44\text{kW}$$

其中，负载阻抗吸收的功率为

$$P_{Z1}=3\times I_{A1}^2\times R_1=3\times 4.4^2\times 30\text{W}=1.74\text{kW}$$

电动机吸收的功率为

$$P_D=(3.44-1.74)\ \text{kW}=1.7\text{kW}$$

（2）两表法的接线如图 5-21 所示。

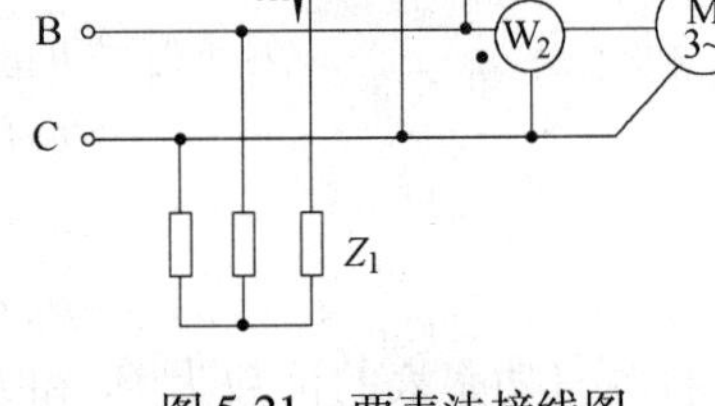

图 5-21　两表法接线图

因为

$$\dot{U}_{AB}=380\underline{/30^\circ}\text{V}$$

根据上述计算结果，并应用对称性可得

$$\dot{U}_{CA}=380\underline{/150^\circ}\text{V}$$

$$\dot{I}_{A2}=3.23\underline{/-36.9^\circ}\text{A}$$

$$\dot{U}_{AC}=-\dot{U}_{CA}=-380\underline{/150^\circ}\text{V}=380\underline{/-30^\circ}\text{V}$$

$$\dot{I}_{B2}=3.23\underline{/-156.9^\circ}\text{A}$$

$$\dot{U}_{BC}=380\underline{/-90^\circ}\text{V}$$

则功率表 W_1 的读数 P_1 为

$$P_1=U_{AC}I_{A2}\cos\varphi_1=380\times 3.23\times\cos[-30^\circ-(-36.9^\circ)]\text{W}=1218.5\text{W}$$

功率表 W_2 的读数 P_2 为

$$P_2=U_{BC}I_{B2}\cos\varphi_2=380\times 3.23\times\cos[-90^\circ-(-156.9^\circ)]\text{W}=481.6\text{W}$$

两块功率表读数之和为电动机吸收的功率，即

$$P=(1.2185+0.4816)\text{kW}=1.7\text{kW}$$

通过分析可知，两表法的测量结果与前面计算的结果一致。

练习与思考

5.3.1　在计算三相对称负载功率的公式中，功率因数角 φ 的含义是什么？

5.3.2　一般情况下，$S=S_1+S_2+S_3$ 是否成立？为什么？

5.3.3　在相同的线电压作用下，同一台异步电动机按星形联结所获得的功率是按三角形联结所获得功率的几倍？

5.3.4　三相对称负载作三角形联结，已知电源线电压 $U_l=380\text{V}$，测得线电流 $I_l=15\text{A}$，三相功率 $P=8.5\text{kW}$，则该三相对称负载的功率因数为多少？

5.3.5　测量对称负载的三相功率时，用一表法和两表法都可以，试分析哪种方法更准确，为什么？

5.4　电力系统

电力是现代工业的主要动力，在各行各业中都得到了广泛的应用。发电厂一般建设在动力资源比较丰富的地区，要把发电厂发出的电能送到遥远的用户中心，就存在电力的传输与分配问题。通常把产生电能的发电厂、输送电能的电力网和使用电力的用户组成的统一整体，称为电力系统，如图5-22所示。

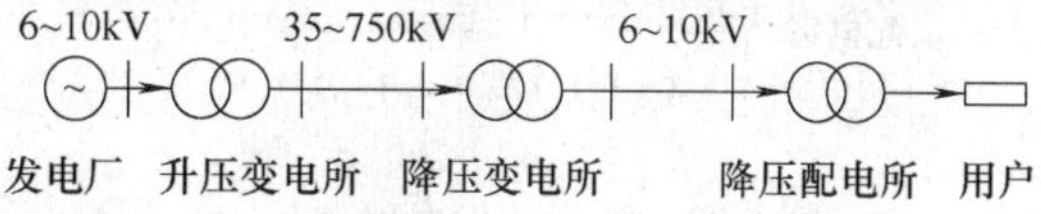

6~10kV　35~750kV　6~10kV
发电厂　升压变电所　降压变电所　降压配电所　用户

图5-22　电力系统示意图

按被转换能源的不同，发电厂有水力发电厂（水电站）、火力发电厂（火电站）、原子能发电厂（核电站）、风力发电厂和沼气发电厂等。为了提高发电效率，充分发掘能源，人们还在不断探索和研究新的发电方式，如磁流体发电、太阳能发电和各种新型燃料电池等。

为了充分合理地利用动力资源，降低发电成本，并使工业建设的布局更为合理，水力和火力等发电厂一般都建设在储藏有大量动力资源的地方，发电厂往往离用电中心地区很远。由于在一定的功率因数下，输送相同的功率，输电电压越高，输电电流就越小，一方面可以减少输电线上的功率损耗，另一方面可以选用截面积较小的输电导线，从而节省导电材料。因此，远距离输电需要用高压来进行。输电距离越远，输送功率越大，要求的输电电压就越高。例如，输电电压为110kV时，可以将5万kW的功率输送到50~150km的地方；输电电压为220kV时，输电容量可增至20~30万kW，输电距离可增至200~400km；若输电电压为500 kV的超高压，输电容量可高达100万kW，输电距离也可增加到500km以上。由于目前发电机的额定电压一般为10 kV左右，这就需要利用安装在变电所中的变压器将电压升高到输电所需要的数值，再进行远距离输电。当电能输送到用电地区后，由于目前工业、农业生产和民用建筑的动力用电，高压为10 kV和6 kV，低压为380V和220V，这又需要通过变电所再将输送来的高电压降低，然后分配到各个用电地区，视不同的要求使用各种变压器来获得不同的电压。变电所中安装着升压或降压用的变压器、控制开关、保护装置和测量仪表等，可以对电压进行变压、调压、控制和监测。

各种不同电压的输电线和变电所所组成的电力系统的一部分称为电力网。我国国家标准规定的电力网的额定电压有3kV、6kV、10kV、110kV、220kV、330 kV、500kV等。由于目前市区的输电电压一般为10 kV左右（大型厂矿企业除外），因此一般的厂矿企业和民用建筑都必须设置降压变电所，经配电变压器将电压降为380/220 V，再引出若干条供电线到各个用电点（车间或建筑物）的配电箱上，再由配电箱将电能分配给各用电设备。这种低压供电系统的接线方式主要有放射式和树干式两种。

放射式供电线路如图5-23所示。它的特点是从配电变压器低压侧引出若干条支线，分别向各用电点直接供电。这种供电方式不会因其中某一支线发生故障而影响其他支线的供电，供电的可靠性高，而且也便于操作和维护。但配电导线用量大，投资费用高。在用电点比较分散，而每个用电点的用电量较大，变电所又处于各用电点的中央时，采用这种供电方式比较有利。

树干式供电线路如图5-24所示。它的特点是从配电变压器低压侧引出若干条干线，沿干线再引出若干条支线供电给用电点。这种供电方式一旦某一干线出现故障或需要检修时，停电的面积大，供电的可靠性差。但配电导线的用量小，投资费用低，接线灵活性大。在用电点比较集中，各用电点居于变电所同一侧时，采用这种供电方式比较合适。

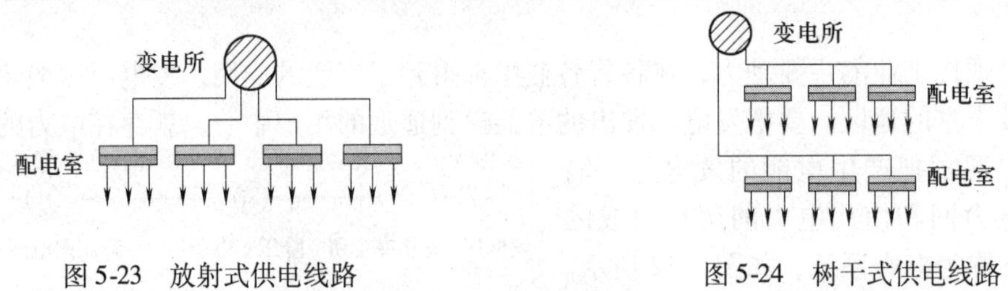

图 5-23　放射式供电线路　　　图 5-24　树干式供电线路

低压电网中采用的基本供电系统有三相四线制、三相五线制、三相四线/五线混和式等。通过前面对三相四线制供电电路的分析知，三相负载不对称会使得中性线中有电流通过，而过长的低压电网线路致使中性线也带有一定电位，这样不利于安全；此外，在中性线断开的特殊情况下，各个单相设备无法正常工作。因此，把三相四线制供电系统中性线的两个作用分开，一根线做中性线即零线（N），另一根线做地线（PE），从而就得到了三相五线制供电方式。在我国低压电网中常用三相四线制输送电力，为保证用电安全在用户使用区改为用三相五线制供电，成为目前使用较多的三相四线/五线混和式供电系统，第五根线也就是地线，它的一端是在用户区附近用金属导体深埋于地下，另一端与各用户的地线接点相连，起到接地保护的作用，低压电网的几种供电系统的接线如图 5-25 所示。

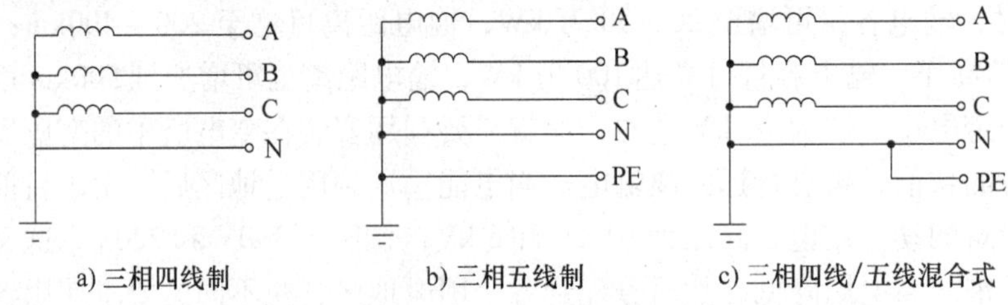

图 5-25　低压电网供电方式

练习与思考

5.4.1　电力系统有哪几部分组成？各部分的作用是什么？

5.4.2　试分析低压供电系统中两种不同接线方式的特点。

5.5　触电防护

5.5.1　安全用电

用电安全包括人身安全和用电设备安全两个方面，人身如果发生事故，轻则灼烧，重则死亡；设备如果发生故障，则会损坏，甚至引起火灾或者爆炸。因此，必须掌握安全用电常识，避免触电事故的发生，保障人身安全和设备的安全。

1. 电流对人体的危害

当人体接触到带电体就是触电。触电对人体的伤害程度与通过人体的电流大小、电流频率、电流通过人体的路径、触电持续时间等因素有关。研究表明：频率为30～100Hz的交流电流对人体的伤害最大，而20kHz以上的低压电流对人体基本无害，而且可以用来治疗。当50Hz的工频电流流过人体时，如果电流超过50mA，就会产生呼吸困难、肌肉痉挛、中枢神经遭到损害最终导致死亡。

一般来说，人体电阻约为1kΩ，当人体处于潮湿环境、出汗、以及皮肤破损时，阻值会急剧下降。当作用到人体上的电压低于36V时，通过人体的电流不超过50mA，则对人体的伤害几乎为零，所以规定36V的电压作为安全电压。在潮湿环境中，安全电压通常采用24V或12V。

2. 触电方式

常见的触电方式有单相触电、两相触电、跨步电压触电。

人体直接接触带电体的一相（即一根相线）时，带电体→人体→大地构成回路，从而造成的触电称为单相触电，如图5-26所示。在这种情况下，加在人体上的电压一般为220V相电压，因此这种触电方式非常危险。

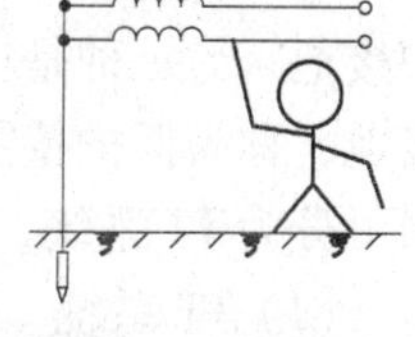

图5-26　单相触电

人体的两个不同部位同时接触两相电源带电体而引起的触电称为两相触电。如图5-27所示。在这种情况下，加在人体上的电压为380V线电压，可见这种触电方式是最危险的。

当电气设备发生接地故障，接地电流通过接地体流向大地时，在接地点周围土壤中产生电压降，当人接近接地点时，两脚之间（一般为0.8m）就承受跨步电压，由跨步电压引起的人体触电，称为跨步电压触电，如图5-28所示。跨步电压的大小取决于人体与接地点的距离，距离越远跨步电压越小。

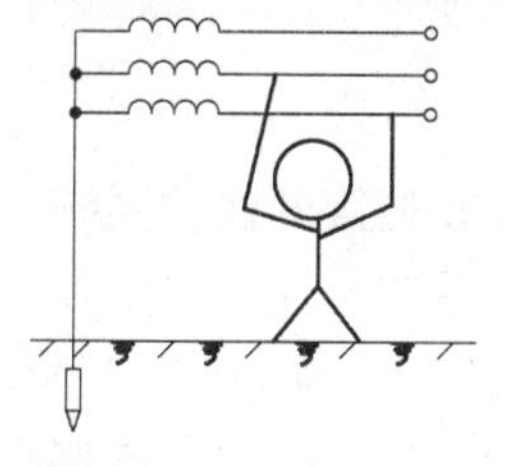

图5-27　两相触电

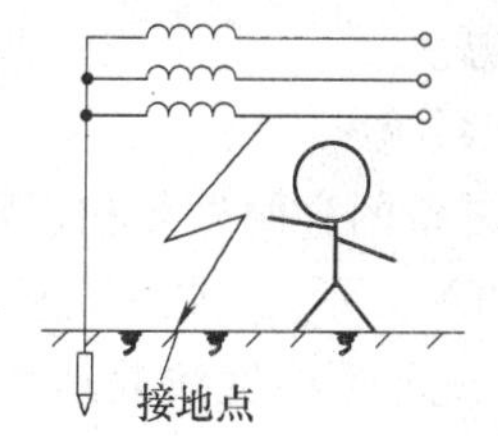

图5-28　跨步电压触电

5.5.2　保护接地和保护接零

为了保证人身安全和电力系统可靠运行，避免电气设备的结构部分或其他导电部分意外呈现的电压而引起的危险，应采取接地措施。其方法是将接地极（金属体）直接埋在大地中，接地电阻一般为4Ω。

按接地的目的，可以分为工作接地、保护接地和保护接零。

1. 工作接地

在电力系统中，三相四线制电路常将中性点接地，称为工作接地，如图5-29所示。

工作接地可以达到以下目的：

（1）降低触电电压

在中性点不接地的系统中，当一相接地而人体触及另外两相之一时，触电电压为线电压。而在中性点接地的系统中，当人体触及三相中的任意相时，触电电压等于或接近相电压。

（2）迅速切断故障设备

在中性点接地系统中，当一相接地或通过电气设备外壳接地后，由于接地电阻比较小，因而接地电流较大（接近单相短路），使保护装置迅速动作，断开故障点，这样使接地点或电气设备外壳不再带电，保障了人身的安全。

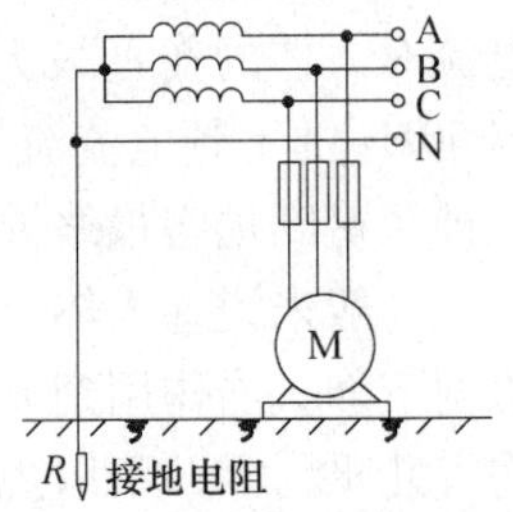

图 5-29　工作接地原理图

（3）降低电气设备对地的绝缘水平

在中性点接地系统中，各相对地电压都接近于相电压。而在中性点不接地系统中，一相接地时另外两相对地电压却接近线电压，因此在中性点接地的系统中，可以降低电气设备和输电线的绝缘水平，节省了投资。

2. 保护接地和保护接零

电气设备接地有两种形式：一种是通过电气设备的接地线（PE 线）直接接地，称为保护接地；另一种是将电气设备的金属外壳与中性线（PEN 线）或接地线（PE 线）相连接并接地，称为保护接零。根据国际电工委员会（IEC）规定，低压配电系统按照接地方式的不同可分为 TT 系统、TN 系统、IT 系统。

（1）TT 系统

将电气设备的金属外壳直接接地的保护接地系统，称为 TT 系统，如图 5-30 所示。这种供电系统的特点是：当电气设备的金属外壳带电（相线碰壳或设备绝缘损坏而漏电）时，由于有接地保护，可以大大减少触电的危险性；但是，当漏电电流比较小时，即使有熔断器也不一定能熔断，所以还需要漏电保护器作保护。因此，TT 系统难以推广，适用于接地保护分散的地方。

（2）TN 系统

将电气设备的金属外壳和正常不带电的金属部分与中性线相接的保护系统，称作接零保护系统，用 TN 表示。TN 系统又分为 TN-C、TN-S、TN-C-S 系统 。

TN-C 系统是用中性线兼地线，也就是三相四线制供电方式，如图 5-31 所示。TN-C 系统由于三相负载不平衡，中性线上有电流，对地有电压，所以与保护线所连接的电气设备金属外壳有一定的电压。如果中性线断开，则设备外壳带电。如果电源的相线碰地，则设备的外壳电位升高。因此，TN-C 供电系统适用于三相负载基本平衡的情况。

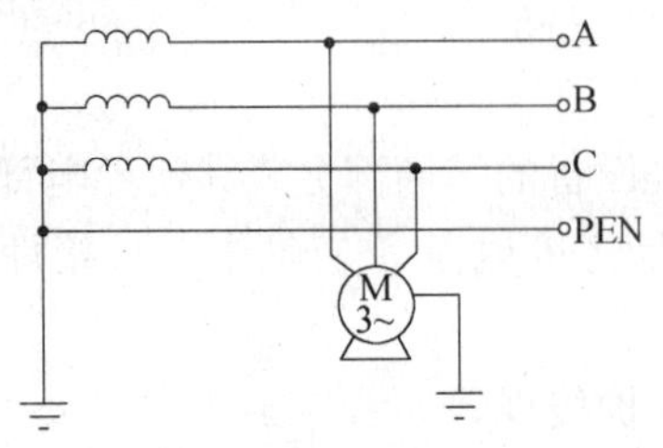

图 5-30　TT 系统

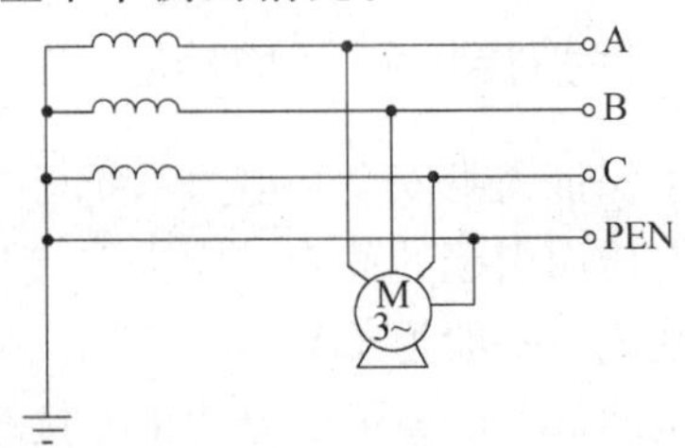

图 5-31　TN-C 系统

TN-S 系统是把中性线和地线严格分开的供电系统，也就是三相五线制供电方式，如图

5-32 所示。系统正常运行时，中性线上可能会有不平衡电流，但地线对地没有电压，所以没有电流。因此，TN-S 供电系统安全可靠，适用于工业与民用建筑等低压供电系统。

（3）TN-C-S 系统

在建筑施工临时供电中，如果前部分是 TN-C 方式供电，而施工规范规定施工现场必须采用 TN-S 方式供电系统，则可以从 TN-S 系统后现场总配电箱分出 PE 线，这种系统称为 TN-C-S 供电系统，如图 5-33 所示。可见，TN-C-S 供电系统是在 TN-C 系统上临时变通的做法。当三相电力变压器工作接地情况良好、三相负载比较平衡时，TN-C-S 系统在施工用电实践中效果还是可行的。但是，在三相负载不平衡、建筑施工工地有专用的电力变压器时，必须采用 TN-S 方式供电系统。

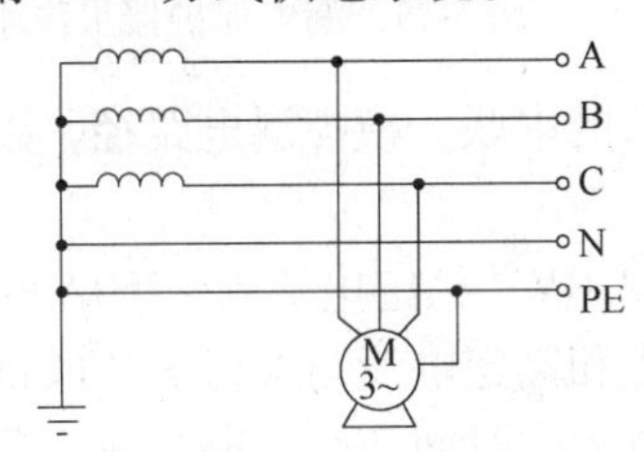

图 5-32　TN-S 系统

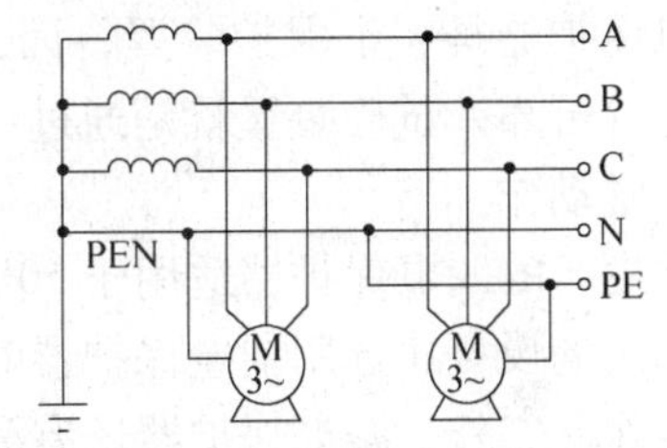

图 5-33　TN-C-S 系统

（3）IT 系统

IT 系统指电源侧中性点不接地或经过高阻抗接地，电气设备进行接地保护的方式，如图 5-34 所示。IT 系统在供电距离不是很长、供电的可靠性高、安全性好时使用，一般用于不允许停电的场所，或者是要求严格连续供电的地方，例如连续生产装置、大医院的手术室、地下矿井等处。

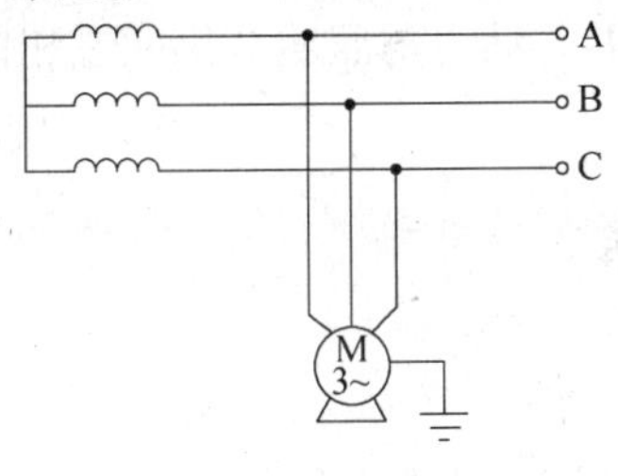

a) 电源侧中性点不接地

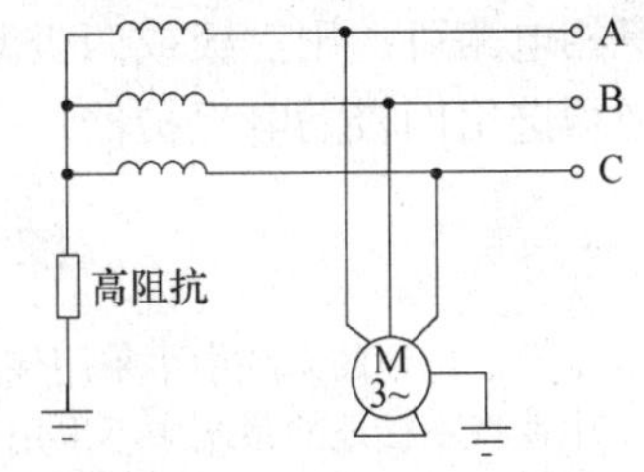

b) 电源侧中性点经过高阻抗接地

图 5-34　IT 系统

5.5.3　低压漏电保护器

低压漏电保护器主要是用来在设备发生漏电故障或有致命危险时的人身触点保护，具有过载和短路保护功能。漏电保护器在反应触电和漏电保护方面具有高灵敏度和快速性，这是其他保护电器如熔断器、自动开关等无法比拟的。根据故障电流动作的漏电保护器叫电流型漏电保护器，根据故障电压动作的漏电保护器叫电压型漏电保护器。由于电压型漏电保护器结构复杂、稳定性差、制造成本高，现已基本淘汰。目前国内外漏电保护器的研究和应用均以电流型漏电保护器为主导地位。

电流型漏电保护器包括检测元件、中间环节、执行机构和试验装置 4 部分，如图 5-35 所示。检测元件可以说是一个零序电流互感器，被保护的相线、中性线穿过环形铁心，如果没有漏电发生，这时流过相线、中性线的电流相量和等于零；如果发生了漏电，则相线、中性线的电流相量和不为零，从而产生感应电动势，这个感应信号就会被送到中间环节进行处理。中间环节通常包括放大器、比较器、脱扣器等，可以对来自零序互感器的漏电信号进行放大和处理，并输出到执行机构。执行机构根据接收到的中间环节指令信号实施动作，自动切断故障处的电源。由于漏电保护器是一个保护装置，因此需要定期检查其是否完好、可靠，试验装置就是通过试验按钮和限流电阻的串联，模拟漏电路径，以检查装置能否正常动作。

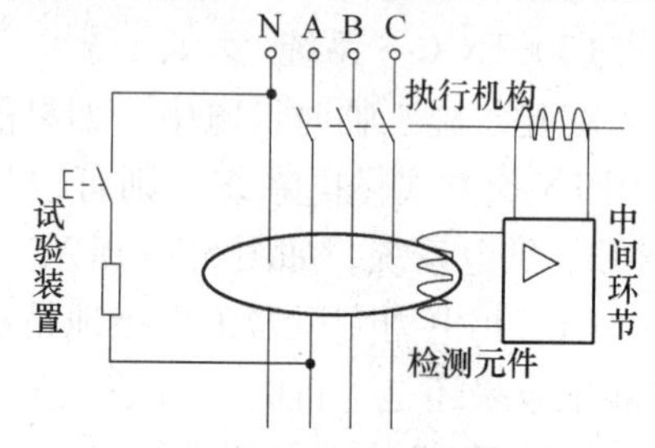

图 5-35　漏电保护器工作原理

我国生产的漏电保护器适用于 50Hz、额定电压 380/220V、额定电流 6～250A 的低压供电系统和用电设备。选用漏电保护器时，应使其额定电压和额定电流与被保护的电路和设备相适应。除此之外，漏电保护器还有漏电动作电流和漏电动作时间两个主要参数。漏电动作电流是在规定条件下开关动作的故障电流值，该值越小，灵敏度越高。漏电动作时间是故障电流达到上述数据起到开关动作切除供电电路为止的时间。按动作时间的不同，漏电保护器分为快速型和延时型等。如果漏电保护器是用于人身保护，应选用漏电动作电流为 30mA 以下（30 mA、20mA、15mA、10mA），漏电动作时间为 0.1s 以下的漏电开关。如果用于线路安全与防火，应选用漏电动作电流为 50～100mA 的漏电保护器，漏电动作时间可延长到 0.2～0.4s。

漏电保护器还有二极、三极和四极之分。单相电路和单相负载选用二极漏电保护器，仅带三相负载的三相电路可选用三极或四极漏电保护器。动力与照明合用的三相四线制电路或三相照明电路必须选用四极漏电保护器。

练习与思考

5.5.1　为什么中性点接地的系统中不采用保护接地？

5.5.2　为什么中性点不接地的系统中不采用保护接零？

5.5.3　在同一个供电系统中，能否同时采用保护接零和保护接地？为什么？

5.6　静电防护

由于物质互相摩擦、分离、受热、受压或受到其他带电物体感应等原因，发生电荷的转移，破坏了物体原子中的正负电荷的平衡，从而使物体带电，这种现象称为静电现象。静电现象是十分普遍的电现象，一方面被广泛应用，例如静电除尘、静电复印、静电喷漆、静电选矿、静电植绒、静电分选等；另一方面会带来许多危害，例如静电会对人身造成一定伤害，也可引起工厂、油船、仓库和商店的火灾和爆炸等。

5.6.1　静电的形成

产生静电的原因很多，其中最主要的有以下几种：

1. 摩擦起电

两种物质紧密接触（其间距小于25×10^{-8}cm）时，界面两侧会出现大小相等、符号相反的两层电荷，紧密接触后又分离，静电就产生了。摩擦起电就是通过摩擦实现较大面积的接触，在接触面上产生双电层的过程。

2. 破断起电

不论材料破断前其内部电荷的分布是否均匀，破断后均可能在宏观范围内导致正、负电荷的分离，即产生静电。当固体粉碎、液体分离时，都能因破断而产生静电。

3. 感应起电

处在电场中的导体，在静电场的作用下，其表面不同部位感应出不同电荷或引起导体上原有电荷的重新分布，使得本来不带电的导体可以变成带电的导体。

5.6.2　静电的防护

静电的产生虽然难以避免，但静电的不断积累会形成对地或两种带异性电荷体之间的高电压，这些高电压有时可高达数万伏。这不仅会影响生产、危及人身安全，而且静电放电时产生的火花往往会造成火灾和爆炸。防止静电危害的措施主要有

1. 接地

接地是消除导体上产生静电危害的最简单的方法。通常对会产生可燃性灰尘微粒的一切碾磨设备及其外壳、机器的轴和传动装置、含尘空气金属输送管道等通过电阻直接接地。

2. 静电中和

静电中和是利用相反极性的电荷和工作过程中产生的静电相中和，适用于消除绝缘材料运行摩擦中产生的静电。

3. 泄露

泄露是指通过一定措施促使静电从带电体上自行消失的办法，如提高空气的湿度或在绝缘材料中加入抗静电添加剂等以利于静电电荷泄放。

练习与思考

5.6.1　静电有什么危害？

5.6.2　防止静电的措施有哪些？

习　　题

5-1　有一三相对称负载，其每相的电阻$R=8\Omega$，电抗$X=6\Omega$，如果将负载连成星形接于线电压为380V的三相电源上，试求相电压、相电流及线电流。

5-2　某幢楼房有3层，计划在每层安装10盏220V、100W的白炽灯，用380/220V的三相四线制电源供电。（1）画出合理的电路图；（2）若所有白炽灯同时点燃，求线电流和中性线电流；（3）如果只有第一层和第二层点燃，求中性线电流。

5-3　用线电压为380V的三相四线制电源给照明电路供电。白炽灯的额定值为220V、100W，若A、B相各接10盏，C相接20盏。（1）求各相的相电流和线电流、中性线电流；（2）画出电压、电流相量图。

5-4　题5-3中，（1）若A相输电线断开，求各相负载的电压和电流；（2）若A相输电线和中性线都断开，再求各相电压和电流，并分析各相负载的工作情况。

5-5　一个三相电阻炉，每相电阻为10Ω，接在线电压为380V的三相四线制供电线路中。试分别求电

炉接成Y或△时消耗的功率。

5-6　图5-36三相电路中，电源相电压为220V，电阻$R=440\Omega$，C相另接有功率为220W、功率因数$\cos\varphi=0.5$的感性阻抗Z。求电流$\dot{I}_C$。（设$\dot{U}_{AN}=220\angle 0°V$）

5-7　对称三相负载三角形联结，已知电源相电压$U_p=220V$，负载电阻$R_l=220\Omega$，传输线阻抗忽略不计。则线电流I_l等于多少？

5-8　图5-37对称的Y-Y三相电路，电压表的读数为1732V，$Z=(30+j40)\Omega$，$Z_l=(10+j20)\Omega$。求电流表的读数和线电压U_{AB}。

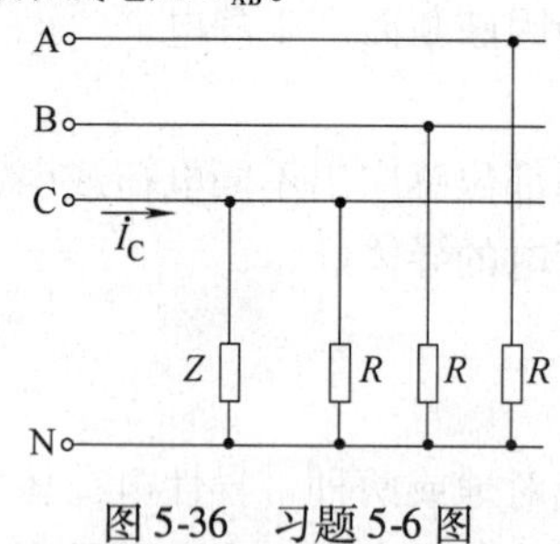

图5-36　习题5-6图

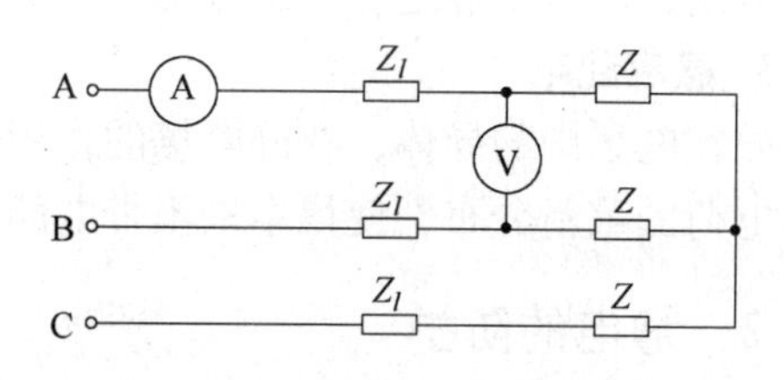

图5-37　习题5-8图

5-9　图5-38对称三相电路中，$Z_l=(1+j2)\Omega$，$Z=(2+j2)\Omega$，电压表的读数为173.2V。求线电压U_{AB}及负载吸收的总功率。

5-10　在不对称三相四线制电路中的相线阻抗为零，对称电源端的线电压380V，不对称的星形联结的负载分别是$Z_A=(3+j2)\Omega$，$Z_B=(4+j4)\Omega$，$Z_C=(2+j1)\Omega$。求：(1) 当中性线阻抗$Z_N=(4+j3)\Omega$时的中性点电压、线电流和负载吸收的总功率；(2) 当$Z_N=0$且A相开路时的线电流；(3) 中性线断开即$Z_N=\infty$时的线电流。

5-11　图5-39电路中，已知对称三相电源的线电压为380V，$Z_l=(1+j2)\ \Omega$，$Z=(6+j8)\ \Omega$。求负载端的相电流$\dot{I}_{A'B'}$和线电压$\dot{U}_{A'B'}$，并求三相负载的平均功率。

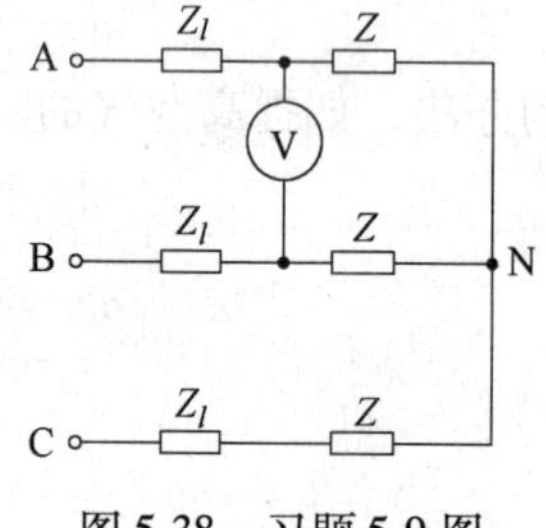

图5-38　习题5-9图

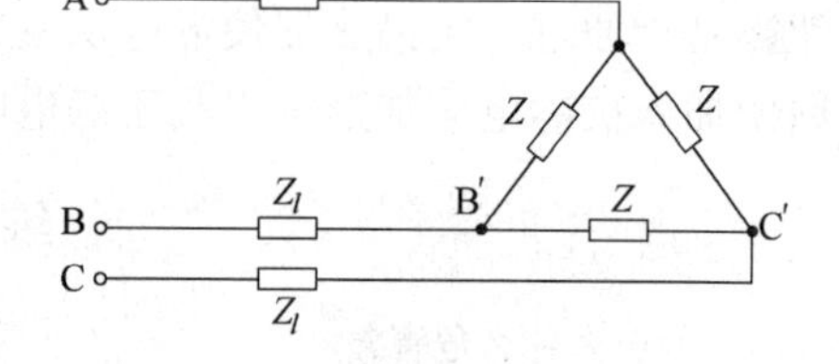

图5-39　习题5-11图

5-12　图5-40，已知对称三相电源的线电压为380V，$Z_l=(1+j2)\Omega$，$Z=(5+j6)\ \Omega$。求负载端的相电流$\dot{I}_{A'N'}$和线电压$\dot{U}_{A'B'}$及三相负载的平均功率。

5-13　图5-41中，电源线电压$U_l=380V$，各相负载的阻抗模都等于10Ω。求各相电流、中性线电流及三相平均功率P。

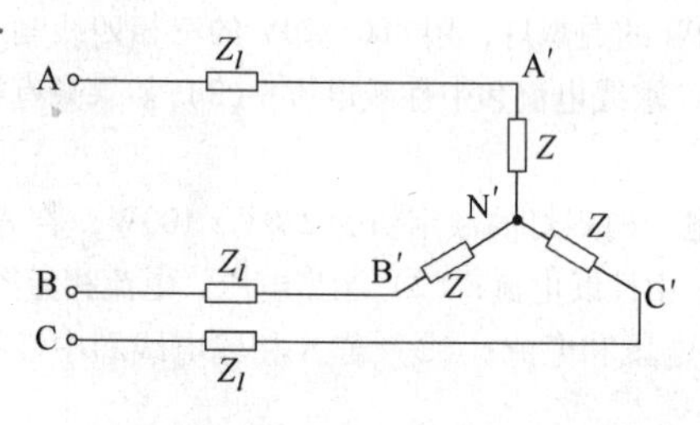

图5-40　习题5-12图

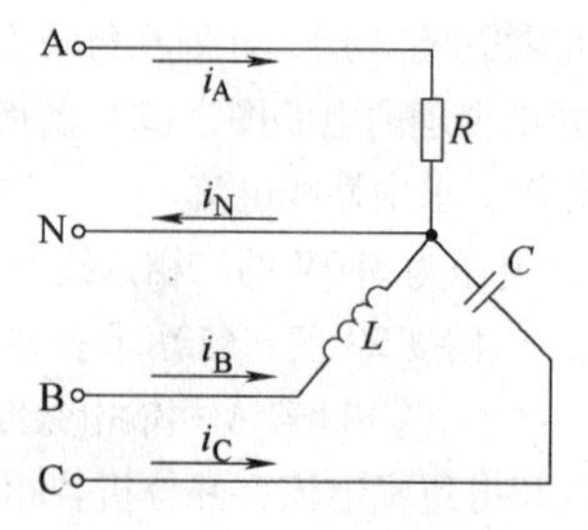

图5-41　习题5-13图

5-14　对称三相电路的线电压 $U_l=380\text{V}$，负载阻抗 $Z=(2+\text{j}2)\Omega$。求三角形连接负载时的线电流、相电流和吸收的总功率。

5-15　图5-42中，电源线电压 $U_l=380\text{V}$，对称三角形负载阻抗 $Z_\triangle=38\Omega$，对称星形负载阻抗 $Z_\text{Y}=\text{j}22\Omega$。求线电流大小及三相平均功率。

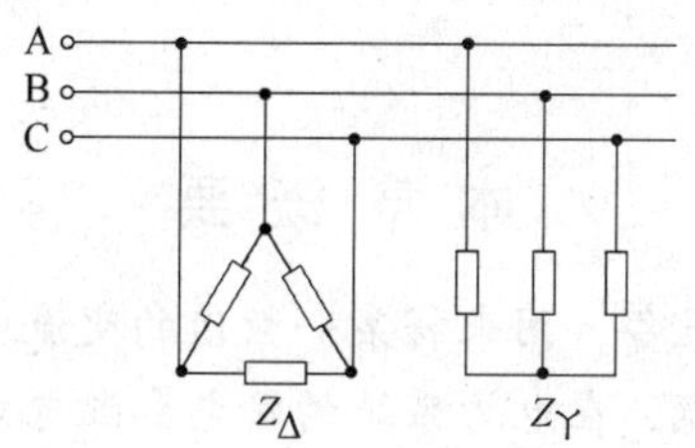

图5-42　习题5-15图

5-16　有一三相异步电动机，其绕组连成三角形，接在线电压为380V的电源上，从电源所取用的功率 $P=11.43\text{kW}$，功率因数 $\cos\varphi=0.87$。求电动机的相电流和线电流。

5-17　为什么远距离输电要采用高电压？

5-18　区别工作接地、保护接地和保护接零。为什么在中性点接地系统中，除采用保护接零外，还要采用重复接地？

5-19　为什么中性点不接地的系统中不采用保护接零？

第6章 变 压 器

本 章 概 要

变压器是一种常见的电器设备，用来将某一数值的交流电压变换为同频率的另一数值的交流电压。变压器具有多种功能，在电力系统的输电和配电方面以及在电子技术、测试技术等方面都得到了广泛应用。

变压器和其他的许多设备都是利用电磁相互作用进行能量传输和转换，因此，本章首先介绍有关磁路的基本知识和定律，研究铁心线圈内部的基本电磁关系，再进一步认识了解变压器的工作原理等。

重点：掌握交流铁心线圈的模型分析，掌握变压器的工作原理和特性。

难点：理解磁路的分析方法。

6.1 磁路与交流铁心线圈电路

很多电工设备（像电机、变压器、电磁铁、电工测量仪表以及其他各种铁磁元件），不仅有电路的问题，同时还有磁路的问题。只有同时掌握了电路和磁路的基本理论，才能对各种电工设备作全面的分析。

6.1.1 磁路及其分析方法

1. 磁路的基本概念

所谓磁路就是集中磁场的回路，通电铁心线圈就是常用的一种磁路。磁路问题也是局限于一定路径内的磁场问题，因此磁场的各个基本物理量也适用于磁路。

（1）磁感应强度 $\boldsymbol{B}$

磁感应强度 $\boldsymbol{B}$ 又称磁通密度，是一个矢量，是用来描述磁场内某点磁场强弱和方向的物理量。它与产生它的源即电流之间的方向关系满足右手螺旋定则，其大小一般用式（6-1）表示。

$$\boldsymbol{B}=\frac{\boldsymbol{F}}{lI} \tag{6-1}$$

式中，$\boldsymbol{F}$ 表示通电导体在磁场中受到的电磁力；I 是导体中的电流；l 表示导体的有效长度。

$\boldsymbol{B}$ 的单位是 T（特斯拉），以前也常用电磁制单位 Gs（高斯）表示。两者的关系为

$$1\text{T}=10^4\text{Gs} \tag{6-2}$$

如果磁场内各点磁感应强度 B 的大小相等，方向相同，则称为均匀磁场。在均匀磁场中，B 的大小可用通过垂直于磁场方向的单位截面上的磁力线来表示。

（2）磁通 $\boldsymbol{\Phi}$

磁通 $\boldsymbol{\Phi}$ 是矢量磁感应强度 $\boldsymbol{B}$ 在有向曲面 S 上的通量，简单地说，磁感应强度 $\boldsymbol{B}$（如果

不是均匀磁场，则取 $\boldsymbol{B}$ 的平均值）与垂直于磁场方向的面积 S 的乘积可计算磁通 $\boldsymbol{\Phi}$，即

$$\Phi = BS \tag{6-3}$$

可见，磁感应强度在数值上可由 $B=\Phi/S$ 得到，即为与磁场方向相垂直的单位面积所通过的磁通，这就是它称为磁通密度的原因。

$\boldsymbol{\Phi}$ 的单位是 Wb（韦），在工程上有时用电磁制单位 Mx（麦克斯韦）表示。两者的关系为

$$1\mathrm{Wb} = 10^8\mathrm{Mx} \tag{6-4}$$

（3）磁场强度 $\boldsymbol{H}$

因为磁感应强度 $\boldsymbol{B}$ 与磁场内的介质有关，因此引入磁场强度 $\boldsymbol{H}$。当磁介质为各向同性的线性媒质时，磁场强度与磁场中某点磁感应强度成正比，比值为磁导率，即

$$\boldsymbol{H} = \frac{\boldsymbol{B}}{\mu} \tag{6-5}$$

式中，$\boldsymbol{H}$ 的单位为 A/m（安每米）；μ 的单位为 H/m（亨每米）。

（4）磁导率 μ

磁导率 μ 是表示磁场媒质磁性的物理量，是媒质本身的特性，是用来衡量物质导磁能力的物理量。它与磁场强度的乘积就等于磁感应强度，即

$$\boldsymbol{B} = \mu\boldsymbol{H} \tag{6-6}$$

导体通电后，在周围产生磁场，在导体附近 x 点处的磁感应强度大小 B_x 与导体中的电流 I、x 点所处的空间几何位置及磁介质的磁导率 μ 有关。其数学表达式为

$$B_x = \mu H_x = \mu\frac{I}{l} \tag{6-7}$$

式（6-7）中的 l 是空间中某闭合路径的长度，与空间位置相关。可见，磁场内某一点的磁场强度 H 只与电流大小以及该点的几何位置有关，而与磁场媒质的磁导率 μ 无关，就是说在一定电流值下，同一点的磁场强度不因磁场媒质的不同而不同。但磁感应强度是与磁场媒质的磁性有关的。当线圈内的媒质不同时，则磁导率 μ 不同，在同样电流下，同一点的磁感应强度的大小就不同，线圈内的磁通也就不同了。

真空中的磁导率为

$$\mu_0 = 4\pi \times 10^7\mathrm{H/m} \tag{6-8}$$

为了便于比较各种物质的导磁能力，通常将任意一种物质的磁导率 μ 和真空的磁导率 μ_0 的比值，称为该物质的相对磁导率 μ_r。

有些物质的相对磁导率 μ_r 小，此类物质的导磁性能差，称为非磁性物质，如空气、木材等；有些物质的 μ_r 大，导磁能力强，称为磁性物质或铁磁材料，如铁、硅钢、铸钢等。

当物质不是各向同性的线性磁媒质时，还有一些重要指标也可表示材料磁性特点，如磁饱和性和磁滞性。

磁饱和性指磁性物质由磁化所产生的磁化磁场不会随着外磁场的增强而无限地增强。当外磁场（或励磁电流）增大到一定值时，全部磁畴的磁场方向都转向与外磁场的方向一致，这时磁化磁场的磁感应强度 B 达到一个饱和值。

磁滞性指磁感应强度滞后于磁场强度变化的性质，由磁滞回线（即 B-H 曲线）表征。

铁磁材料在反复磁化过程中产生的损耗称为磁滞损耗，它是导致铁磁性材料发热的原因

之一，对电机、变压器等电气设备的运行不利。因此，常采用磁滞损耗小的铁磁性材料制作它们的铁心。

由实验可知，不同的铁磁性材料，其磁化曲线和磁滞回线都不一样。按磁化特性的不同，铁磁性材料可以分成软磁材料、永磁材料和矩磁材料 3 种类型。

在设计电磁设备时，应根据各个磁性材料的特点正确选择。

2. 磁路的基本定律

为了使较小的励磁电流产生足够大的磁通（或磁感应强度），在电机、变压器及各种铁磁元件中常用磁性材料做成一定形状的铁心。由于铁心的磁导率比周围空气或其他物质的磁导率高得多，因此磁通的绝大部分经过铁心而形成一个闭合通路，这种磁通路径，称为磁路。分析磁路有一些基本定律。

（1）安培环路定律（全电流定律）

在磁路中，沿任意闭合路径，磁场强度的线积分等于与该闭合路径交链的电流的代数和。即

$$\oint \boldsymbol{H}\mathrm{d}l = \sum I \tag{6-9}$$

计算电流代数和时，与绕行方向符合右手螺旋定则的电流取正号，反之取负号。

若闭合回路上各点的磁场强度相等且其方向与闭合回路的切线方向一致，则

$$Hl = \sum I = NI \tag{6-10}$$

式中，N 为线圈匝数。

（2）磁路欧姆定律

设一段磁路长为 l，磁路面积为 S 的环形线圈，磁力线均匀分布于横截面上，这时 B、H 与 μ 之间的大小关系为 $H=\dfrac{B}{\mu}$ 及 $B=\dfrac{\Phi}{S}$。

可根据安培环路定律得磁路的欧姆定律为

$$Hl = \frac{B}{\mu}l = \frac{\Phi}{\mu S}l = NI \tag{6-11}$$

或

$$\Phi = \frac{NI}{\dfrac{l}{\mu S}} = \frac{E_{\mathrm{m}}}{R_{\mathrm{m}}} \tag{6-12}$$

式中，$E_{\mathrm{m}}=NI$，与电路中的 $E=RI$ 对比，定义为产生磁通的磁动势；$R_{\mathrm{m}}=\dfrac{l}{\mu S}$，为磁路的磁阻，是表示磁路对磁通具有阻碍作用的物理量，与磁路的几何尺寸、磁介质的磁导率有关。

式（6-12）与电路的欧姆定律在形式上相似，所以称为磁路的欧姆定律。它是对磁路进行分析与计算所要遵循的基本定律。

要注意的是，铁磁材料的磁导率 μ 不是常数，它随励磁电流变化，且数值大，所以铁磁材料的磁阻是非线性的，数值很小；空气隙的磁导率 μ_0 是常数，且数值小，所以空气隙中的磁阻是线性的，数值很大。由于铁磁材料的磁阻是非线性的，因此，不能直接用式（6-12）进行定量分析，而只能进行定性分析。

3. 电与磁的基本定律

电与磁都是物质的基本运动形式，两者密不可分。电流是产生电磁场的源，有了电流才有它的磁场；电流一旦消失，它的磁场立即随之消失。

直线电流的磁场是一些以导线各点为圆心的同心圆，如图6-1a所示；环形电流磁场的磁力线是一些围绕环导线的闭合曲线，在环形导线的中心主线上，磁力线和环形导线的平面垂直，如图6-1b所示；螺旋线圈的磁场很像是一根条形磁铁，一端N极，另一端S极。在螺旋线圈的外部，磁力线与条形磁铁外部的磁力线相似，从N极出发，进入S极。螺旋线圈内部的磁力线与轴线平行，方向由S极指向N极，并和外部磁力线连接，形成闭合曲线。所有电流和磁力线的方向可以用右手螺旋定则（也叫安培定则）来判断。如图6-1c所示。

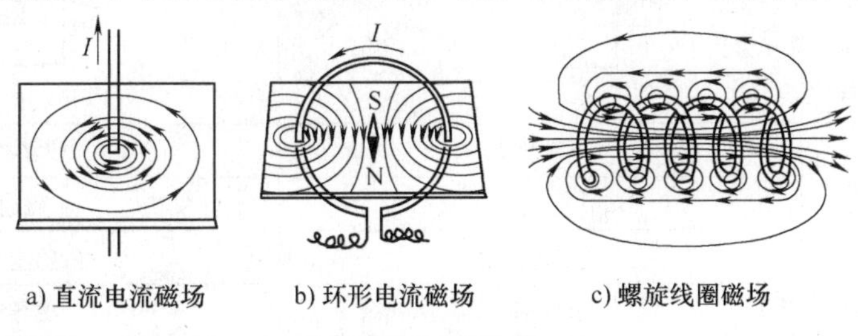

a) 直流电流磁场　　b) 环形电流磁场　　c) 螺旋线圈磁场

图6-1　电流的磁场

（1）磁场对电流的作用

实验证明，处在磁场中的通电导体要受到电磁力的作用，而且电磁力的方向是与电流方向及该处的磁场方向垂直的，均匀磁场对电流的作用力可以用式（6-13）表示。

$$F = BIl\sin\alpha \tag{6-13}$$

式中，F为通电直导体受的力；I为直导体中的电流；l为直导体在磁场中的有效长度；B为均匀磁场的磁感应强度；α为直导体与磁力线的夹角。

磁场力的方向和磁场方向及电流方向两两垂直，可用左手定则来判断：平伸左手，使大拇指和其余4指垂直，让磁力线垂直进入手心，并使4指指向电流方向，这时大拇指所指的方向就是通电导体在磁场中受力的方向。

（2）电磁感应定律

变化的磁场在导体中产生电动势的现象叫电磁感应现象。由电磁感应引起的电动势叫感应电动势；由感生电动势引起的电流叫感应电流。

用楞次定律判定感应电流（当电路闭合时）的方向，即感应电流所产生的磁场（方向由右手螺旋定则确定的）应该阻碍磁通的变化。因此应先判断磁通的变化是增加还是减少，再判断感应电流的磁场方向应该是增加还是削弱磁场，最后根据这个方向判定感应电流的方向。

而感应电动势的大小则由式（6-14）的法拉第电磁感应定律确定为

$$e = -N\frac{\mathrm{d}\Phi}{\mathrm{d}t} \tag{6-14}$$

式中，N为线圈匝数；$\frac{\mathrm{d}\Phi}{\mathrm{d}t}$为磁通变化率，说明线圈中感应电动势的大小，决定于线圈中磁通的变化速率，而与磁通本身的大小无关；式中的负号表示感应电动势的方向永远与磁通变化的趋势相反。

4. 磁路与电路的比较

磁路与电路的分析有很多相似性，可以将它们对比理解，如表 6-1 所示。

表 6-1　磁路与电路的比较

特点＼分类	电　路	磁　路
基本结构	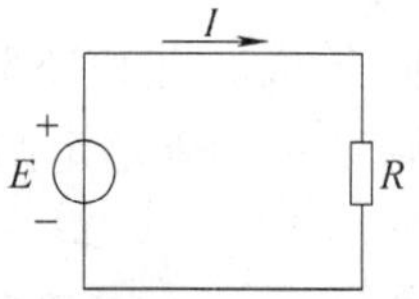 I, E, R, +, −	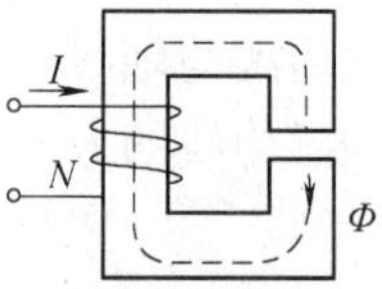 I, N, Φ
基本物理量	电动势 E	磁动势 E_m
	电流 I	磁通 Φ
	电流密度 J	磁感应强度 B
	电导率 γ	磁导率 μ
	电阻 R	磁阻 R_m
相似定律	电阻 $R=\dfrac{l}{\gamma S}$	磁阻 $R_m=\dfrac{l}{\mu S}$
	欧姆定律 $U=IR$	欧姆定律 $E_m=\Phi R_m$
	基尔霍夫第一定律 $\sum I=0$	基尔霍夫第一定律 $\sum \Phi=0$
	基尔霍夫第二定律 $\sum E=0$	基尔霍夫第二定律 $\sum E_m=0$

6.1.2　交流铁心线圈电路

磁路中的铁心线圈从电路的角度来看，又可看成铁心线圈电路。为了分析电机、电器等电工设备，必须弄清铁心线圈电路的电磁关系、电压与电流关系以及功率损耗等问题。

铁心线圈按其激励方式，有直流铁心线圈和交流铁心线圈。

直流铁心线圈的线圈通过直流电流，产生恒定的磁通，因此不会产生感应电动势，因此线圈中的电压电流关系与一般的直流电路相同，即欧姆定律

$$I=\frac{U}{R}$$

线圈所产生的恒定磁通也有磁路的欧姆定律

$$\Phi=\frac{E_m}{R_m} \tag{6-15}$$

直流铁心线圈的功率损耗只包含电流通过线圈电阻产生的损耗，也称做铜损，表示为

$$P_{Cu}=I^2R \tag{6-16}$$

直流铁心线圈一般用来制作直流电磁铁。

交流铁心线圈外接交流电源，会产生变化的磁场和感应电动势，因此其电路较为复杂。下面详细说明。

1. 电磁关系

图6-2是交流铁心线圈的原理图，当外加交流电压u时，线圈相应流过交流电流i，交流电流i产生变化的磁通，大部分磁通通过闭合铁心，称为主磁通Φ，还有一部分通过空气闭合，称为漏磁通Φ_σ。而变化的磁通在线圈中又产生感应电动势，主磁通产生的叫主磁电动势e，漏磁通产生的叫漏磁电动势e_σ，它们的参考方向与磁通的参考方向符合楞次定律。上述的电磁关系如图6-3所示。

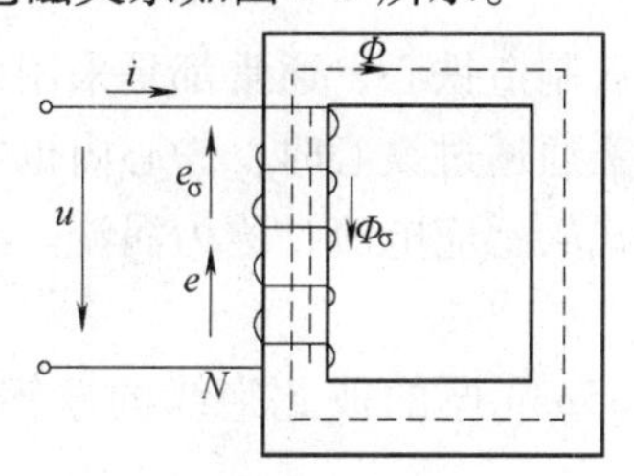

图6-2 交流铁心线圈的电路

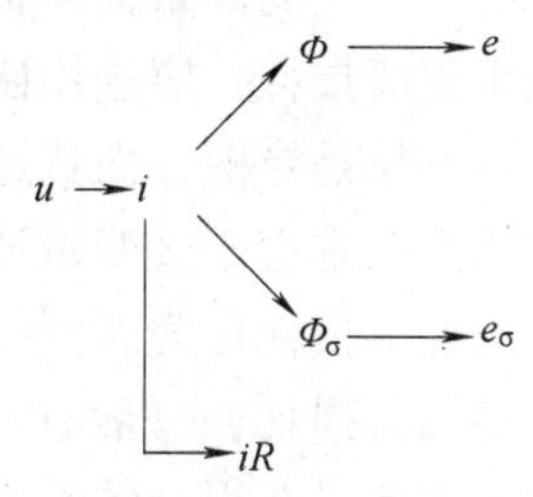

图6-3 交流铁心线圈的电磁关系

根据KVL得图6-2所示铁心线圈的电压方程为

$$u = -e - e_\sigma + iR \tag{6-17}$$

由于漏磁通Φ_σ通过空气闭合，而空气的磁导率μ_0基本为一常数，所以漏磁磁通Φ_σ与电流i之间呈线性关系，即

$$N\Phi_\sigma = L_\sigma i \tag{6-18}$$

式中，L_σ为铁心线圈的漏磁电感，是一个常数；N为线圈匝数。

而主磁通通过铁心闭合，铁心的磁导率μ不是常数，因此Φ与电流i不呈线性关系。又根据感应定律$e = -N\dfrac{\mathrm{d}\Phi}{\mathrm{d}t}$，得

$$u = N\frac{\mathrm{d}\Phi}{\mathrm{d}t} + L_\sigma\frac{\mathrm{d}i}{\mathrm{d}t} + iR \tag{6-19}$$

在实际应用中，线圈的电阻和漏磁都很小，和主磁通相比可以忽略不计，因此式（6-19）简化为

$$u = N\frac{\mathrm{d}\Phi}{\mathrm{d}t} \tag{6-20}$$

当主磁通为正弦量$\Phi = \Phi_\mathrm{m}\sin\omega t$时，得

$$u = N\frac{\mathrm{d}\Phi}{\mathrm{d}t} = \omega N\Phi_\mathrm{m}\cos\omega t = 2\pi fN\Phi_\mathrm{m}\sin(\omega t + 90°) = U_\mathrm{m}\sin(\omega t + 90°) \tag{6-21}$$

可见，铁心线圈的励磁电压和主磁通都是同频率的正弦量，它们的相位关系是主磁通滞后于电压90°，而它们的大小关系为

$$U_\mathrm{m} = 2\pi fN\Phi_\mathrm{m} \tag{6-22}$$

或

$$U = \frac{1}{\sqrt{2}}2\pi fN\Phi_\mathrm{m} = 4.44fN\Phi_\mathrm{m} \tag{6-23}$$

2. 功率损耗

首先，交流铁心线圈和直流铁心线圈一样有铜损 $P_{Cu}=I^2R$。此外，交变磁场在铁心中也会产生损耗，使得铁心发热，这种损耗称为铁损 P_{Fe}。铁损又分为磁滞损耗 P_h 和涡流损耗 P_e。

已知铁心在交变磁场作用下反复磁化所消耗的能量与磁滞回线的面积成正比，这种由磁滞现象在铁心中产生的能量损耗称为磁滞损耗 P_h。

为了减小磁滞损耗，应选用磁滞回线窄小的软磁材料制造铁心，通常都是采用硅钢。

铁磁材料不仅是导磁，而且还导电。因此，在交变磁通通过铁心时，铁心内也要产生感应电动势，从而在垂直于交变磁通方向的平面产生旋涡式的感应电流，称为涡流。涡流在铁心中所产生的能量损耗称为涡流损耗 P_e。

为了减小涡流损耗，一般铁心由很多 0. 35mm 或 0. 5mm 厚的彼此绝缘的硅钢片叠成，这样就可以使涡流只在很小的截面内流通。

铜损和铁损统称交流铁心线圈电路的有功功率为

$$P=UI\cos\varphi=P_{Cu}+P_{Fe}=I^2R+P_{Fe} \tag{6-24}$$

视在功率和无功功率则用一般的公式计算得

$$S=UI \tag{6-25}$$

$$Q=UI\sin\varphi \tag{6-26}$$

交流铁心线圈常用作交流电磁铁。

交流电磁铁和直流电磁铁一样，都是用来吸引衔铁或其他具有磁性的机械零件、工件的一种电器。在生产中应用普遍，如继电器、接触器、电磁吸盘和电磁离合器等。

练习与思考

6. 1. 1　磁性材料的磁化特性有哪些？

6. 1. 2　试分别从结构、磁路、电压电流关系及功率损耗分析直流铁心线圈和交流铁心线圈的区别。

6. 1. 3　一空心线圈加上直流电压，测出相应的电流和功率的大小，该线圈插入铁心后，保持电压不变，线圈的电流和功率是否改变？为什么？

6. 1. 4　分析在下列情况下，交流铁心线圈的磁通如何变化？（1）绕组匝数增加一倍，电压值和频率保持不变；（2）电压值增加一倍，频率减小一半；（3）电压值保持不变，频率增加一倍。

6. 2　变压器

变压器是利用电磁感应原理制成的一种传输能量或传递信号的电磁装置，它借助磁路联系着两个电路，具有变压、变流和变阻抗的作用。在国民经济的各部门以及日常生活中都有广泛的应用。

如在输配电中为了节约电能，通常先用大功率的电力变压器升高电压进行送电；各用电设备如机床用的三相或单相交流电动机，它们的额定电压一般是 380 V 或 220V；机床照明、低压电钻等，为了安全一般使用 36V 的电压；照明电路和家用电器的额定电压是 220V；指示信号灯常用 6. 3V 的电压；在电子设备中还需要多种电压。这就必须用变压器把电网电压变换成适合各种设备正常工作的电压。

变压器除用来变换电压外，还可以变换电流、变换阻抗、改变相位。因此，变压器是输配电、电子线路和电工测量中最重要的常用电气设备。

变压器有多种分类方法，可按用途分类和结构分类，这里不一一讲述。如按照用途分类，可分为电力变压器（如升压变压器、降压变压器、配电变压器等）、仪用变压器（如电压互感器、电流互感器）、特种变压器（如整流变压器、电炉变压器等）、试验用高压变压器和调压器等。

尽管这些变压器的种类很多，但其基本结构和工作原理是相同的。

6.2.1　变压器的结构和额定值

变压器的主要部件是铁心和绕组（线圈）。

铁心是变压器的磁路通道，为了减少涡流和阻滞损耗，铁心是用磁导率较高而且相互绝缘的硅钢片（厚度为0.35～0.5mm）叠装而成的，通信用的变压器近来也常用铁氧体或其他磁性材料作铁心。小型变压器常用的铁心形状有EI形、C形、斜“山”形、环形、罐形等。制造铁心的常用工艺有裁减、截短、去角、叠片和固定等。

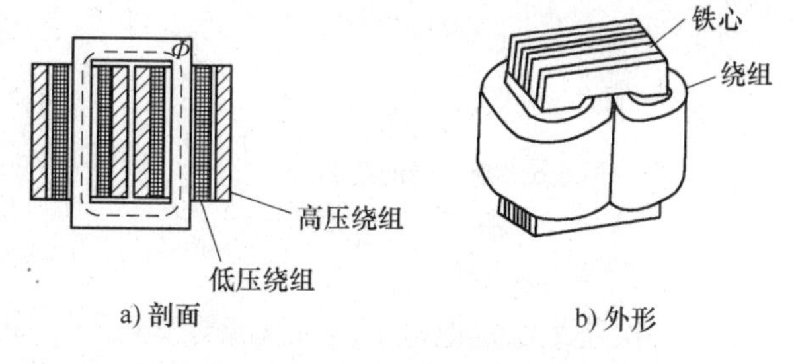

图6-4　心式变压器

按绕组和铁心的安装位置，变压器可分为心式和壳式两种。心式变压器的绕组套在各铁心柱上，如图6-4所示。壳式变压器的绕组则只套在中心的铁心柱上，绕线两侧被外侧铁心柱包围，如图6-5所示。电力变压器多采用心式结构，小型变压器多采用壳式结构。

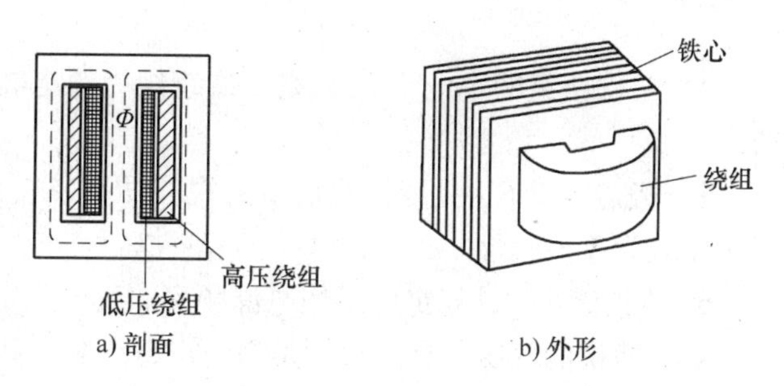

图6-5　壳式变压器

绕组是变压器的电路部分，是用具有良好绝缘的漆包线、纱包线或丝包线绕成的。变压器绕组可分为同心式和交叠式两类。同心式绕组的高、低压绕组同心地套在铁心柱上，为便于绝缘，一般低压绕组靠近铁心，如图6-4所示。同心式绕组结构简单，制造方便，国产电力变压器均采用这种结构。交叠式绕组都制成饼形，高、低压绕组上下交叠放置，主要用于电焊、电炉等壳式变压器中，如图6-6所示。绕组的制造工艺有绕线包和套线包两种方式。

绝缘是变压器制造的主要问题，绕组的区间和层间都要绝缘良好，绕组和铁心、不同绕组之间更要绝缘良好。为了提高变压器的绝缘性能，在制造时还要进行去潮处理（浸漆、烘烤、灌蜡、密封等）。油浸式电力变压器如图6-7所示。

另外，为了起到电磁屏蔽作用，变压器往往要用铁壳或铝壳罩起来，一次、二次绕组间往往加层金属静电屏蔽层，大功率的变压器中还有专门设置的冷却设备等。

为了保证变压器有一定的使用寿命并能正常工作，变压器必须按其规定的额定值来正确使用。电力变压器的额定值通常在产品铭牌上。为了便于说明，与电源相连的称为一次绕组

（亦称初级绕组、原绕组），与负载相连的称为二次绕组（亦称次级绕组、副绕组）。变压器的主要技术数据的额定值规定如下：

1）一次绕组额定电压 U_{1N}，是在额定运行情况下，根据绝缘强度和允许温升所规定的施于一次绕组上的最高电压。

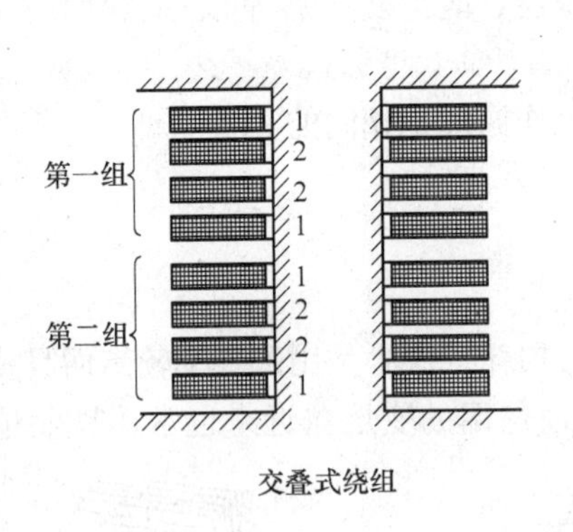

图 6-6　变压器的绕组

1—低压绕组　2—高压绕组

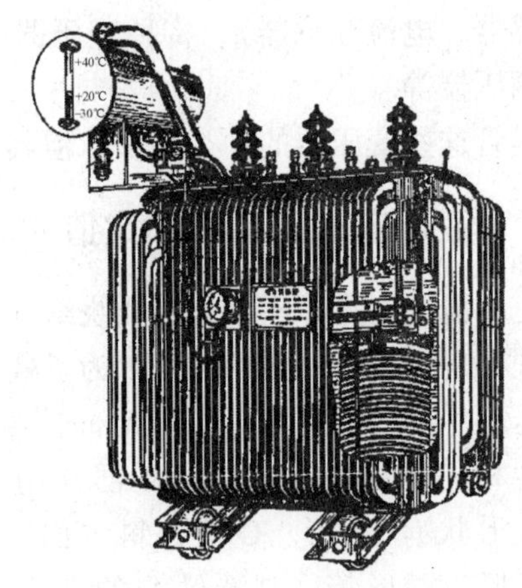

图 6-7　油浸式电力变压器

2）一次绕组额定电流 I_{1N}，是在额定电压 U_{1N} 下，一次绕组允许长期通过的最大电流。

3）二次绕组额定电压 U_{2N}，是一次绕组为额定电压时，二次绕组空载（开路）的输出电压。

4）二次绕组额定电流 I_{2N}，是一次绕组为额定电压时，二次绕组允许长期通过的最大电流。

5）额定容量 S，是变压器输出的视在功率，它是二次绕组的额定电压和额定电流的乘积，单位为 V · A。

6）额定频率 f，规定的工作电源频率。我国规定的标准频率为 $f=50\text{Hz}$。

通常所说的变压器额定运行是指一次电压和二次电流均为额定值时的工作状态。因此，额定运行时，并不是所有的参数都等于额定值。

应当指出，对于单相变压器，有 $S_N=U_{1N}I_{1N}=U_{2N}I_{2N}$，对于三相变压器，有 $S_N=\sqrt{3}U_{1N}I_{1N}=\sqrt{3}U_{2N}I_{2N}$。

而且对于其他的如输入变压器、输出变压器等，因用途与工作条件不同，主要参数也有所区别。例如，用于传递小信号的输入变压器，发热和耐压等不是主要问题，主要问题是电压比、抗干扰指标等。

6.2.2　变压器的工作原理和特性

变压器是按电磁感应原理工作的，假如把变压器的一次绕组接在交流电源上，在一次绕组中就会有交变电流经过，交变电流将在铁心中产生磁通量的变化。这个变化的磁通量经过闭合磁路同时穿过一次绕组和二次绕组，将在绕组中产生感应电动势，因此，变压器一次绕组产生感应电动势的同时，二次绕组将产生互感应电动势。这时，假如在二次绕组上接上负载，那么电能通过负载转换成其他形式的能，如图 6-8 所示。

图 6-8 的电磁关系表示如图 6-9 所示。下面分别讨论变压器的各种运行和变换作用。

Φ
i_1
u_1
e_1
$e_{\sigma1}$
$\Phi_{\sigma1}$
N_1
$\Phi_{\sigma2}$
$e_{\sigma2}$
e_2
N_2
i_2
u_2
Z

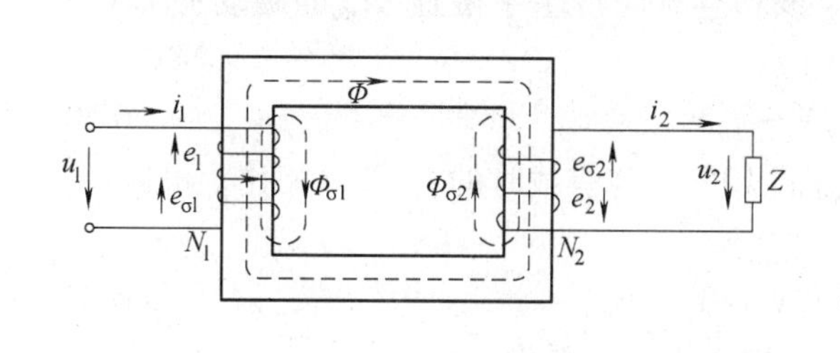

图 6-8 变压器原理图

$\Phi_{\sigma1} \to e_{\sigma1} = -L_{\sigma1}\frac{di_1}{dt}$
$e_1 = -N_1\frac{d\Phi}{dt}$
$u_1 \to i_1(i_1N_1) \to \Phi$
$e_2 = -N_2\frac{d\Phi}{dt} \to u_2$
i_1R_1
$i_2(i_2N_2) \to \Phi_{\sigma2} \to e_{\sigma2} = -L_{\sigma2}\frac{di_2}{dt}$
i_2R_2

图 6-9 变压器的电磁关系

1. 变压器的空载运行和变换电压

空载运行是指变压器的二次侧不接负载的开路情况。当一次绕组接上交流电压 U_1 时，由于二次侧开路，其电流 $i=0$，因此一次绕组中的电流为空载电流，用 i_0 表示。

根据上述的电磁关系，一次绕组中的各物理量以及它们之间的相互关系与交流铁心线圈相同，一次绕组电路的基尔霍夫电压方程为

$$u_1 = e_1 + L_{\sigma1}\frac{di_0}{dt} + R_1 i_0 \tag{6-27}$$

由于一次绕组的电阻 R_1 和漏电感 $L_{\sigma1}$（或 $\Phi_{\sigma1}$）很小，它们各自的电压也很小，与主磁通电动势相比，可以忽略不计，于是

$$u_1 \approx -e_1 \tag{6-28}$$

由式（6-22）所知，在正弦信号下，其大小即

$$U_1 = 4.44fN_1\Phi_m \tag{6-29}$$

同理，当二次侧开路，其输出电压为

$$u_{20} \approx -e_2 \tag{6-30}$$

则

$$U_{20} = 4.44fN_2\Phi_m \tag{6-31}$$

比较一、二次关系，得

$$\frac{U_1}{U_{20}} \approx \frac{N_1}{N_2} = K \tag{6-32}$$

式中，K 称为变压器的电压比。

式（6-32）说明，一、二次绕组的电压与其匝数成正比，匝数多的绕组电压高，匝数少的绕组电压低；当电源电压 U_1 一定时，改变匝数比，就可以得到不同的输出电压 U_2。

2. 变压器的负载运行和变换电流

变压器二次绕组接负载后，二次绕组中就有电流 i_2 通过，这时一次绕组中的电流就不再是空载电流 i_0，而是一个与二次绕组电流 i_2 有关的电流。我们用 i_1 表示负载运行时的一次绕组电流。

二次绕组电流 i_2 也要产生磁动势 i_2N_2，它作用在磁路上将使主磁通 Φ 发生变化。根据

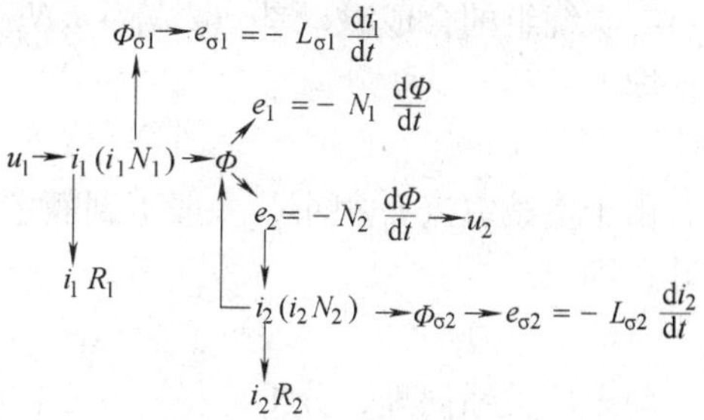

$U_1 \approx E_1 = 4.44 f N_1 \Phi_m$ 可知，当电源电压 U_1 和频率 f 不变时，E_1 和 Φ_m 都近似不变，说明铁心中主磁通的最大值在变压器空载或有载时基本上保持不变。所以有载时产生主磁通 Φ_m 的一、二次绕组的合成磁动势（$i_1N_1 + i_2N_2$）应该和空载时产生主磁通 Φ_m 的磁动势 i_0N_1 相等，即

$$i_1N_1 + i_2N_2 = i_0N_1 \tag{6-33}$$

由于空载电流 i_0 很小，一般不到额定电流的 10%，与有载时的 i_1 和 i_2 相比，可以忽略不计，则

$$i_1N_1 + i_2N_2 \approx 0 \tag{6-34}$$

与电压关系同理，分析可得一、二次绕组的电流大小关系为

$$\frac{I_1}{I_2} \approx \frac{N_2}{N_1} = \frac{1}{K} \tag{6-35}$$

式（6-35）表明：变压器一、二次绕组电流之比近似地与它们的匝数成反比，匝数多的电流小，匝数少的电流大，也就是说，变压器具有变换电流的功能。

3. 变压器的阻抗变换

变压器的阻抗变换的功能在电子技术中常用来进行阻抗匹配，以获得好的功率特性。

在图 6-10 中，负载阻抗 Z_L 接到变压器的二次侧，在保证电源电压、电流不变的条件下图中框内的变压器和负载阻抗 Z_L 可以用一阻抗 Z 来等效代替。因为

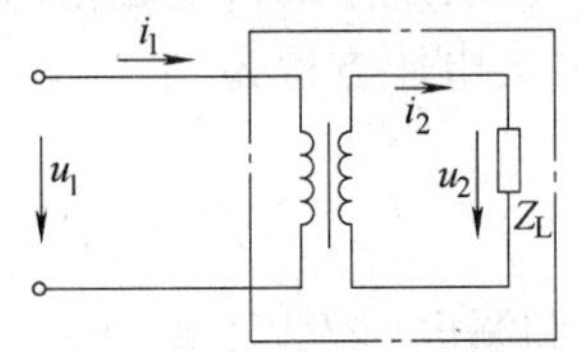

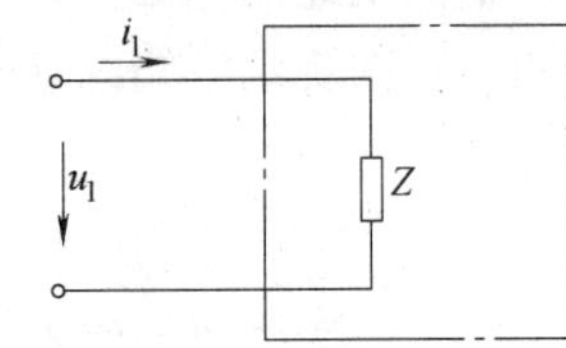

图 6-10　变压器的阻抗变换

$$|Z_L| = \frac{U_2}{I_2} \tag{6-36}$$

$$|Z| = \frac{U_1}{I_1} = \frac{U_2K}{I_2/K} = K^2|Z_L| \tag{6-37}$$

式（6-37）中，改变变压器一、二次绕组的匝数比，就可以将二次侧的负载阻抗变换为一次侧所需要的阻抗，实现阻抗匹配。$|Z|$ 称为负载阻抗在变压器一次侧的等效阻抗。

对用户来说，变压器的二次绕组相当于电源，在一次绕组外加电压不变的条件下，变压器的负载电流 I_2 增大时，二次绕组的内部电压降也增大，二次绕组电压 U_2 也将随负载电流的变化而变化，这种特性叫变压器的外特性。对负载来说，变压器相当于电源。作为一个电源，它的外特性是必须考虑的。电力系统的用电负载是经常发生变化的，负载变化时，所引起的变压器输出电压的变化程度，既和负载的大小（电阻性、电感性、电容性和功率因数的大小）、性质有关，又与变压器本身的性质有关。为了说明负载对变压器输出电压的影响，可以作出变压器的外特性曲线 $U_2 = f\ (I_2)$。对于感性负载，如图 6-11 所示。

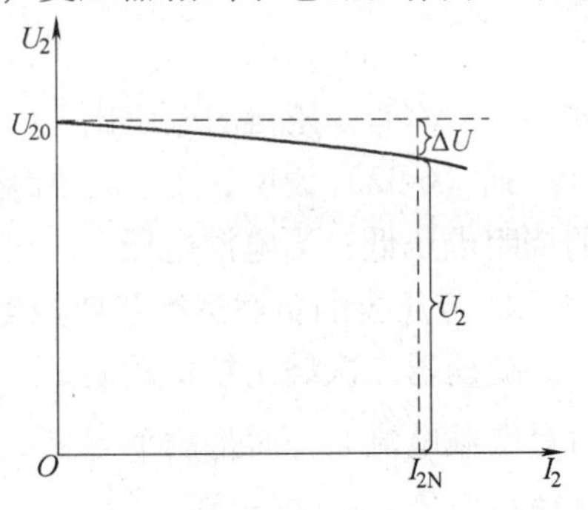

图 6-11　变压器外特性

从图 6-11 中可以看出，当 $I_2 = 0$（变压器空载）时，$U_2 = U_{20}$。当负载为电阻性和电感性时，随着负载电流 I_2

的增大，变压器输出电压逐渐下降。在相同的负载电流下，其电压下降的程度取决于负载功率因数的大小，负载的功率因数越低，端电压下降越大。在电容性负载时，曲线上升。所以，为了减小电压的变化，对感性负载而言，可以在其两端并联电容器，以提高负载的功率因数。

一般要求输出电压 U_2 受负载变化的影响越小越好，因此将变压器从空载到满载时输出电压的变化数值与空载电压的比值定义为电压调整率，即

$$\Delta U\% = \frac{U_{20} - U_2}{U_{20}} \times 100\% \tag{6-38}$$

现代大型变压器，在电阻性负载时的电压调整率为2% ~3%，而小型电源变压器的电压调整率较大，约为3% ~15%。

【例6-1】 有一变压器，$U_1 = 380\text{V}$，$U_2 = 24\text{V}$，如果接入一个24V、60W的白炽灯，试求一、二次侧的电流各是多少？相当于一次侧接上多大的负载？

解：灯泡的功率因数 $\cos\varphi = 1$，则二次电流为

$$I_2 = \frac{P}{U_2} = \frac{60}{24}\text{A} = 2.5\text{A}$$

得到一次电流为

$$I_1 = \frac{N_2}{N_1} I_2 = \frac{U_2}{U_1} I_2 = \left(\frac{24}{380} \times 2.5\right)\text{A} = 0.158\text{A}$$

二次侧负载为

$$R_{\text{L}} = \frac{U_2^2}{P} = \frac{24^2}{60}\Omega = 9.6\Omega$$

一次侧等效负载为

$$R = \left(\frac{N_1}{N_2}\right)^2 R_{\text{L}} = \left[\left(\frac{380}{24}\right)^2 \times 9.6\right]\Omega = 2407\Omega$$

【例6-2】 一个 $R_{\text{L}} = 10\Omega$ 的负载电阻，接在电压 $U = 12\text{V}$、内阻 $R_0 = 90\Omega$ 的交流信号源上。试求：（1）R_{L} 上获得的功率 P_{L}；（2）若在负载与信号源之间接入一个变压器进行阻抗变换，为了使该负载获得最大功率，需选择多大变压比的变压器？

解：（1）直接接 R_{L} 时，R_{L} 获得的功率为

$$P_{\text{L}} = I^2 R_{\text{L}} = \left(\frac{U}{R_0 + R_{\text{L}}}\right)^2 R_{\text{L}} = \left[\left(\frac{12}{90 + 10}\right)^2 \times 10\right]\text{W} = 0.14\text{W}$$

（2）为了使 R_{L} 获得最大功率，需进行阻抗匹配，当 R_{L} 到一次端的等效电阻等于 $R_0 = 90\Omega$ 时，获得最大功率，由 $R_0 = K^2 R_{\text{L}} = K^2 \times 10\Omega = 90\Omega$ 得电压比为

$$K = \sqrt{\frac{R_0}{R_{\text{L}}}} = \sqrt{\frac{90}{10}} = 3$$

6.2.3 常用变压器

下面介绍几种常用变压器的结构及工作原理，包括三相变压器、自耦变压器与调压器、电流互感器3种。

1. 三相变压器

由于现代电力供电系统采用三相四线制或三相三线制，所以，三相变压器的应用很广。对于三相电源进行电压变换，实际上就是3个相同的单相交压器的组合，或用一台三相变压器来完成。

三相变压器的铁心有3个心柱，每个心柱上绕着同一相的一次和二次线圈，如图6-12所示。就每个单相来说，其工作情况和单相变压器完全相同。

三相变压器或3个单相变压器的一次绕组和二次绕组都可分别接成星形或三角形，实际上常用的接法有YYn0、Yd11、YNd11三种。符号YN表示有中性点引出的星形联结。

某台三相电力变压器的铭牌如图6-13所示。

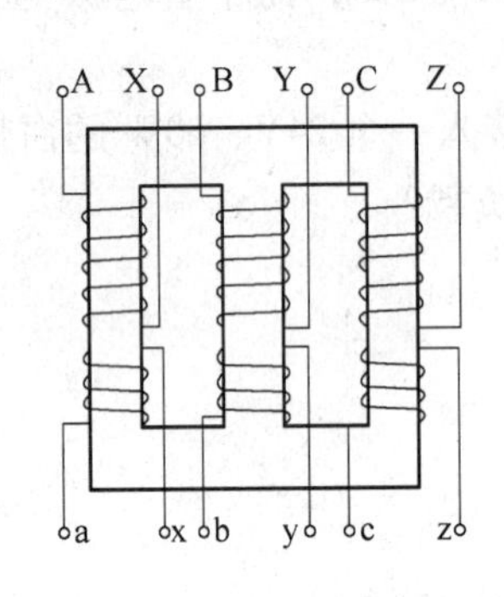

图6-12　三相变压器的结构

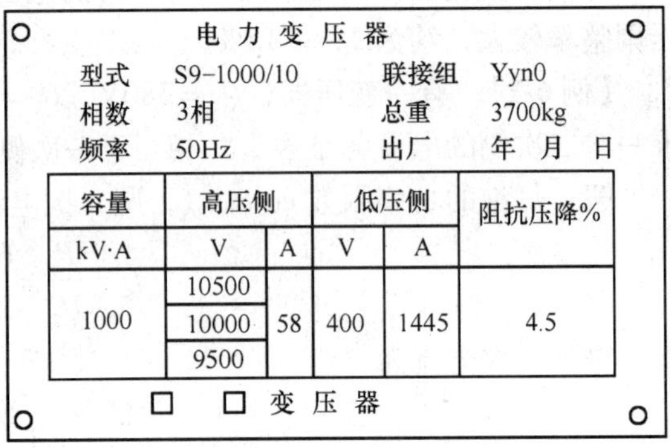

电 力 变 压 器

型式　S9-1000/10　　联接组　Yyn0
相数　3相　　总重　3700kg
频率　50Hz　　出厂　年　月　日

容量	高压侧		低压侧		阻抗压降%
kV·A	V	A	V	A	
1000	10500 10000 9500	58	400	1445	4.5

□　□　变 压 器

图6-13　某台三相电力变压器的铭牌

使用变压器时，必须掌握其铭牌上的技术数据。变压器铭牌上一般注明下列内容：

（1）型号——表示变压器的结构、容量、冷却方式、电压等级等。

例如：S9—2000/10，其中S表示基本型号（S——三相）；9表示产品设计序号；2000表示额定容量（kV · A）；10表示高压绕组电压等级（kV）。

（2）额定容量——制造厂所规定的在额定使用条件下变压器输出视在功率的保证值（V · A或kV · A）。

（3）额定电压——三相变压器的线电压。

（4）额定电流——变压器额定容量除以各绕组额定电压所计算出来的线电流值（A）。

（5）额定频率——我国工业标准频率定为50Hz。

（6）阻抗压降——将二次绕组短路并使二次绕组电流达到额定值I_{2N}时，一次侧（高压边）应加的电压值。用额定电压U_{1N}的百分比表示，中小型电力变压器为4% ~10.5%。

此外，还有使用条件、冷却方式、允许温升、绕组连接方式等项内容。

2. 自耦变压器与调压器

在实验室里大量使用一种输出电压可以均匀调节的变压器——可调自耦变压器，或称自耦调压器。图6-14为一个自耦变压器的结构示意图。它与普通变压器的区别是一次、二次共用一个绕组，低压绕组是高压绕组的一部分。因此，一次、二次绕组不仅有磁的联系，还有电的联系。

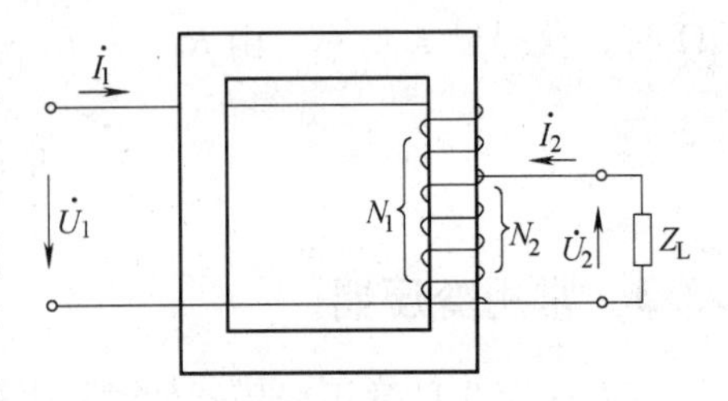

图6-14　自耦变压器的结构示意图

自耦变压器的工作原理与普通的双绕组变压器相同，上述变压、交流、变阻抗的关系都适用于自耦变压器，为

$$\frac{U_1}{U_{20}}=\frac{N_1}{N_2}=K \tag{6-39}$$

$$\frac{I_1}{I_2}=\frac{N_2}{N_1}=\frac{1}{K} \tag{6-40}$$

与同容量的双绕组变压器相比较，自耦变压器用料省、体积小、成本低。但自耦变压器的电压比一般为1.5～2。而且，由于自耦变压器的一次、二次绕组有电的联系，所以用于保护人身安全的降变压器，如行灯变压器，就不可用自耦变压器。

若将自耦变压器二次侧的一端改为滑动触头就构成了自耦调压器，即自耦调压器实质上是一种电压可连续调节的自耦变压器，其铁心有环式和柱式两种，20kV · A 及以下的小容量自耦调压器多选用环式铁心，容量超过 20kV · A 的多采用柱式铁心。3 个环式单相自耦变压器共轴配装，可构成三相自耦调压器。

3. 电流互感器

电流互感器是一种专供测量仪表、控制设备和保护设备使用的变压器。这里介绍的电流互感器是专门用来测量供电线路的大电流的，如图 6-15 所示，只有一匝或几匝，截面积较大的一次绕组与被测线路串联，而将匝数较多、截面积小的二次绕组与电流表接成闭合电路。根据变压器电流变换得

$$I_1=\frac{N_2}{N_1}I_2=\frac{I_2}{K} \tag{6-41}$$

如果将与电流互感器配套的电流表按 I_2/K 来刻度，就能从电流表上直接读出被测大电流数值。一般电流互感器二次绕组的额定电流设计为 5A 或 1A。

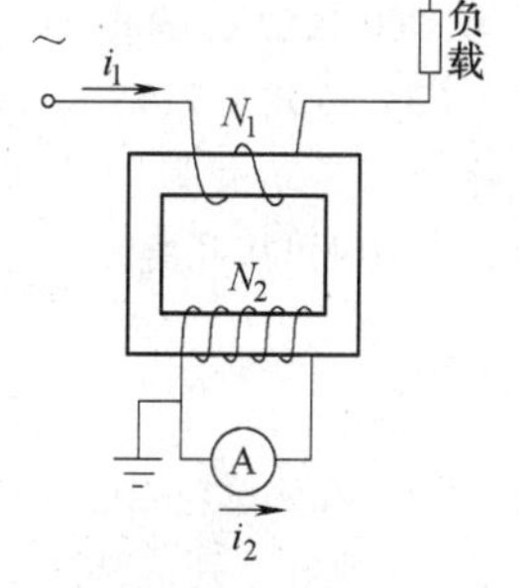

图 6-15 电流互感器

使用电流互感器时，切记二次绕组决不允许开路，否则在二次绕组会产生过高的危险电压。为了安全，电流互感器的二次绕组的一端和外壳必须可靠接地。

6.2.4 特殊变压器

1. 耦合变压器

电子电路里广为应用的另一类小型变压器，包括输入变压器、级间耦合变压器及输出变压器。其结构可能是双绕组的，也可能是多绕组的。耦合变压器一般工作在小信号状态，其主要功用是传递信号。这类变压器不仅要利用它的变压、变流作用，更重要的是利用其变阻抗的能力以达到阻抗匹配，以实现信号及其功率的最佳传输。

例如在单管功率放大器中，为了得到不失真的最大功率输出，集电极的等效阻抗必须等于某一确定的数值。对于晶体管来说，此值约为几十欧姆至几百欧姆。但通常动圈式扬声器（即喇叭）的线圈阻抗只有 4Ω、8Ω 或 16Ω，就可利用输出变压器来达到阻抗匹配。

2. 脉冲变压器

脉冲变压器是用以传输脉冲功率和传递脉冲信号的一种变压器，是脉冲放大器的基本元

件之一。其基本构造和基本工件原理与普通变压器相同。在脉冲放大器中主要用它作级间耦合及功放级与负载间的耦合，以实现阻抗匹配、变换极性等。常用的一种环形铁心的脉冲变压器如图6-16所示。

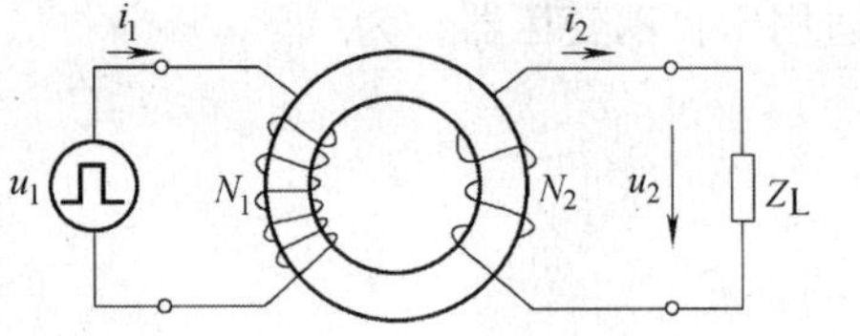

图6-16　脉冲变压器

由于它在脉冲状态下工作，为了减小传输畸变和提高效率，因此在材料选择、制造工艺上都比普通变压器要求高。脉冲变压器的铁心一般不用普通硅钢片，而采用高频下磁导率高的磁性材料——坡莫合金或铁氧体。绕组的缠绕方法也多采用分层绕法，即将一次绕组或二次绕组分成几层相间缠绕。

练习与思考

6.2.1　变压器是怎样把能量从一次侧传递到二次侧的？是否也可以用变压器直接传递直流能量？

6.2.2　一变压器的一次侧有两个绕组，额定电压各为110V，同名端如图6-17所示，若要接到220V电源上，两个绕组该如何连接？

6.2.3　额定容量为10kV · A的单相变压器，电压为3300/220V，试求：（1）一次、二次侧的额定电流；（2）负载为220V、40W的白炽灯，满载时可接几盏？（3）负载为220V、40W、$\cos\varphi = 0.44$的荧光灯，满载时可接几盏？

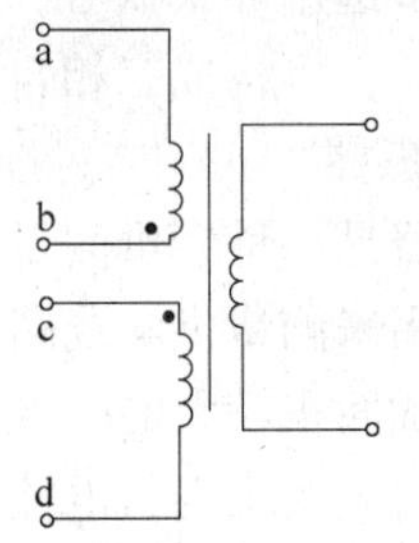

图6-17　练习与思考6.2.2题

习　题

6-1　在磁感应强度$B = 0.5$T的均匀磁场中，放置一根长$L = 10$cm的直导线，导线中通过$I = 1$A的电流。求分别在下列情况下，导线所受的磁场力。

（1）导线和磁场方向垂直；（2）导线和磁场方向的夹角为30°；（3）导线和磁场方向平行。

6-2　有一直流线圈，其匝数为1000匝，绕在由铸钢制成的闭合铁心上，铁心的横截面积$S = 20\text{cm}^2$，铁心的平均长度$L = 50$cm，如果在铁心中产生磁通$\Phi = 0.002$Wb，试问铁心中应通入多大的电流？

6-3　有一交流铁心线团，接到$f = 50$Hz、$U_1 = 220$V的正弦电源上，在铁心中得到磁通最大值为$\Phi_m = 2.25 \times 10^3$Wb，现在此铁心上再绕一个线圈，其匝数为100，当此线圈开路时，求其两端的感应电压。

6-4　已知一变压器$N_1 = 1000$匝，$N_2 = 200$匝，$U_1 = 200$V，$I_2 = 8$A，负载为纯电阻，变压器的漏磁、铜损、铁损均忽略，求变压器的输出电压、输入电流和输入及输出功率。

6-5　一台降压变压器，一次绕组接到8800V的交流电源上，二次绕组电压为220V，试求变压器电压比。如果一次绕组匝数为4000匝，求二次绕组的匝数。当电压降到3000V，为了使二次绕组的电压保持不变，一次绕组的匝数应调整为多少？

6-6　一信号源电压2V，内阻1500Ω，负载电阻120Ω，若要使负载获得最大功率，试求匹配的变压器的电压比，一次、二次绕组的电流各为多大？

6-7　一电力变压器二次绕组空载时的线电压380V，额定负载时的输出电压为220V，求其电压调整率$\Delta U\%$。

第 7 章　电　动　机

本章概要

电动机是现代化生产中常见的设备，它能将电能转换为机械能带动生产机械运转，因此它在冶金、化工、机械行业中得以广泛应用。

电动机驱动生产机械有很多优点：减轻体力劳动，提高生产效率和产品质量，简化生产机械的结构，实现自动控制和远距离操作。

电动机的种类很多，若按照用电的性质可分为交流电动机和直流电动机两大类。另外，还可以按结构特点和功率大小的不同来分类。

不论什么电动机，就其最基本的原理来说，都遵循物理学中讲过的载流导体在磁场中受到电磁力的作用，即电磁力定律所揭示的规律。因此，在电动机中一是需要有磁场，二是要有通电流的导体，两者之间才会有电磁力的作用，这就是各类电动机的共性。

本章对常用的三相异步电动机、单相异步电动机、直流电动机和一些控制电机做一简单介绍。

重点：掌握异步电动机、直流电动机的基本结构、工作原理和基本控制方法。

难点：理解电动机的机械特性；了解几种常用电动机。

7.1　三相异步电动机

三相异步电动机的作用是拖动各种生产机械。由于它具有结构简单、容易制造、价格低廉、运行可靠、坚固耐用、运行效率较高和具有适用的工作特征等一系列的优点，因此被广泛应用于工业、农业、国防、航天、建筑及人们的日常生活中。但它的功率因数较差，在应用上受到了一定的限制。

三相异步电动机分为绕线转子异步电动机和笼型异步电动机。笼型异步电动机与绕线转子异步电动机只是在转子结构上不同，它们的工作原理都是一样的。

7.1.1　三相异步电动机的结构与铭牌

三相异步电动机的种类很多，但各类三相异步电动机的基本结构是相同的，它们都由定子和转子这两大基本部分组成，在定子和转子之间具有一定的气隙。此外，还有端盖、轴承、接线盒等其他附件，如图 7-1 所示。

1. 定子

定子是用来产生旋转磁场的。三相电动机的定子一般由外壳、定子铁心、定子绕组等部分组成。

（1）外壳

三相电动机外壳一般都是用铸铁或铸钢浇铸成型，包括机座、端盖、轴承盖及接线盒等

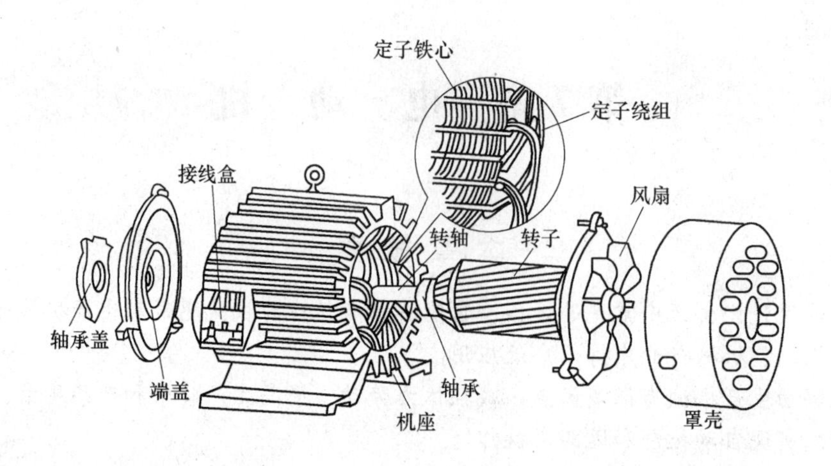

图 7-1　三相异步电动机的结构

部件。机座的作用是保护和固定三相电动机的定子绕组。通常，机座的外表要求散热性能好，所以一般都铸有散热片。端盖的作用是把转子固定在定子内腔中心，使转子能够在定子中均匀地旋转。轴承盖的作用是固定转子，使转子不能轴向移动，另外起存放润滑油和保护轴承的作用。接线盒的作用是保护和固定绕组的引出线端子。

（2）定子铁心

定子铁心是电动机磁路的一部分，由 0.35～0.5mm 厚表面涂有绝缘漆的薄硅钢片叠压而成。由于硅钢片较薄而且片与片之间是绝缘的，所以减少了由于交变磁通通过而引起的铁心涡流损耗。铁心内圆有均匀分布的槽口，用来嵌放定子线圈。

（3）定子绕组

定子绕组是三相电动机的电路部分。三相电动机有三相绕组，通入三相对称电流时，就会产生旋转磁场。三相绕组由 3 个彼此独立的绕组组成，每个绕组即为一相，在空间相差 120°电角度。定子绕组按一定规律嵌入定子铁心槽内。绕组的 6 个出线端都引至接线盒上，出线端可接成星形或三角形。

2. 转子

三相异步电动机的转子主要由转子铁心和转子绕组等部件组成，它的作用是用来产生电磁转矩。

（1）转子铁心

转子铁心是电动机磁路的一部分，是用 0.5mm 厚的硅钢片叠压而成，套在转轴上，作用和定子铁心相似，用来安放转子绕组。

（2）转子绕组

三相异步电动机转子绕组的作用是感应电动势和电流并产生电磁转矩，结构分为笼型和绕线转子型两类。

绕线转子型绕组与定子绕组一样也是一个三相绕组，一般接成星形，三相引出线分别接到转轴上的 3 个与转轴绝缘的集电环上，通过电刷装置与外电路相连，这就有可能在转子电路中串接电阻或电动势以改善电动机的运行性能，如图 7-2 所示。

笼型绕组在转子铁心的每一个槽中插入一根铜条，在铜条两端各用一个铜环（称为端环）把导条连接起来，称为铜排转子，如图7-3a所示。也可用铸铝的方法，把转子导条和端环风扇叶片用铝液一次浇铸而成，称为铸铝转子，如图7-3b所示。100kW以下的异步电动机一般采用铸铝转子。

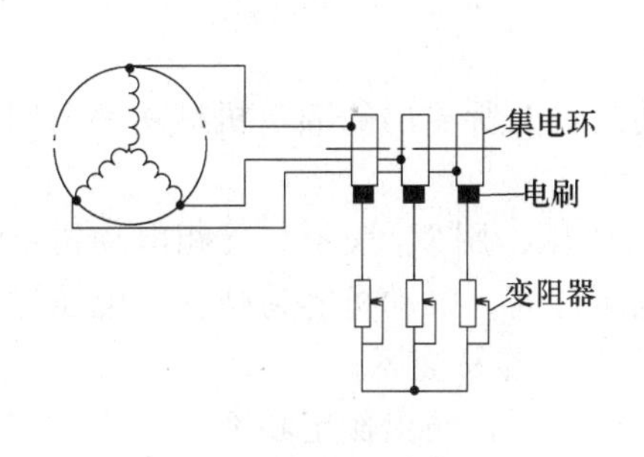

图7-2　绕线转子型转子与外加变阻器的连接

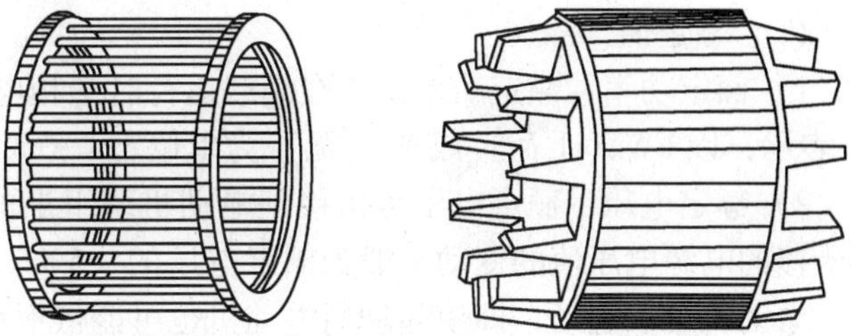

a) 铜排转子

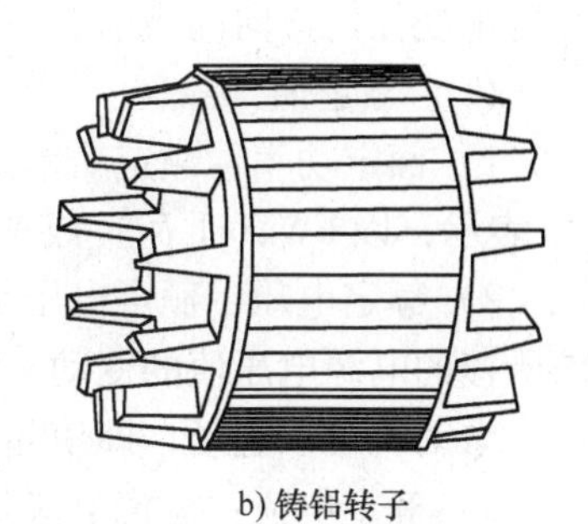

b) 铸铝转子

图7-3　笼型转子绕组

两种类型的转子绕组相比，绕线转子型转子结构稍复杂，价格稍贵，因此只在要求起动电流小，起动转矩大，或需平滑调速的场合使用。笼型转子上端既无集电环，又无绝缘，所以结构简单，制造方便，运行可靠。

3. 其他部分

其他部分包括端盖、风扇等。端盖除了起防护作用外，在端盖上还装有轴承，用以支撑转子轴。风扇则用来通风冷却电动机。另外，三相异步电动机的定子与转子之间的空气隙，一般仅为0.2～1.5mm。气隙太大，电动机运行时的功率因数降低；气隙太小，使装配困难，运行不可靠，高次谐波磁场增强，从而使附加损耗增加以及使起动性能变差。

在三相电动机的外壳上，钉有一块牌子，称做铭牌。铭牌上注明这台三相电动机的主要技术数据，是选择、安装、使用和修理（包括重绕组）三相电动机的重要依据，铭牌的主要包含以下内容。

（1）型号

型号是用以表明电动机的系列、几何尺寸和极数。国产中小型三相电动机型号的系列为Y系列，是按国际电工委员会IEC标准设计生产的三相异步电动机，它是以电动机中心高度为依据编制型号谱的，如图7-4所示。

Y-200L2-6
异步电动机
中心高度200mm
6极
2号铁心
长机座长度代号

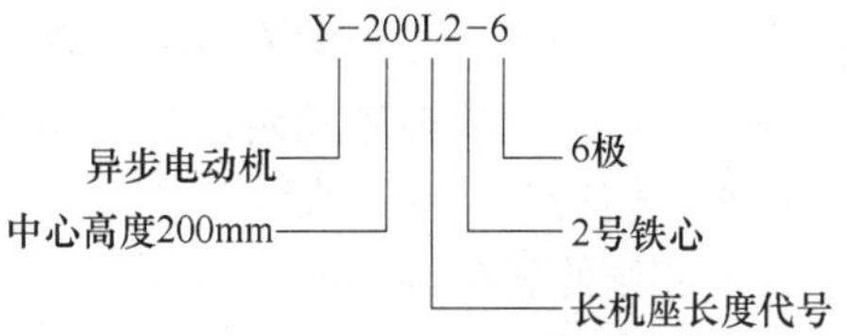

图7-4　某电动机产品代号含义

老型号的异步电动机的产品代号都是以字母J开头的，具体情况可参阅产品目录。

（2）接法

三相电动机定子绕组的连接方法有星形（Y）和三角形（△）两种。定子绕组的连接只能按规定方法连接，不能任意改变接法，否则会损坏三相电动机。

（3）绝缘等级

绝缘等级是指三相电动机所采用的绝缘材料的耐热能力，它表明三相电动机允许的最高工作温度，具体技术数据参阅产品目录。

（4）防护等级

防护等级表示三相电动机外壳的防护等级，其中 IP 是防护等级标志符号，其后面的两位数字分别表示电机防固体和防水能力。数字愈大，防护能力愈强，如 IP44 中第一位数字“4”表示电动机能防止直径或厚度大于 1mm 的固体进入电动机内壳。第二位数字”4”表示能承受任何方向的溅水。

（5）额定值

1）额定功率：额定功率是指在满载运行时三相电动机轴上所输出的额定机械功率，用 P_N 表示，以 kW（千瓦）或 W（瓦）为单位。

2）额定电压：额定电压是指接到电动机绕组上的线电压，用 U_N 表示。三相电动机要求所接的电源电压值的变动一般为额定电压的 ±5%。电压过高，电动机容易烧毁；电压过低，电动机难以起动，即使起动后电动机也可能带不动负载，容易烧坏。

3）额定电流：额定电流是指三相电动机在额定电源电压下，输出额定功率时，流入定子绕组的线电流，用 I_N 表示，以 A 为单位。若超过额定电流过载运行，三相电动机就会过热乃至烧毁。

4）额定频率：额定频率是指电动机所接的交流电源每秒钟内周期变化的次数，用 f_N 表示。我国规定标准电源频率为 50Hz。

5）额定转速：额定转速表示三相电动机在额定工作情况下运行时每分钟的转速，用 n_N 表示，一般是略小于对应的同步转速 n_0。如 $n_0 = 1500\text{r/min}$，则 $n_N = 1440\text{r/min}$。

6）额定功率因数：额定功率因数指电动机加额定负载时，定子边的功率因数，用 $\cos\varphi_N$ 表示。

7）额定效率：电动机的输出功率 P_2 和输入功率 P_1 不相等，其差值等于电动机本身的损耗功率，包含铜损、铁损和机械损耗。$P_1 = \sqrt{3}U_N I_N \cos\varphi_N$，而 P_2 即为额定功率。所以额定效率 η_N 是指输出功率和输入功率比值的百分数。

因此，三相异步电动机的额定功率与其他额定数据之间的关系为

$$P_N = \sqrt{3}U_N I_N \cos\varphi_N \eta_N \tag{7-1}$$

7.1.2 三相异步电动机的工作原理

三相异步电动机的转动原理是建立在两个基本理论上的：一是导体切割磁场，会在导体中产生感应电动势；二是载流导体与磁场相互作用，使载流导体受力而运动。

当电动机产生旋转磁场后，在转子绕组（导条）中感应出电流，两者又相互作用产生电磁转矩，使转子转动起来。

下面介绍旋转磁场的产生及其性质。

1. 旋转磁场的产生

如图 7-5 所示，U_1U_2、V_1V_2、W_1W_2 为三相定子绕组，在空间彼此相隔 120°，接成丫形。三相绕组的首端 U_1、V_1、W_1 接在三相对称电源上，有三相对称电流通过三相绕组。设电源的相序为 U-V-W，U 的初相角为零，如图 7-5 所示。设

$$i_U = \sin\omega t$$

$$i_V = \sin(\omega t - 120°)$$

$$i_W = \sin(\omega t + 120°)$$

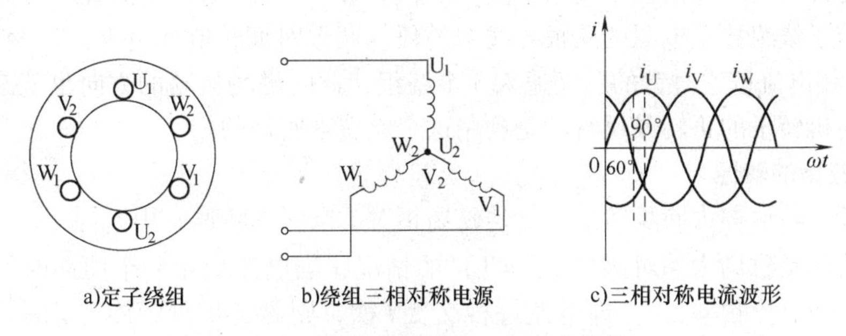

a)定子绕组 b)绕组三相对称电源 c)三相对称电流波形

图 7-5 定子绕组中的三相对称电流

为了分析方便，假设电流为正值时，在绕组中从始端流向末端，电流为负值时，在绕组中从末端流向首端。

当 $\omega t=0°$的瞬间，$i_U=0$，i_V 为负值，i_W 为正值，根据“右手螺旋定则”，三相电流所产生的磁场叠加的结果，便形成一个合成磁场，如图 7- 6a 所示，可见此时的合成磁场是一对磁极（即极对数 $p=1$），上面是 N 极，下面是 S 极。

当 $\omega t=60°$的瞬间，i_U 为正值，i_V 为负值，$i_W=0$，合成磁场的方向如图 7-6b 所示。此时合成磁场在空间中顺时针转过了 60°。

当 $\omega t=90°$的瞬间，i_U 为正值，i_V 为负值，i_W 为负值，合成磁场的方向如图 7-6c 所示。此时合成磁场在空间中顺时针转过了 90°。

以此类推，可以得出以下结论，当 $\omega t=180°$时，旋转磁场转过 180°，如图 7-6d 所示，当 $\omega t=210°$时，旋转磁场转过 210°，当 $\omega t=360°$时，旋转磁场刚好顺时针旋转一周，为 360°。

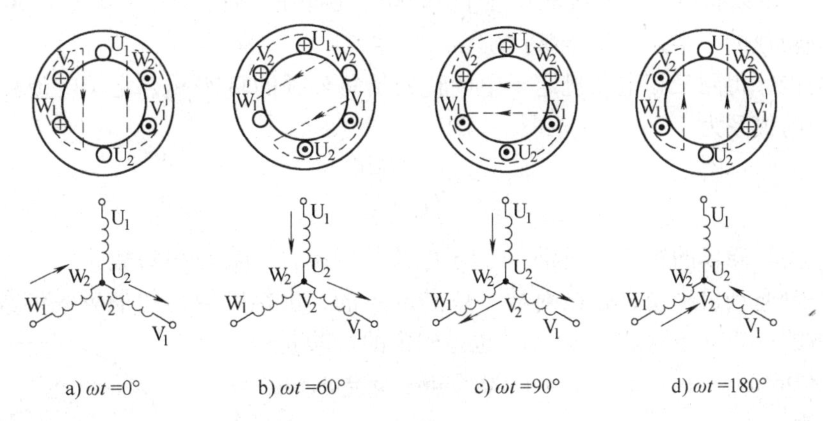

a) $\omega t=0°$ b) $\omega t=60°$ c) $\omega t=90°$ d) $\omega t=180°$

图 7-6 三相电流产生的旋转磁场

可见，对称三相电流 i_U、i_V、i_W 分别通入定子中对称三相绕组 U_1U_2、V_1V_2、W_1W_2 中所形成的合成磁场，是一个随时间变化的旋转磁场。

2. 旋转磁场的转向

旋转磁场的转向是由流入定于绕组的三相电流的相序决定的。当三相电流按 UVW 相序分别通入顺时针位置布置的三个绕组 U_1U_2、V_1V_2 和 W_1W_2，则磁场的旋转方向也是顺时针的。如果将定子绕组接至电源的三根导线中的任意两根对调，例如将 V、W 两根调换一下，就把 UVW 三相电流按逆时针的顺序通入 3 个绕组，此时磁场转动的方向也就改为逆时针方向。异步电动机转子的正转或反转就是利用这个原理来实现的。

3. 旋转磁场的转速

旋转磁场的转速称为同步转速，它是磁场相对于空间的转速，用 n_0 表示。

前面讨论的是磁场为一对磁极（$p=1$）的情况，当电流变化一个周期时，磁场在空间中转过一圈，当电流频率为 f，即电流每秒交变 f 次，则磁场每秒钟旋转 f 圈，每分钟旋转 $60f$ 圈，定义磁场转速的单位为转每分（r/min），磁场的转速就是 $n_0=60f$。

如果三相绕组的连接方法如图 7-7 所示，每相绕组有两个线圈串联，三相绕组首端在空间上依次相差 60°放置，当通入对称三相电流后，将产生两对（$p=2$）磁极的旋转磁场。

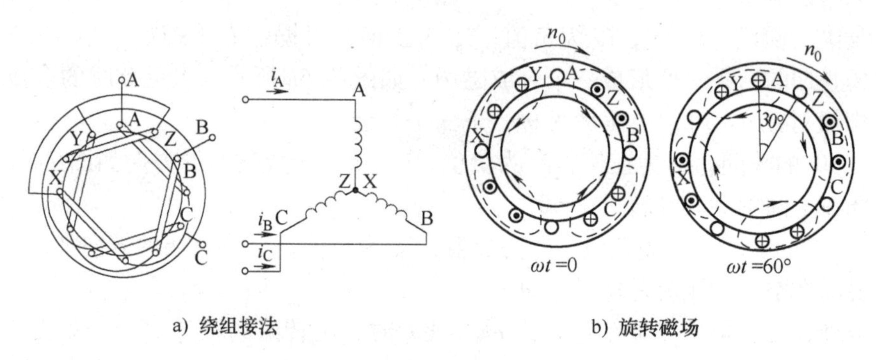

a）绕组接法　　b）旋转磁场

图 7-7　4 极旋转磁场

从图 7-7 可以看出，当电流从 0°变化到 60°，旋转磁场在空间上旋转了 30°，是一对极的旋转磁场转速的一半，即 $n_0=60f/2$。

依次类推，得到三相电动机定子中旋转磁场每分钟的转速 n_0、定子电流频率 f_1 及磁极对数 p 之间的关系为

$$n_0=\frac{60f_1}{p} \tag{7-2}$$

因此，旋转磁场的转速 n_0 取决于定子电流的频率 f_1 和磁场极对数 p。

对于一台电动机来说，磁极对数一般是确定的，由铭牌数据的最后一位数字给出磁极数，磁极数的一半即极对数，因此 n_0 也是确定的。若 $p=1$，则 $n_0=3000\text{r/min}$；$p=2$，$n_0=1500\text{r/min}$；$p=3$，$n_0=1000\text{r/min}$ 等。

4. 三相异步电动机的转动原理

图 7-8 是异步电动机的工作原理示意图。设定子中产生了一对磁极的顺时针旋转磁场。转子导体逆时针切割旋转磁场磁力线，产生感应电动势，用右手定则可以确定其方向，如图 7-8 所示。

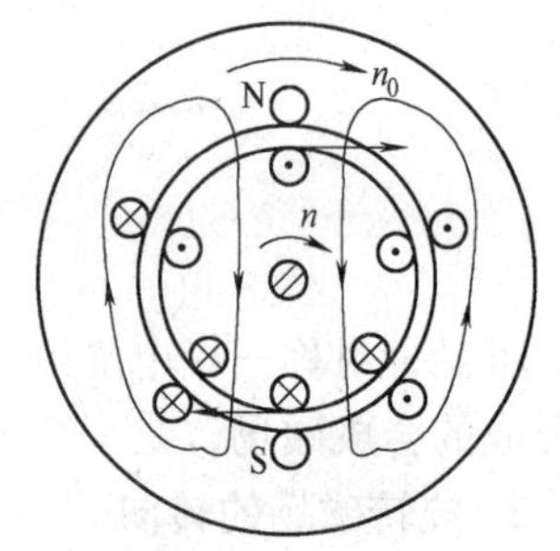

图 7-8　三相电动机的转动原理

当转子绕组为闭合回路时，感应电动势会产生转子感应

电流，流过电流的转子导体在磁场中要受到电磁力作用，力 F 的方向可用左手定则确定，如图 7-8 所示。电磁力作用于转子导体上，对转轴形成电磁转矩，使转子按照旋转磁场的方向旋转起来，转速为 n。当磁场的转动方向变化时，转子转动方向相应变化。

三相电动机的转子转速 n 始终不会加速到旋转磁场的转速 n_0。因为只有这样，转绕组与旋转磁场之间才会有相对运动而切割磁力线，转子绕组导体中才能产生感应电动势和电流，从而产生电磁转矩，使转子按照旋转磁场的方向继续旋转。因此 $n \neq n_0$，且 $n < n_0$，这是异步电动机工作的必要条件，“异步”的名称也由此而来。

旋转磁场的同步转速 n_0 与转子转速 n 之差与同步转速 n_0 之比称为异步电动机的转差率 s，即

$$s = \frac{n_0 - n}{n_0} \times 100\% \qquad (7\text{-}3)$$

转差率反映的是转子转速 n 和同步转速 n_0 相差的程度，是异步电动机的一个基本参数，对分析和计算异步电动机的运行状态及其机械特性有着重要的意义。s 的数值在 0 和 1 之间变化，在电动机起动瞬间，$n=0$，$s=1$，转差率最大；电动机额定转速时，与同步转速相近，所以一般情况下，额定运行时 $s=1\% \sim 9\%$。

当磁场转速不变时，转速和转差率的关系为

$$n = (1-s)n_0 \qquad (7\text{-}4)$$

【例 7-1】 一个磁极数为 2 的三相异步电动机，电源频率为 50Hz，转子额定转速为 2930r/min，求额定转差率。

解： 据磁极数和极对数的关系得此电机极对数 $p=1$，则电动机的同步转速是

$$n_0 = \frac{60f}{p} = \frac{60 \times 50}{1}\text{r/min} = 3000\text{r/min}$$

得额定转差率为

$$s_N = \frac{n_0 - n}{n_0} \times 100\% = \frac{3000 - 2930}{3000} \times 100\% = 2.33\%$$

5. 三相异步电动机的电路分析

三相异步电动机的各相电路与变压器电路相似，如图 7-9 所示。

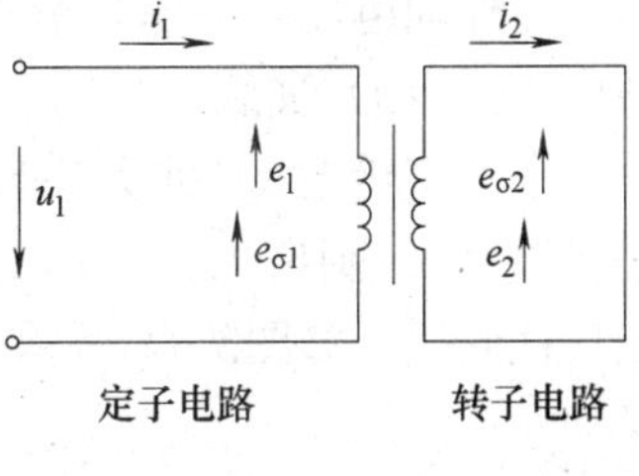

图 7-9 三相异步电动机的每相电路图

列出定子的电路方程，用相量表示为

$$\begin{aligned}\dot{U}_1 &= R_1\dot{I}_1 + (-\dot{E}_{\sigma 1}) + (-\dot{E}_1) \\ &= R_1\dot{I}_1 + \mathrm{j}X_1\dot{I}_1 + (-\dot{E}_1)\end{aligned} \qquad (7\text{-}5)$$

式中，R_1 是定子每相绕组；X_1 是定子每相感抗（漏磁感抗）。

同理得

$$\dot{U}_1 \approx -\dot{E}_1 \qquad (7\text{-}6)$$

$$E_1 = 4.44 f_1 N_1 \Phi_m \approx U_1 \qquad (7\text{-}7)$$

式中，f_1 是 E_1 的频率；Φ_m 是每相绕组上的磁通最大值。

同样，转子的电路方程为

$$\dot{E}_2 = R_2\dot{I}_2 + (-\dot{E}_{\sigma 2}) = R_2\dot{I}_2 + \mathrm{j}X_2\dot{I}_2 \qquad (7\text{-}8)$$

式中，R_2 是转子每相绕组电阻；X_2 是转子每相感抗（漏磁感抗）。

值得注意的是，由于转子与旋转磁场的相对转速为（n_0-n），则转子频率为

$$f_2=\frac{p(n_0-n)}{60}=\frac{n_0-n}{n_0}\times\frac{pn_0}{60}=sf_1 \tag{7-9}$$

可见，转子频率是与转差率相关的，那么和转子频率相关的所有物理量如转子电动势、转子电流、转子感抗等都是与转差率相关的量，即都是转速的函数。

7.1.3　三相异步电动机的转矩和机械特性

通过前面的分析得知，电动机的电磁转矩 T 是由旋转磁场与转子电流 I_2 互相作用而产生的，因此它的大小与转子电流的大小、合成磁场的强弱有直接的关系，另外还受到转子功率因素的影响。通过数学分析，得到异步电动机转子上的电磁转矩

$$T=K_T\Phi I_2\cos\varphi_2 \tag{7-10}$$

式中，T 为电动机的电磁转矩；K_T 为转矩常数，它取决于电动机的结构，如电动机极数、导条数等；Φ 为合成磁场的每极磁通；I_2 为转子中每相绕组中的电流；$\cos\varphi_2$ 为转子中每相绕组的功率因数。

可以看出，转子电流 I_2 越大，合成磁场 Φ 越强，转子功率因数 $\cos\varphi_2$ 越大，电动机的电磁转矩 T 越大。虽然从物理本质上说明了与电磁转矩有关联的几个因素，但在实际使用这个式子分析问题时并不实用，因为式中的 I_2、Φ 和 $\cos\varphi_2$ 等都是不便观测的。为此，根据定子电路和转子电路之间的相互关系，进一步推导得出式（7-11）。

$$T=\frac{K}{f_1}\frac{sR_2U_1^2}{R_2^2+(sX_{20})^2} \tag{7-11}$$

式中，T 为异步电动机的电磁转矩；U_1 为定子绕组相电压有效值；f_1 为定子电源频率；s 为电动机的转差率；R_2 为转子绕组的每相电阻；X_{20} 为转子不动时每相感抗；K 为与电机结构有关的常数。

当外加电压和电源频率不变时，式（7-11）中只有转差率 s 是变量，其余部分为常数，画出 $T=f(s)$ 曲线，如图 7-10 所示。

常常将转矩特性曲线旋转 90°，利用转速和转差率的关系 $n=(1-s)n_0$，将转速 n 替代转差率 s，画出 $n=f(T)$ 曲线，研究转速和转矩的关系曲线，这个曲线叫做电动机的机械特性曲线，如图 7-11 所示。在机械特性曲线上要讨论 3 个特殊转矩。

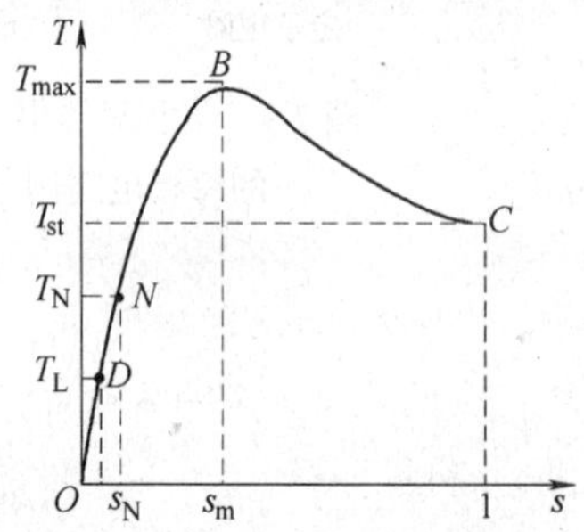

图 7-10　转矩特性曲线

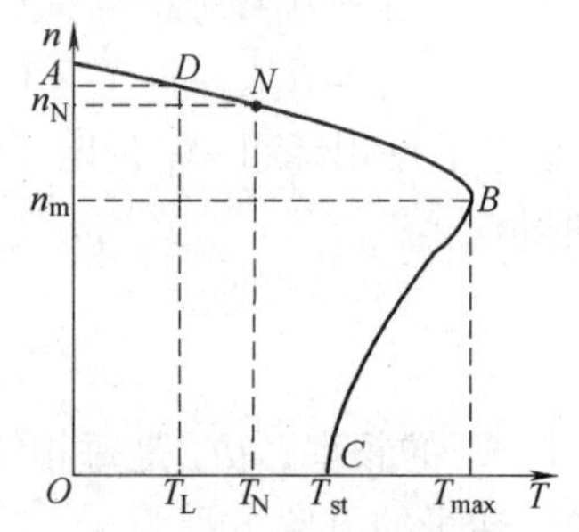

图 7-11　机械特性曲线

1. 额定转矩 T_N

当电动机的负载为额定负载时，轴上输出额定转矩 T_N。此时，电动机对物体做的功为

$$P_2 = T_N \Omega \tag{7-12}$$

其中 Ω 为角速度，与转速的关系是 $\Omega = \frac{2\pi n}{60}$，得

$$T_N = 9.55 \frac{P_2}{n} \tag{7-13}$$

常常定义额定输出功率的单位为千瓦，所以式（7-13）常表示为

$$T_N = 9550 \frac{P_2}{n} \tag{7-14}$$

2. 起动转矩 T_{st}

电动机在接通电源瞬间，转子转速 $n=0$，$s=1$ 对应的转矩称为起动转矩 T_{st}，当起动转矩大于负载转矩时，电动机才能起动。

$$T_{st} = \frac{K}{f_1} \frac{R_2 U_1^2}{R_2^2 + X_{20}^2} \tag{7-15}$$

可见，T_{st}与定子绕组电压 U_1^2 和转子绕组电阻 R_2 有关。

常常定义起动能力为起动转矩 T_{st}与额定转矩 T_N 的比值 λ_s

$$\lambda_s = \frac{T_{st}}{T_N} \tag{7-16}$$

一般三相异步电动机的起动能力 λ_s 约为 1 ~ 2.2。

3. 最大转矩 T_{max}

从转矩特性曲线可以看出，当 s 较小时，转矩 T 随 s 的增大而增大；当 s 较大时，转矩 T 随 s 的增大而减小。所以 T 有一个最大值，用$\frac{dT}{ds}=0$ 求最大值，得

$$T_{max} = \frac{KU_1^2}{f_1} \frac{1}{2X_{20}} \tag{7-17}$$

最大转矩 T_{max}也叫临界转矩，可以看出最大转矩 T_{max}的大小与转子电路电阻 R_2 无关，与 U_1^2 成为正比。对应最大转矩的转差率为

$$s_m = \frac{R_2}{X_{20}} \tag{7-18}$$

而 s_m 与转子电路电阻 R_2 有关，与电压 U_1^2 无关。

当负载转矩超过最大转矩时，电动机就带不动负载了，发生所谓闷车现象。闷车后，电动机的电流马上升高六七倍，电动机严重过热，以致烧坏。但如果过载时间短，电动机不至于立即过热烧毁，因此，最大转矩可以表示电动机的短时容许过载能力。常常定义过载系数 λ，即

$$\lambda = \frac{T_{max}}{T_N} \tag{7-19}$$

一般三相异步电动机的过载系数为 1.8 ~ 2.2。在选用电动机时，必须考虑可能出现的

最大负载转矩，而后根据所选电动机的过载系数算出电动机的最大转矩，它必须大于最大负载转矩。否则，就要重选电动机。

【例 7-2】 一笼型异步电动机，其额定功率为 40kW，额定转速为 1450r/min，过载系数 2.4，求额定转矩和最大转矩。

解： 额定转矩为

$$T_{\mathrm{N}}=9550\frac{P_{\mathrm{N}}}{n_{\mathrm{N}}}=\left(9550\times\frac{40}{1450}\right)\mathrm{N\cdot m}=263.4\mathrm{N\cdot m}$$

据过载系数定义式得最大转矩为

$$T_{\max}=\lambda T_{\mathrm{N}}=(2.4\times263.4)\mathrm{N\cdot m}=632.2\mathrm{N\cdot m}$$

7.1.4　三相异步电动机的选择和使用

合理地选择三相异步电动机是安全使用它的保障，选择电动机要考虑以下问题。

1. 种类和型式的选择

一般应用场合应尽可能选用笼型电动机。只有在需要调速、不能采用笼型电动机的场合才选用绕线转子电动机。对于型式来说，应根据工作环境的条件选择不同的结构型式，如开启式、防护式、封闭式电动机。

2. 功率的选择

功率选得过大不经济，功率选得过小电动机容易因过载而损坏。对于连续运行的电动机，所选功率应等于或略大于生产机械的功率。对于短时工作的电动机，允许在运行中有短暂的过载，故所选功率可等于或略小于生产机械的功率。

3. 电压和转速的选择

电压的选择要根据电动机的类型、功率以及使用地点的电源电压来决定。Y 系列笼型电动机的额定电压只有 380V 一个等级。大功率电动机才采用 3000V 和 6000V。

电动机的额定转速是根据生产机械的要求而选定的。但是，通常转速不低于 500r/min。因为当功率一定时，电动机的转速愈低，其尺寸愈大，价格愈贵，而且效率也较低。因此就不如购买一台高速电动机，再另配减速器更加经济。

在对三相异步电动机使用过程中，为了更加灵活有效的使用选定的电动机，要对电动机的起动方法、调速方法和制动方法有所了解。

（1）起动

当三相异步电动机接入三相电源，电动机由静止状态加速到稳定运行，这个过程称为起动过程，简称起动。

在刚起动瞬间，转子转速 $n=0$，接入三相电源的定子绕组产生的旋转磁场以同步转速 n_0 切割转子导体，在其中产生很大的感应电动势和电流，从而使定子电流也很大，一般是额定电流的 4～7 倍。由于起动时间短，这样大的起动电流还不至于引起电动机过热，但若频繁起动，不仅使电动机温度升高，还会由于电磁力的频繁冲击，影响电动机寿命。同时过大的起动电流会引起电网电压下降，影响到接在同一电网的其他用电设备的正常运行。而且起动时，起动转矩并不大，只是额定转矩的 1～2.2 倍。

因此研究三相异步电动机起动的目的，就是要减小起动电流，增大起动转矩，改变其起动性能，力求起动设备简单经济，操作方便。

对于笼型电动机常用的起动方法有直接起动、星形—三角形换接减压起动和自耦变压器减压起动。对于绕线转子电动机常用的起动方法有转子电路串联电阻起动和转子电路串联频敏变阻器起动。表7-1给出了一台三相笼型异步电动机在不同起动方法下，产生相应的起动电流、起动转矩数据的比较。可以看出，笼型异步电动机直接起动的起动转矩大，但起动电流也大，常用于电网足够大的场合，当电网不够大就需要限制起动电流。3种减压起动方法中，定子串电抗器减压时，起动转矩比起动电流下降更多，故此方法仅能用于空载及很轻的负载，星形—三角形换接减压起动方式也只能用于空载或轻载情况，但其具有设备简单的优点，自耦变压器减压起动方式设备较贵，但其能灵活地选择不同的降压倍数。各种方法各有优缺，要根据工程应用具体选择。

表7-1　不同起动方法及其起动电流、起动转矩的比较

起动方法	起动电流倍数	起动转矩倍数	起动方法	起动电流倍数	起动转矩倍数
慢压直接起动	6.93	2.05	星形—三角形换接减压起动	2.31	0.68
电抗器减压起动	4.00	0.68	自耦变压器减压起动	2.84	0.84

（2）调速

在同一负载下，用人为的方法调节电动机的转速，称为调速。调速主要是满足某些生产需要，比如切削机床刀具转速要随着工件的材料、加工工艺等情况的变化而变化。

根据转速表达式为

$$n=(1-s)n_0=(1-s)\frac{60f_1}{p} \tag{7-20}$$

可知改变电源频率f_1、磁极对数p和转差率s都可以调节电动机的速度。对于笼型电动机的调速方法有变频调速、变极调速和变转差率调速。对于绕线转子电动机，在电动机的转子电路中串入调速电阻，改变临界转差率s_m，在负载转矩不变时，随着调速电阻增大，转差率增大，转速下降。

变频调速以其调速范围宽、平滑的无级调速、机械特性硬和能适应不同负载要求，是笼型异步电动机最好的调速方法。

（3）制动

电动机的制动是指在电动机的转子加上一个与转动方向相反的电磁转矩，称为制动转矩，使电动机迅速、准确停转。电动机的制动可由机械的或电气的方法实现，这里只介绍电气制动方法。常用的制动方法有反接制动、能耗制动和发电反馈制动。

为了保障电动机正常、安全运行，提高电动机的寿命，还要对其进行监视、维护和定期检查维修。主要有以下项目：

1）及时清除电动机机座外部的灰尘和油泥。

2）经常检查接线板螺钉是否松动或烧伤。

3）定期测量电动机的绝缘电阻。

4）定期用煤油清洗轴承，并更换新润滑油。

5）定期检查起动设备，检查触头和接线有无烧伤、氧化、接触是否良好等。

6）绝缘情况检查。

练习与思考

7.1.1　什么是电动机的效率，试分析三相异步电动机铭牌上额定功率与电动机输入电功率之间的关系。

7.1.2　试分析三相异步电动机的损耗。

7.1.3　三相异步电动机在运行时，如果电源电压波动（如突然降低），试分析对异步电动机的运行带来的影响。

7.2　单相异步电动机

由于单相异步电动机的电源是单相交流电源，在家庭中使用十分方便，所以单相异步电动机被广泛用于各种日用电器中，如电风扇、洗衣机、电冰箱等。不同日用电器中的单相异步电动机在类型、结构上虽有差别，但其基本结构和工作原理是相同或相似的。

7.2.1　单相异步电动机的工作原理

单相异步电动机的构造与三相笼型异步电动机很相似，转子多为笼型，仍为多相绕组，但定子绕组是单相绕组。同理，要使转子转动起来，单相异步电动机也必须首先建立一个旋转磁场，才能驱动笼型转子旋转。

图 7-12 所示，当定子单相绕组中通过单相交流电流时，在空间形成一个交变的磁场，该磁场的轴线在空间是固定不旋转的，但磁场磁通的大小随时间作正弦变化，即

$$\Phi = \Phi_{\mathrm{m}} \sin\omega t$$

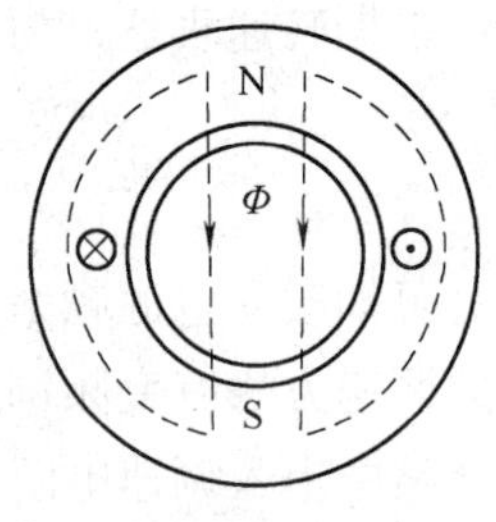

图 7-12　单相电流产生的磁场

如图 7-13 所示，可以将这个磁场分解为两个幅值相同、转速相等、旋转方向相反的旋转磁场。当磁场交变一个周期时，对应的两个旋转磁场分量刚好各转一圈。所以，同样对于极对数 p 的磁场，两个旋转磁场的同步转速为

$$n_0 = \frac{60f_1}{p} \tag{7-21}$$

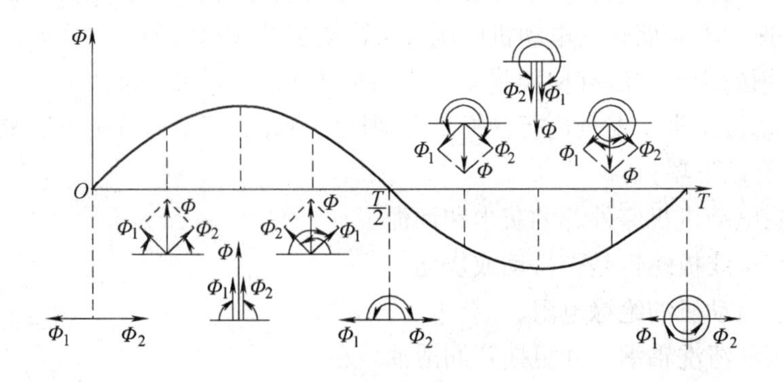

图 7-13　单相绕组的定子磁场

与转子转动方向一致的旋转磁场称为正向旋转磁场，反之，另一个称为反向旋转磁场。与普通三相异步电动机一样，正向和反向旋转磁场均切割转子导体，并分别在转子导体中感应电动势和电流，且大小相等、方向相反，因此产生的转矩也是大小相等、方向相反，从而相互抵消，也就是说起动转矩为零。这是单相异步电动机的特点，也是它的缺点。

但是，如果将电动机的转子推动一下，那么电动机就会继续转动下去。就正向旋转磁场而言，转差率为

$$s_{+}=\frac{n_0-n}{n_0} \tag{7-22}$$

而反向旋转磁场的转差率为

$$s_{-}=\frac{n_0-(-n)}{n_0}=\frac{2n_0-(n_0-n)}{n_0}=2-s_{+} \tag{7-23}$$

既然单相磁场可以分解为方向相反的两个旋转磁场，那么磁场对笼型转子的作用而产生的电磁转矩也就是两个旋转磁场分别对笼型转子作用所产生的电磁转矩的叠加。根据三相异步电动机的工作原理可知，旋转磁场对转子作用所产生的电磁转矩的方向与旋转磁场转向一致，大小与转差率有关。因此，正向磁场和反向磁场分别作用于转子所产生的电转矩，方向相反，但大小不同。根据三相电动机中推导的 $T=f(s)$ 关系式分别可以画出两个旋转磁场对转子的转矩特性曲线，并加以合成，得到单相异步电动机的 $T=f(s)$ 曲线，即转矩特性，如图 7-14 所示。

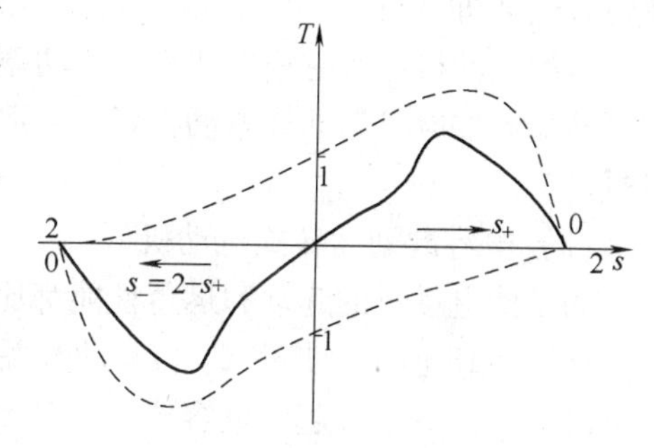

图 7-14　单相异步电动机的转矩特性曲线

由图 7-14 可知，单相异步电动机有以下几个主要特点：

1）单相异步电动机没有起动转矩 T，不能自己起动。要起动必须采用其他措施。

2）合成转矩曲线对称于 $s_{+}=s_{-}=1$ 点，因此，单相异步电动机没有固定的转向，运行时的转向取决于起动时的转向。

3）由于反向转矩的制动作用，使电动机合成转矩减小，最大转矩随之减小，且电动机输出功率也减小，同时反向磁场在转子绕组中感应电流，增加了转子铜耗。所以单相异步电动机的效率、过载能力等各种性能指标都较差。

7.2.2　常用单相异步电动机

单相异步电动机产生起动转矩的关键是在起动时设法建立一个旋转磁场，比如分相式单相异步电动机，电动机定子铁心上嵌放了主绕组（运行绕组或工作绕组）和辅助绕组（起动绕组），且两绕组在空间互差 90°，如图 7-15 所示。为使两绕组在接同一单相电源时能产生相位不同的两相电流，往往在起动绕组中串入电容、电阻或电感（也可以利用两绕组自身阻抗的不同）进行分相。

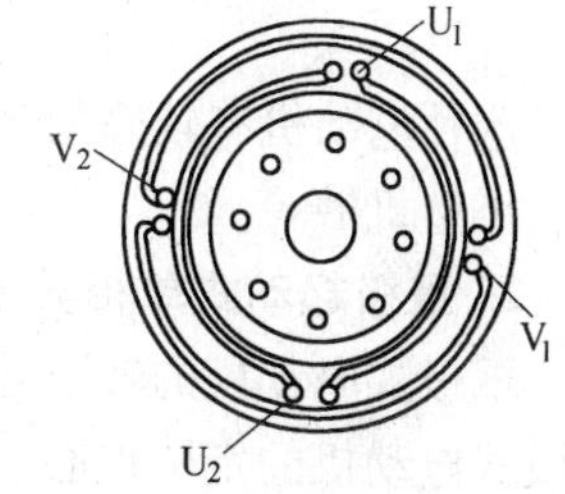

图 7-15　分相式异步电动机

下面根据起动方法介绍两类常用的单相异步电动机。

1. 分相起动式单相异步电动机

用电容来获得旋转磁场的单相异步电动机，称为电容分相式异步电动机。根据电容在电路中的连接方式及运行方式的不同，可以将电容分相式异步电动机分成 3 种类型。

（1）电容起动式电动机

图 7-16 为单相电容起动式电动机的原理图。电动机的起动绕组中串联了一个电容器，选择合适的电容量，可使工作绕组与起动绕组的电流相位差接近 90°，产生近似于圆形的旋转磁场。

单相电容起动异步电动机的二次绕组和电容只允许短时间运行。当转速达到 75% ~80% 的额定转速时，由起动（离心）开关 S 将二次绕组切断电源。由主绕组单独运行。适用于具有较高转矩的小型空气压缩机、电冰箱、磨粉机、水泵及满载起动机械。

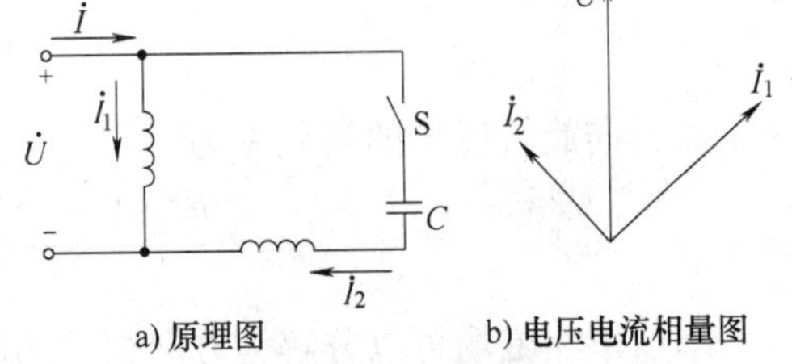

图 7-16　单相式电容起动式电动机的原理图

（2）电容运转式电动机

图 7-17 为单相电容运转式电动机的原理图。与电容起动式电动机相比较，其起动绕组中不串起动开关 S，因此起动绕组和起动电容器在电动机起动后也参与运行，因此称为电容运转式电动机。

这种电动机运行时输出功率大、功率因数高、过载能力强、噪声低、振动小。其缺点是起动性能不如电容起动式电动机好。它适用于电风扇、通风机、录音机各种空载和轻载起动机械。

（3）电容起动运转式电动机

为了使电动机的起动和运行性能都比较好，可以在起动绕组中串联两个相互并联的电容器，如图 7-18 所示。其中 C_1 与起动开关 S 串联。电动机起动时，两个电容器都参与工作；起动结束，由 S 断开起动电容器，只有 C_2 参与运行，这样电动机的起动与运行性能都能得到保障。

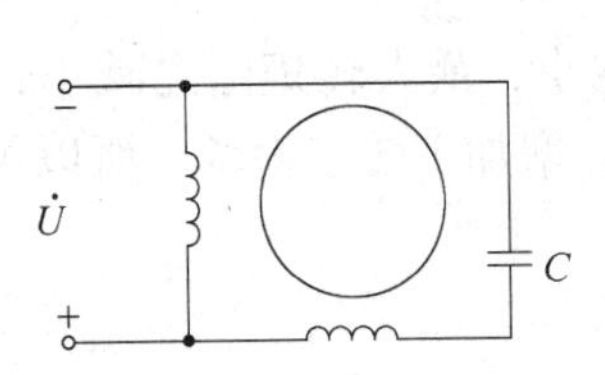

图 7-17　单电容运转式电动机的原理图

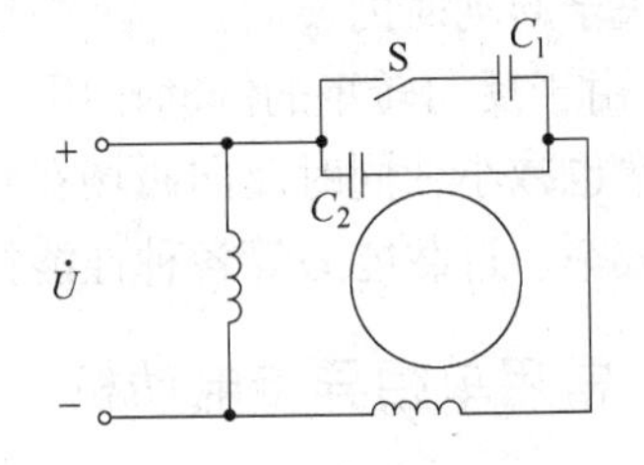

图 7-18　电容起动运转式电动机

这种电动机有较好的起动性能，过载能力大，功率因数高，效率高，适用于家用电器、泵、小型机械等。

2. 罩极起动式单相异步电动机

罩极式电动机的转子是笼型的，定子有凸极式和隐极式两种。由于凸极式简单些，所以罩极式电动机的定子铁心一般做成凸极式的，如图 7-19 所示。

凸极式磁极上绕有励磁绕组。在磁极的 1/3 处开有一小槽，将磁极分为大小两部分；较小部分套上一个短路铜环，称为被罩部分（也叫罩极线圈）；较大部分未套铜环，称为未罩部分。

当定子励磁绕组接到单相交流电源上，电流产生的一部分磁通 Φ_1 穿过未罩部分的磁极，另一部分磁通 Φ_2 穿过被短路铜环罩过的磁极，在短路环中产生感应电动势和感应电流，这个感应电流产生的磁动势要阻碍被罩部分磁极中磁通 Φ_2 的变化，产生新的合成磁场 Φ_3，Φ_1 和 Φ_3 在空间位置和时间上都有一定的相位差。因此最终的合成磁场将是一个沿一定方向推移的磁场，推移方向是从未罩部分移动到被罩部分，从而在磁极极面产生一个近似的旋转磁场，可以使转子获得电磁转矩转动起来。

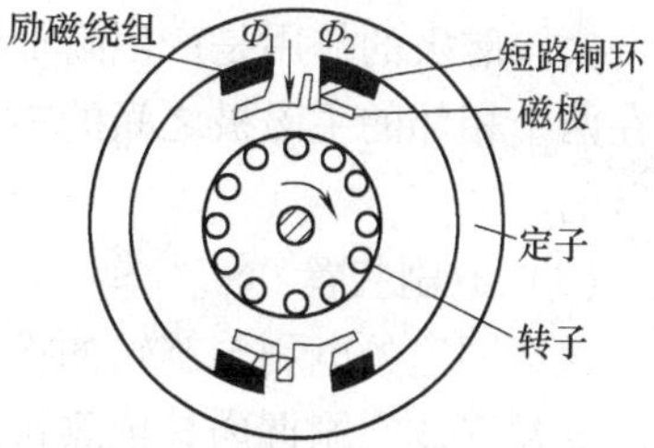

图 7-19 单相罩极式异步电动机机构图

罩极式异步电动机结构简单，价格低廉，但起动转矩小且不能改变转向，多用于电唱机、小型电风扇和鼓风机中。

练习与思考

7.2.1 如何使电容式单相异步电动机反转？

7.2.2 单相罩极式异步电动机是否可以调换定子励磁绕组的两个接线端使电动机反转？

7.3 直流电动机

三相异步电动机的调速比较困难，如果需要大范围调速的生产机械，常常选用直流电动机来驱动。因此研究直流电机的特性和使用，是很必要的。

7.3.1 直流电动机的基本结构和工作原理

直流电动机由 3 部分组成：定子（磁极、换向极、机座）、转子（电枢、换向器）及定转子之间的空气隙，如图 7-20 所示。

1. 定子

定子的作用是用来产生磁场和做电动机的机械支撑。它由以下几个主要部分组成。

（1）主磁极

主磁极是用来建立主磁场的，由主磁极铁心和在铁心上的励磁绕组构成。铁心由 1 ~1.5mm 厚的钢板冲片叠压而成。绕好的励磁绕组套在铁心外面，整个磁极用螺钉固定在机座上。当主磁极上的励磁绕组通过直流电时，铁心就成为一个固定极性的磁极。磁极可以是一对、两对和更多对。相邻磁极极性呈 N 极、S 极交替排列。励磁绕组用绝缘铜线或铝线在模具上绕制成型后套在铁心上，绕组与铁心之间垫有绝缘装置。

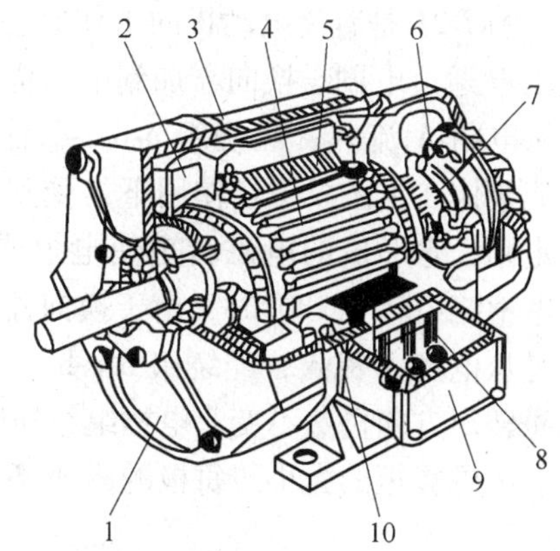

图 7-20 直流电动机的结构和主要部件

1—端盖 2—风扇 3—机座 4—电枢 5—主磁极 6—刷架 7—换向器 8—接线板 9—出线盒 10—换向磁极

（2）换向磁极

换向磁极的作用是产生附加的换向磁场，也是由铁心和励磁绕组构成的，体积较小，安装在两个相邻的主磁极之间的中心线上，用于改善换向性能。它的励磁绕组是和电枢的绕组串联的。

（3）电刷装置

通过固定的电刷与旋转的换向器之间的滑动接触，使旋转的电枢绕组与静止的外电路连接。通常安放在刷握内，依靠机械弹力紧压在换向器上。

（4）机座

机座用来固定主磁极、换向磁极和端盖等部件。机座也是磁路的一部分，又称为磁轭，由导磁性能良好、机械强度高的厚钢板制成。

2. 转子

转子的作用时实现机电能力转换，有以下几个主要部分组成。

（1）电枢铁心

电枢铁心的作用是传导磁通，是主磁路的一部分，还用来嵌放电枢绕组。为了减小涡流损耗，通常采用0.35～0.5mm厚的相互绝缘的硅钢片叠压而成，固定在转子支架或转轴上。为了有利于电动机散热，铁心上开有轴向通风孔，较大容量的电动机还有径向通风道。

（2）电枢绕组

电枢绕组由许多按一定规律连接的线圈组成，是直流电动机的主要电路部分，它是通过感应电流感应电动势，产生电磁转矩，实现机电能量转换的关键部件。电枢绕组通常用铜线在模具上绕制成型后，再放置在电枢铁心外圆均匀分布的槽中。绕组的端接头按规律分别焊接在相应的换向片上，使绕组本身两成一个闭合回路。

（3）换向器

换向器安装在电枢的一端，由多个楔形铜片组成，铜片之间用云母绝缘，外表呈圆柱体，上下各压着一个电刷。换向器的作用是通过与电刷的配合以实现电枢绕组内部的交流电与电刷端的直流电之间的转换。

图7-21是直流电动机的工作原理示意图。当直流电压 U 通过电刷、换向器加到电枢绕组上，就有电流 I_a 从电刷A流入，经绕组a-b-c-d后从电刷B流出，载流导体在主磁极磁场作用下，受到电磁力，根据左手定则，它形成的电磁转矩使电枢逆时针方向旋转。当电枢绕组转了180°时，由于换向器的作用，电流 I_a 还是从电刷A流入，经绕组d-c-b-a，从电刷B流出，电磁转矩方向仍然不变，电枢继续逆时针旋转。

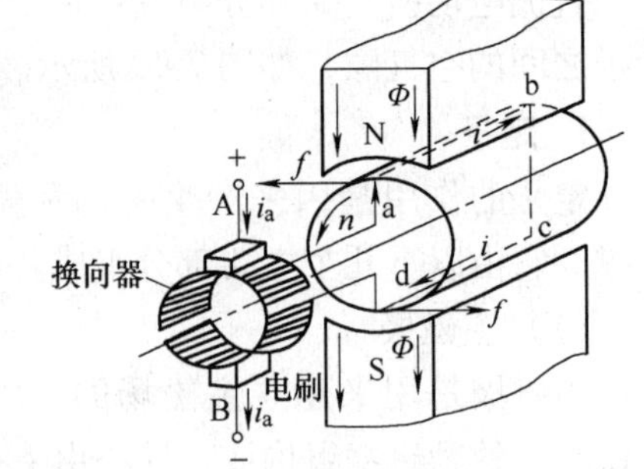

图7-21　直流电动机的工作原理示意图

电磁转矩的大小与每极的磁通 Φ 及电枢电流 i_a 成正比，即

$$T = K_T \Phi I_a \tag{7-24}$$

式中，K_T 是与电动机结构有关的常数。

电枢在电磁转矩的作用下就旋转起来。电枢一经转动，由于换向器的作用，直流电流交替地由线圈边ab、dc流入，使线圈只要在N极下，其中通过的电流方向总是为由电刷A流入的方向；而在S极下，总是为从电刷B流出的方向。这就保证了每个磁极下线圈边中的电流始终是一个方向，这就是电动机能连续旋转的原因。

电枢旋转时，电枢绕组切割磁场要产生感应电动势，根据右手定则，可知其方向与电枢电流 I_a 方向相反，称为反电动势。电枢绕组的反电动势 E 的大小与每极的磁通 Φ 与电枢转速 n 成正比，即

$$E = K_E \Phi n \tag{7-25}$$

式中，K_E 是一个与电动机结构有关的常数。

7.3.2 直流电动机的机械特性

直流电动机按励磁绕组与电枢绕组连接方式的不同分为4类：他励直流电动机、并励直流电动机、串励直流电动机和复励直流电动机，如图7-22所示。

他励直流电动机的电枢电源与励磁电源是两个独立的直流电源。并励电动机的励磁绕组与电枢回路并联，由一个直流电源供电。串励电动机的励磁绕组与电枢回路串联，由一个直流电源供电。复励电动机有两个励磁绕组，其中一个与电枢回路串联，另一个与之并联。

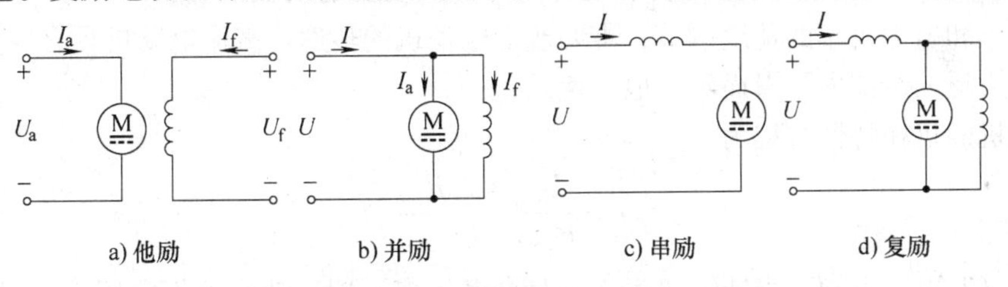

图7-22 直流电动机的分类

串励电动机和复励电动机的串联励磁绕组中流过的是较大的电枢电流，所以绕组的匝数少，导线粗，电阻小，这些是与他励电动机、并励电动机的励磁绕组有显著区别的。

不同的励磁方式有不同的力学性能，以下介绍他励电动机的机械特性。

他励直流电动机如图7-22a所示。在励磁电路中，励磁电流为

$$I_f = \frac{U_f}{R_f} \tag{7-26}$$

式中，R_f 是励磁绕组的电阻。

在电枢电路中，电枢电流为

$$I_a = \frac{U_a - E}{R_a} \tag{7-27}$$

式中，R_a 是电枢绕组的电阻。

又根据转矩表达式和电枢绕组感应电动势 E 的表达式得到电动机转速与转矩的关系为

$$\begin{aligned} n &= \frac{E}{K_E \Phi} = \frac{U_a - R_a I_a}{K_E \Phi} \\ &= \frac{U_a}{K_E \Phi} - \frac{R_a}{K_E K_T \Phi^2} T \\ &= n_0 - \Delta n \end{aligned} \tag{7-28}$$

式中，n_0 是理想空载转速，是 $T=0$ 时的转速，$n_0 = \dfrac{U_a}{K_E \Phi}$，实际上是不存在的；$\Delta n$ 是电动机

工作时的转速降，它表示负载增加时，电动机的转速会下降，$\Delta n=\dfrac{R_a}{K_E K_T \Phi^2}T$。

将式（7-28）绘制 $n=f(T)$ 曲线，如图 7-23 所示，此曲线就是他励直流电动机的机械特性曲线。

用同样的方法分析并励直流电动机，得到的机械特性和他励直流电动机是相同的。可以看出在负载变化时，转速的变化并不大，因此他励和并励电动机具有较硬的机械特性。

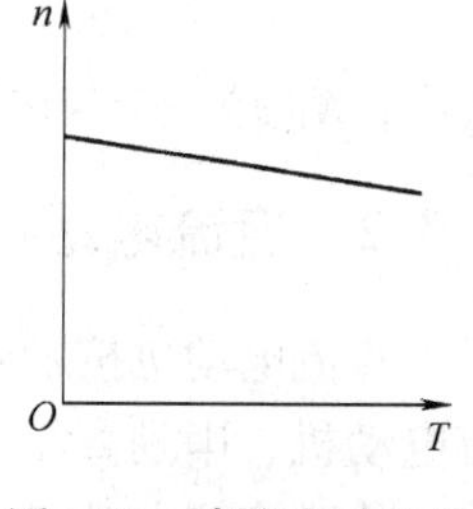

图 7-23　直流电动机的机械特性

7.3.3　直流电动机的使用

前面提到直流电动机有很好的调速性能，因此，本节重点介绍直流电动机的调速，对于反转、起动和制动做一简单介绍。

1. 调速

调速就是指电动机在机械负载不变的情况下，改变电动机的转速。如电车和电力机车的速度调节，需要改变电动机的转速。直流电动机具有良好的调速性能，能在广泛的范围内平滑而经济地调速。

电动机的机械特性方程为

$$n=\frac{U_a}{K_E\Phi}-\frac{R_a}{K_E K_T \Phi^2}T \tag{7-29}$$

由式（7-29）可知，当转矩 T 不变（即负载不变）时，改变电枢电压 U_a、主磁通 Φ 和电枢回路电阻 R_a，电动机的转速就可以得到调节。

（1）改变电枢回路电阻 R_a

对已经出厂的电动机，它的电枢电阻 R_a 是一定的，通常在电枢回路中串联一个可变电阻 R 来调速。根据他励和并励机械特性曲线可知，当负载一定时，在电枢回路串联不同的附加电阻 R 能使转速下降，但此法的转速调低是离散的，是分档降低的，是有级调速；若采取滑动变阻器，则可做到无级调速。

这种调速方法具有更软的机械特性曲线（即转速只能调低），调速范围小，调速电阻耗能大等缺点，但它设备简单，操作方便，多用于负载对转速稳定性要求不高的设备中，如起重机、电车等。

（2）改变电枢电压 U_a

从电动机的机械特性方程可知，提高或降低电枢的端电压，也可相应地提高或降低直流电动机的转速。采用这种方式调速时，应注意保持励磁电流不变，只改变电枢电压，因此需要可变电压的直流电源。近几年来，晶闸管整流技术作为可调电压的电流电源已经普遍使用，采用这种方法调速比较方便。

改变电枢电压调速具有机械特性硬、调速范围大、平滑无级调速等优点，适合于恒转矩调速。

（3）改变主磁通 Φ

这种调速方法是在保证电枢电压 U_a 不变条件下，通过调节励磁电流，改变磁通 Φ 进行调速。为避免磁路饱和，磁通 Φ 不能增大，只能减小。改变磁通调速，又称弱磁调速。通常在励磁电路串联调磁电阻，随着电阻增大，励磁电流减小，使得磁通 Φ 减小。因此又叫变励磁回路电阻调速。

改变磁通调速具有平滑的无级调速、能量消耗少、控制方便、简单经济等优点，但机械特性的硬度有所降低，调速范围不大，通常在调速性能要求较高的机械设备上，多采用改变电枢电压调速法和改变励磁回路电阻调速法相配合的方法。

2. 反转

在实际生产中，常常要求直流电动机既能正转又能反转，如刨床工作台的往复运动等。由直流电动机的旋转原理可知，改变直流电动机的方向，只要改变电磁转矩的方向即可。直流电动机的电磁转矩是由主磁通和电枢电流相互作用而产生的，改变其中一个的方向，就可以改变电磁转矩的方向。所以要使直流电动机反转的方法有两种：一是改变励磁电流方向以改变磁通方向；二是改变电枢电流方向。

由于励磁绕组匝数很多，电感比较大，励磁电流方向改变时，会在绕组中产生很大的自感电动势，在开关处产生火花，损坏开关。因此，一般都采用改变电枢电流方向的办法来改变电动机的旋转方向。

3. 起动

如果把直流电动机直接接到电源上起动，因为 $n=0$，$E=0$，电枢电阻 R_a 很小，此时的电枢电流很大，达到 10 ~ 20 倍额定电流，会损坏换向器、电枢绕组以及机械传动部件，所以直流电动机一般不允许在额定电压下直接起动。通常把起动电流限制在额定电流的 1.5 ~ 2 倍。其起动方法有两个：一是电枢电路串联起动电阻 R_{st} 进行起动，当转速升高后切断起动电阻，此方法所需设备少，广泛用于各种直流电动机中；二是降低电枢电压起动，需要有专用的直流电源，这种方法仅适用于他励电动机，以使起动时电动机的励磁电流不受端电压变化的影响，保证足够起动转矩，此方法起动电流小，起动过程能量耗损少，还可实现正反转，但机组投资大，只适用于经常起动或调速的大容量直流电动机。

4. 制动

直流电动机的制动和异步电动机的制动相似，采用能耗制动或反接制动。

练习与思考

7.3.1 直流电动机的换向器的作用是什么？

7.3.2 如何改变串励直流电动机的转向？

7.3.3 试说明直流电动机在改变电源电压、励磁磁通和电枢回路电阻值来调速的物理过程。

7.4 控制电机

7.4.1 步进电动机

步进电动机是将电脉冲信号转变为角位移或线位移的开环控制元件。在非超载的情况下，电动机的转速、停止的位置只取决于脉冲信号的频率和脉冲数，而不受负载变化的影响，即给电动机加一个脉冲信号，电动机则转过一个步距角。这一线性关系的存在，加上步进电动机只有周期性的误差而无累积误差等特点。使得在速度、位置等控制领域用步进电动机来控制变得非常简单。

步进电动机按照其结构和工作原理可分为机电式和磁电式两种。机电式步进电动机靠机械装置控制工作位置，工作可靠，在低速时能产生很大的力矩，但用得不多。磁电式结构简单，可靠性高，价格低廉，应用广泛。它又分为永磁式、反应式和感应子式。永磁式步进电动机的优点是消耗功率较小，步矩角较大，缺点是起动频率和运行频率较低。反应式步进电动机结构形式较多。定子铁心有单段式、多段式；磁路有径向、轴向；绕组数有三相、四相、五相。反应式步进电动机步距角可做到1°~15°，甚至更小，精度容易保证，起动与运行频率较高，但功耗较大，效率较低。感应子式步进电动机兼有永磁式步进电动机与反应式步进电动机两者的优点，电动机步距角、功耗小，精度、工作频率和效率高。

1. 工作原理

下面将以广泛应用的感应子式步进电动机为例，叙述其基本工作原理。

感应子式步进电动机的定、转子铁心结构与反应式步进电动机相似，由于反应式步进电动机工作原理比较简单，故先以三相反应式步进电动机说明其原理，如图7-24所示。

三相反应式步进电动机的转子均匀分布着很多小齿，定子的齿内有3个励磁绕组，其几何轴线依次分别与转子齿轴线错开。

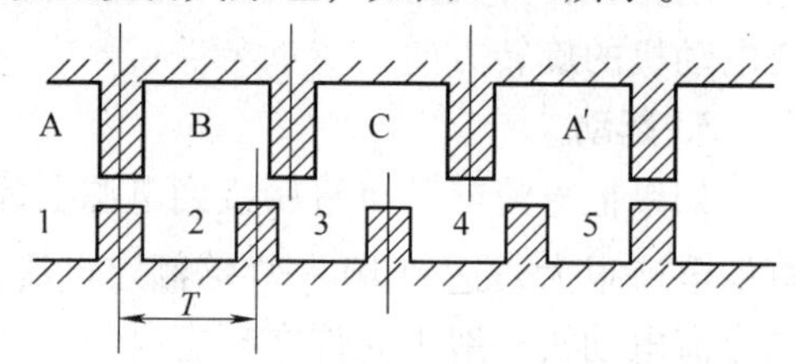

图7-24　三相反应式步进电动机定转子的展开图

设相邻两转子齿轴线间的距离为齿距，用T表示，使定子齿轴线间的距离为4/3齿距，则A与齿1对齐，B与齿2向右错开1/3齿距，C与齿3向右错开2/3齿距，A′与齿5对齐（实际上A′就是A，齿5就是齿1），如图7-23所示。

当A相通电，B、C相不通电时，由于磁场作用，齿1与A对齐，转子不受力。

当B相通电，A、C相不通电时，齿2应与B对齐，此时转子向右移过1/3齿距，而齿3与C偏移为1/3齿距，齿4与A偏移2/3齿距。

当C相通电，A、B相不通电，齿3应与C对齐，此时转子又向右移过1/3齿距，而齿4与A偏移为1/3齿距。

当A相又通电，B、C相不通电，齿4与A对齐，转子又向右移过1/3齿距。

这样经过A、B、C、A分别通电状态，齿4移到A相，电动机转子向右转过一个齿距，如果不断地按A、B、C、A、…通电，电动机就以每步（每脉冲）1/3齿距，向右旋转。

反之，如果按A、C、B、A、…通电，电动机就反转。

由此可见：电动机的位置和速度由导电次数（脉冲数）和频率呈对应关系。而方向由导电顺序决定。

出于对力矩、平稳、噪声及减少角度等方面考虑，常常采用A-AB-B-BC-C-CA-A这种导电状态，这样将原来每步1/3齿距改变为1/6齿距。甚至于通过两相电流不同的组合，使其1/3齿距变为1/12齿距、1/24齿距，这就是电动机细分驱动的基本理论依据。

推广开来，当电动机定子上有m相励磁绕组，其轴线分别与转子齿轴线偏移$1/m$、$2/m$、$3/m$、…、$(m-1)/m$、1，那么从理论上就可以制造任何相的步进电动机。

感应子式步进电动机相对于传统的反应式步进电动机，转子结构有所改进，转子由两段铁心构成，两段铁心轴向错开半个齿距，中间加有永磁体，如图7-25所示。这样，两段铁心呈现不同的磁性，永磁体S端的铁心呈现S极，永磁体N端的铁心呈现N极。当定子绕组激励时，S极转子铁心的小齿与定子N极下的小齿相对，而N极转子铁心小齿与定子S极下的小齿相对。

这样，感应子式步进电动机提供了软磁材料的工作点，而定子励磁只需提供变化的磁场而不必提供磁材料工作点的耗能，因此该电动机效率高，电流小，发热低。因永磁体的存在，该电动机具有较强的反电动势，其自身阻尼作用比较好，使其在运转过程中比较平稳、噪声低、低频振动小。

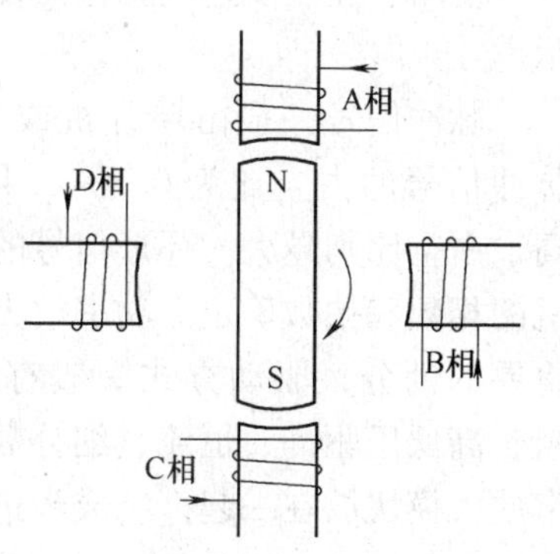

图7-25 带有永磁体的转子转动示意图

2. 步进电动机的主要指标

（1）相数

产生不同对极N、S磁场的励磁线圈对数，用 m 表示。

（2）拍数

完成一个磁场周期性变化所需脉冲数或导电状态，用 N 表示，或指电动机转过一个齿距角所需脉冲数。以四相电动机为例，有四相四拍运行方式即AB-BC-CD-DA-AB，四相八拍运行方式即A-AB-B-BC-C-CD-D-DA-A。

（3）步距角

对应一个脉冲信号，电动机转子转过的角位移，用 θ 表示：

$$\theta = \frac{360°}{ZN} \tag{7-30}$$

式中，Z 为转子齿数；N 为拍数。

以常规二、四相，转子齿为50齿电动机为例，四拍运行时步距角为1.8°，八拍运行时步距角为0.9°。

由于转子每转过一个步距角，相当于转了 $1/(ZN)$ 圈，若输入脉冲信号频率为 f，则转子每分钟的转速如式（7-31）所示。

$$n = \frac{60f}{ZN} \tag{7-31}$$

（4）步距角精度

步进电动机每转过一个步距角的实际值与理论值的误差，用百分比表示。

（5）运行矩频特性

电动机在某种测试条件下测得运行中输出力矩与频率关系的曲线称为运行矩频特性，这是电动机诸多动态曲线中最重要的，也是电动机选择的根本依据。

图7-26表示的是运行时输出力矩和频率、平均电流的关系。其中，曲线3表示电流最大（电压最高）；曲线1表示其电流最小（电压最低），曲线2的电流大小介于两者之间。曲线与负载的交点为负载的最大速度点。

可知，平均电流越大，电动机输出力矩就越大。而要使平均电流大，则尽可能提高驱动电压，采用小电感大电流的电动机。

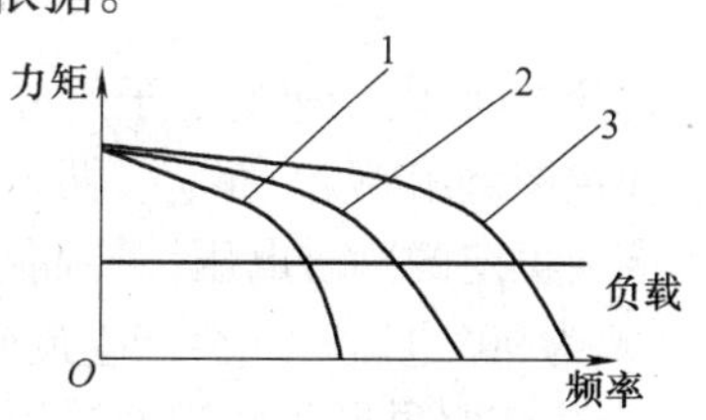

图7-26 输出力矩和频率、平均电流的关系

3. 驱动控制系统组成

使用、控制步进电动机需使用由环形脉冲、功率放大等组成的控制系统，如图 7-27 所示。

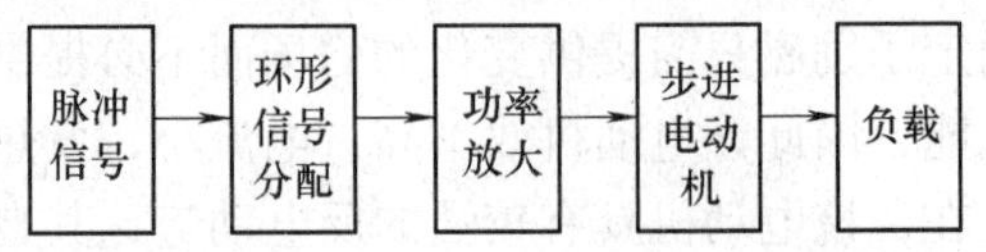

图 7-27　步进电动机控制系统组成

脉冲信号一般由单片机或 CPU 产生，一般脉冲信号的占空比为 0.3～0.4，电动机转速越高，占空比则越大。环形信号的分配要根据电动机的相数和拍数确定。功率放大是驱动系统最为重要的部分，驱动方式一般有恒压、恒压串电阻、高低压驱动、恒流、细分数等。为了提高电对机的动态性能，一般将环形信号分配和功率放大模块放在一起，组成步进电动机的驱动电源。

7.4.2　伺服电动机

伺服电动机又称执行电动机，其功能是将电信号转换成转轴上的机械输出。为了使负载能够在所要求的速度、加速度及张力范围内运动，伺服电动机不仅要满足一定的静态指标（如有足够的功率、转矩等），还应满足一定的动态指标（如快速响应、灵敏度和可控性等）。

伺服电动机分交、直流两类。目前交流伺服系统是当代高性能伺服系统的主要发展方向。

本节主要介绍交流伺服电动机。

1. 结构和工作原理

常用的交流伺服电动机就是小型或微型的两相异步电动机，它的结构和单相电容式异步电动机很相似，如图 7-28 所示。

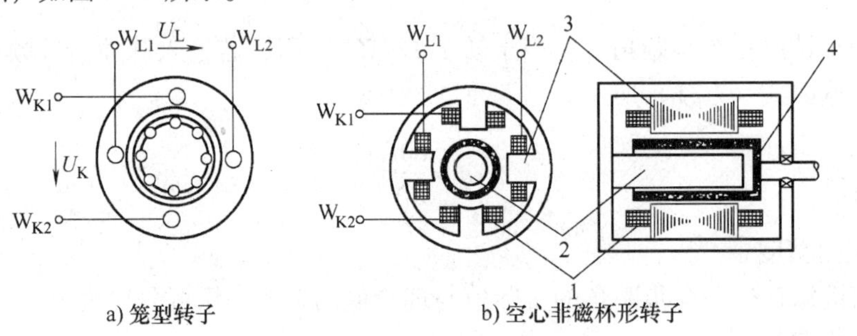

a) 笼型转子　　b) 空心非磁杯形转子

图 7-28　交流伺服电动机

1—绕组　2—内定子　3—外定子　4—转子

交流伺服电动机的定子用硅钢片重叠而成，上有两个空间位置相差 90°的励磁绕组 W_{L1}、W_{L2}和控制绕组 W_{K1}、W_{K2}。两个绕组分别接在两个不同相位的交流电源上。励磁绕组 W_{L1}、W_{L2}接一恒定的励磁电压，控制绕组 W_{K1}、W_{K2}由伺服放大器供电，当这两个绕组分别通过相位差为 90°电流时，会产生旋转磁场，达到控制电动机运行的目的。

交流伺服电动机常用的转子结构有笼型和空心非磁杯型。笼型转子与异步电动机的笼型转子结构相似，但较之细长，其励磁电流较小，功耗低，体积较小，机械强度较高，广泛应用于交流控制系统。空心非磁杯型转子是用非磁性金属如铝、纯铜等制成，这种转子惯量小，运行稳，噪声小，灵敏度高，但其气隙大，效率差，主要用于一些要求运行平滑的系统。

根据结构可知，两相交流伺服电动机的转动原理和单相电容式异步电动机的工作原理一样，都是利用两个相位差为90°的励磁电流产生的旋转磁场使转子转动。

2. 控制方法

交流伺服电动机的控制方法有幅值控制、相位控制和中相控制3种方法，如图7-29所示。其实质都是通过改变控制电压的幅值或相位，从而改变合成磁场引起的电磁转矩，已达到调速的目的。

图7-29中，W_L为励磁绕组，W_K为控制绕组，圆圈为电动机转子。图7-29a为幅值控制，这时励磁电压U_L等于电源电压U，控制电压U_K与励磁电压之间的相位差保持90°不变，其大小可利用电位器来调节。图7-29b为相位控制，此时励磁电压也等于电源电压，控制电压的大小不变，其相位可利用移相器来调节。图7-29c为幅相控制，此时励磁电压要加上一个电容电压才是电源电压，当改变控制电压大小时，由于旋转磁场变化，励磁绕组及串联电容器上的电压分配随之改变，因此控制电压和励磁电压之间的相位差也变化，因此称为幅相控制，或称电容控制。

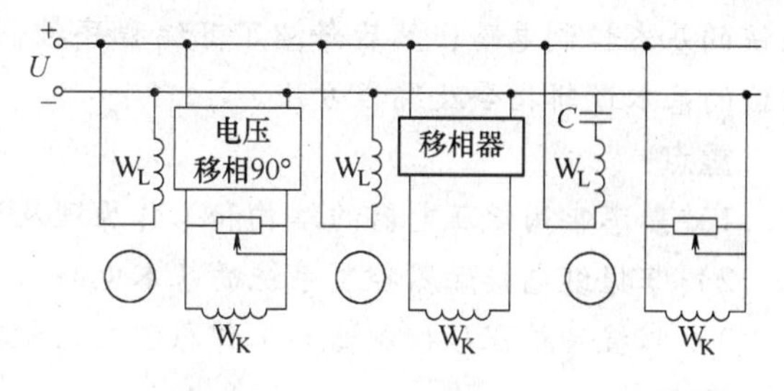

图7-29　伺服电动机的控制方法

练习与思考

7.4.1　伺服电动机的励磁绕组为什么始终接着电源?

7.4.2　交流伺服电动机与单相异步电动机在用途、原理和结构方面有何异同?

习　　题

7-1　Y180L-4型三相异步电动机，$U_N=380V$，$P_N=380kW$，$n_N=1470r/min$，$I_N=42.5A$，$f=50Hz$，$\lambda_S=2$，$\lambda=2.2$。试求：(1) 磁极对数、同步转速、额定转差率；(2) 额定转矩、起动转矩和最大转矩。

7-2　三相异步电动机$P_N=7kW$，磁极对数$p=3$，额定转差率$s_N=0.03$，$f=50Hz$，$\lambda_S=1.4$，试求：(1) 额定转矩；(2) 当负载转矩$T_2=0.3T_N$时，能否用星形-三角形法起动?

7-3　两台三相异步电动机，型号均为Y系列，额定功率都是4kW，但额定转速不同，分别为2860r/min和720r/min，试比较它们的额定转矩。

7-4　一台他励直流电动机，电枢电压和励磁电压$U_a=U_f=220V$，电枢电流$I_a=60A$，电枢电阻$R_a=0.25\Omega$，励磁绕组电阻$R_f=153\Omega$，转速$n=1000r/min$。试求：(1) 励磁电流；(2) 电动势。

7-5　一台五相步进电动机，转子齿数为40，输入脉冲频率为$f=1kHz$，试求四拍通电方式下的步距角及转速。

第8章　电气控制与PLC的基础知识

本章概要

本章首先介绍了各种低压电器的原理、选择和使用，在此基础上，介绍了常用电气控制系统的基本控制电路；然后介绍了可编程序控制器（即PLC）的基本原理、Siemens S7-200 PLC的基本逻辑指令及编程方法。

重点：

1）熟悉常用低压电器的结构和工作原理及选用，达到能正确使用和选用的目的。

2）掌握继电接触器控制系统的基本电路。

3）掌握可编程序控制器的工作原理及结构特点。

难点：

1）常用低压电器的使用和选用。

2）能够利用基本电路，改进一般生产设备电气控制电路。

3）熟悉并掌握S7-200 PLC的基本逻辑指令的应用。

8.1　常用低压控制电器

继电-接触控制系统即电气控制系统，按其功能可分为5个部分：输入设备、输出设备、保护设备、继电-接触控制电路和被控生产机械或生产过程。根据生产机械或生产过程的要求，通过输入模块发送指令给继电-接触控制电路，使其对应的触点动作，进而控制输出设备的动作，以达到生产要求。继电-接触控制系统框图如图8-1所示。

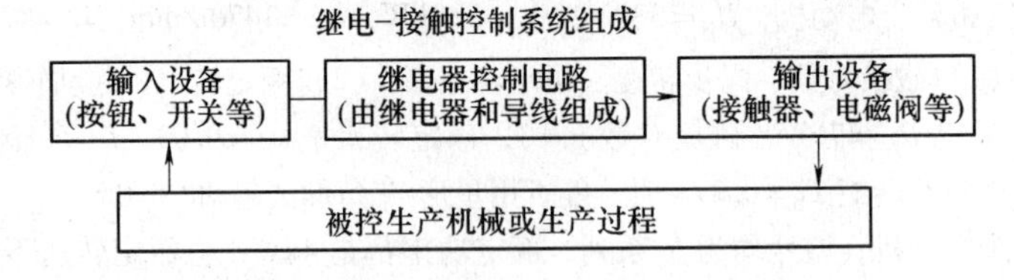

图8-1　继电-接触控制系统的结构框图

以下将针对输入-输出设备及保护设备中所涉及的常用低压控制电器以及对控制系统进行保护的其他低压控制电器进行介绍。

8.1.1　常用低压控制电器中的输入设备

低压控制电器是指工作在交流电压小于1200V、直流电压小于1500V，并在电路中起接通、断开、保护、控制和调节作用的电器设备。随着生产的发展以及工业部门使用电压等级的提高，低压电器的电压等级范围也会相应提高。

常用低压控制电路中的输入设备一般包括按钮、刀开关、组合开关、行程开关等。

1. 按钮

按钮（SB）是电气控制系统中一种简单的发送指令的电器，通常用来接通或断开控制电路（其中电流很小），从而控制电动机或其他电气设备的运行，文字符号为SB。其结构和图形符号如图8-2所示。

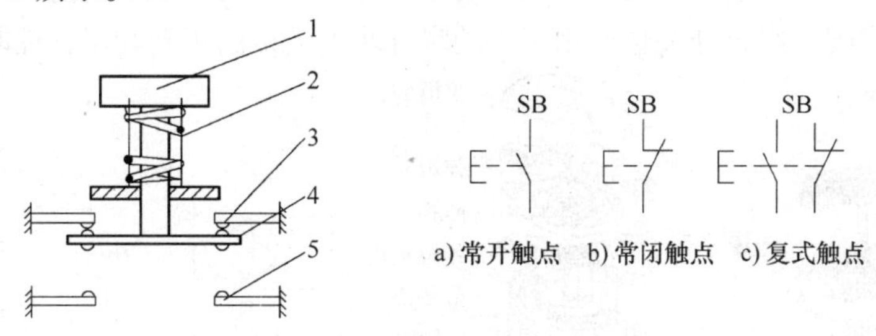

图8-2　按钮的结构和图形符号

1—按钮帽　2—复位弹簧　3—常闭触点　4—动触点　5—常开触点

图8-2中，动触点4和其上面的静触点组成动断点（动开触点），即常闭触点3，动触点4和其下面的静触点组成动合点（动闭触点），即常开触点5。按下按钮帽时，动断触点分断（常闭触点断开），动合触点接通（常开触点闭合）。放开按钮帽时，在弹簧的作用下，动触点复位（恢复到常态）。

2. 刀开关

刀开关（Q）是低压配电中应用最广的电器，主要用来隔离电源。它的结构简单，主要由刀片（动触点）和刀座（静触点）组成。在电流不大的线路里可以直接用它接通和断开电源，适合额定电压在交流380V或直流440V以下、额定电流1500A以下的场合。

刀开关的种类很多，它的规格有数十种。按极数的不同可分为单极（单刀）、两极（双刀）、三极（三刀）3种，其文字符号为Q，图形符号和结构分别如图8-3a和图8-3b所示。

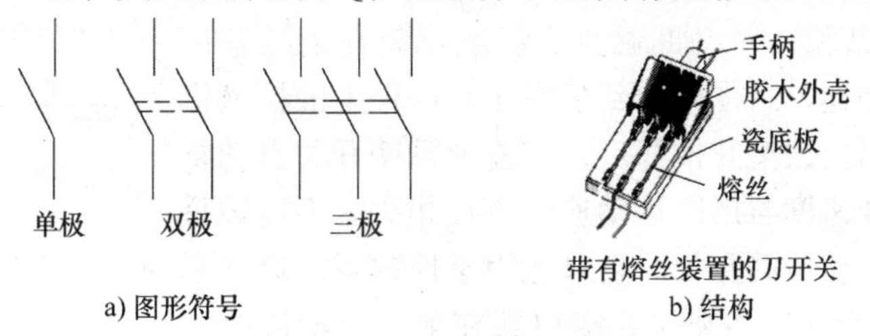

图8-3　刀开头的图形符号和结构

图8-3b所示的为HK型三极胶盖瓷底刀开关，是目前普遍应用的手动开关。它由瓷底板、熔丝、胶盖及静刀片和动刀片等组成，胶盖可用来熄灭切断电派时产生的电弧，保证操作人员的安全。这种开关可用于手控不频繁地接通和切断带负载的电路，也可以作异步电动机不频繁地直接起动或停转之用。

选择使用闸刀开关时，刀的极数要与电源进线相数相等，其额定电流应大于或等于所控制负载的额定电流。

3. 组合开关

组合开关（S）又称为盒式开关或转换开关。它实质上也是一种刀开关，由若干动触片和静触片（刀片）分别装于数层绝缘垫板内组成。动触片装在附有手柄的转轴上，随转轴旋转而改变通断位置。组合开关的外形与结构如图 8-4a 和图 8-4b 所示。从图中可以看出，随着转动手柄停留位置的改变，它可以同时接通和断开部分电路。图 8-4c 是组合开关的图形符号。在控制电路中，电源的接入、照明设备的通断、小功率电动机的起动和停止都可以来用组合开关来实现。组合开关也常用于小功率异步电动机的正转和反转控制。

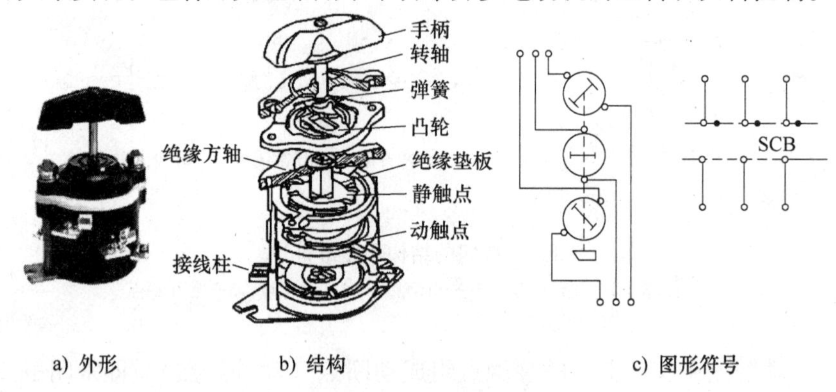

图 8-4　组合开关外形、结构与图形符号

4. 行程开关

行程开关（SQ）是一种利用生产机械的某些运动部件的碰撞来发出控制指令的主令电器，用于控制生产机械的运动方向、行程大小和位置保护等。当行程开关用于位置保护时，亦称为限位开关。有自动复位和非自动复位两种。按结构不同行程开关可分为直动式、滚轮式和微动式 3 种。

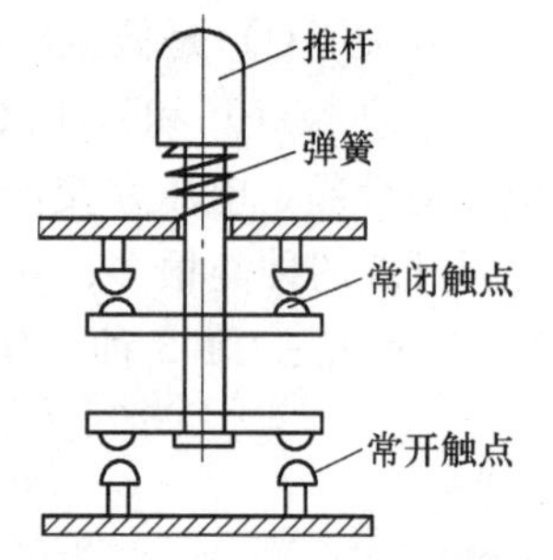

图 8-5　直动式行程开关

1）直动式行程开关，其结构原理如图 8-5 所示。这种行程开关有一对动合触点和一对动断触点。静触点装在绝缘基座上，动触点与推杆相连，当推杆受到装在运动部件上的挡铁作用后，触点换接。当挡铁离开推杆后，恢复弹簧使开关自动复位。这种开关的分合速度与挡铁运动速度直接相关。不能做瞬时换接，属于非瞬时动作的开关。它只适用于挡铁运动速度不小于 0.4m/min 的场合中，否则会由于电弧在触点上所停留时间过长而使触点烧坏。但这种行程开关的结构简单，价格便宜，应用广泛。

2）滚轮式行程开关，其结构原理如图 8-6 所示。当被控机械上的撞块撞击带有滚轮的撞杆时，撞杆转向右边，带动滑轮转动，顶下横板带动推杆，使微动开关中的触点迅速动作。当运动机械返回时，在复位弹簧的作用下，各部分动作部件复位。

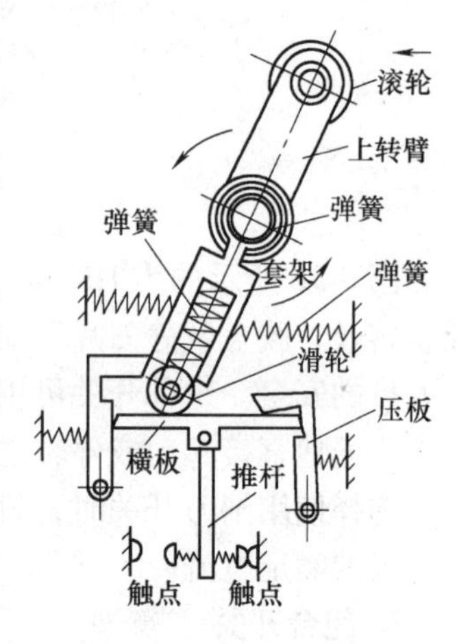

图 8-6　滚轮式行程开关

滚轮式行程开关又分为单滚轮自动复位和双滚轮（羊角式）非自动复位式，双滚轮行移开关具有两个稳态位置，有“记忆”作用，在某些情况下可以简化电路。

3）微动开关式行程开关，其结构如图 8-7 所示，常用的有

LXW-11系列产品。

8.1.2　常用低压控制电器中的输出设备

常用低压控制电路中的输出设备一般包括接触器、继电器、指示灯等。

1. 接触器

接触器（KM）是一种自动的电磁式电器，适用于远距离频繁接通或断开交直流主电路及大容量控制电路。其主要控制对象是电动机，能实现远距离控制，并具有欠（零）电压保护。

接触器是由触点系统、电磁机构和灭弧装置组成，按其主触点所控制主电路电流的种类，可分为交流接触器和直流接触器两种。交流接触器结构示意图如图8-8所示。

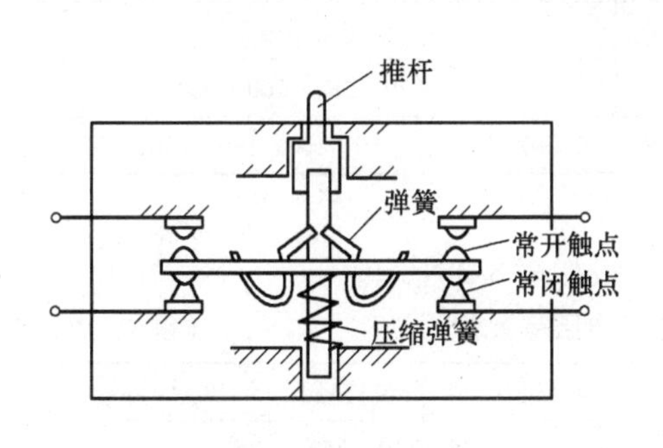

图8-7　微动式行程开关

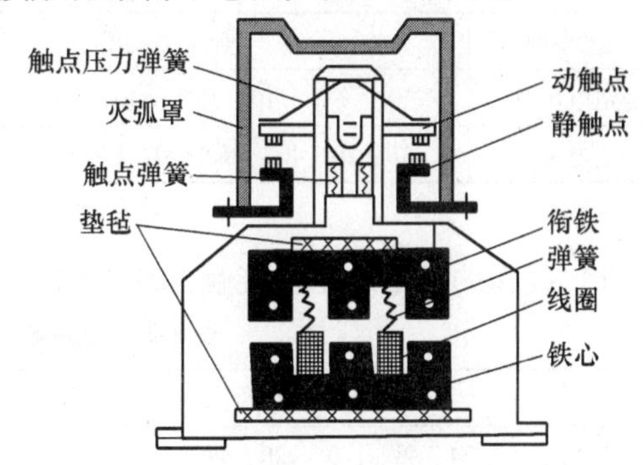

图8-8　交流接触器结构示意图

（1）接触器的工作原理

当电磁线圈通电后，线圈电流产生磁场，使静铁心产生电磁吸力吸引衔铁，并带动触点动作；常闭触点断开，常开触点闭合，二者是联动的。当线圈断电时，电磁吸力消失，衔铁在释放弹簧的作用下释放，使触点复原；常开触点断开，常闭触点闭合。接触器的图形及文字符号如图8-9所示。

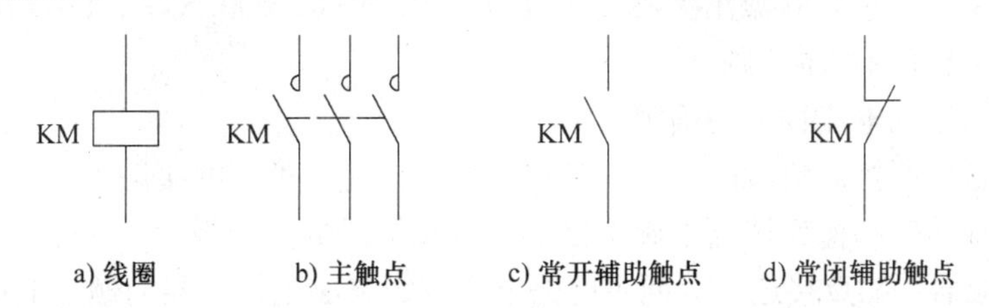

图8-9　接触器的图形及文字符号

（2）电磁机构的继电特性

电磁机构的继电特性如图8-10所示，当输入量 $x<x_c$ 时衔铁不动作，其 S 输出量 $y=0$；当 $x=x_c$ 时，衔铁吸合，输出量 y 从“0”跃变为“1”；再进一步增大输入量使 $x>x_c$，则输出量仍为 $y=1$。

当输入量 x 从 x_c 减小的时候，在 $x>x_f$ 的过程中虽然吸力特性降低。但因衔铁吸合状态下的吸力仍比反力大，所以衔铁不会释放，输出量 $y=1$。当 $x=x_f$ 时，因吸力小于反力，衔铁才释放，输出量由“1”突变为“0”；再减小输量，输出量仍为“0”。可见，电磁机构的输入-输出特性或“继电特性”为一矩形曲线。

(3) 接触器的主要技术参数

接触器的主要技术参数有额定电压、额定电流、线圈的额定电压、接通与分断能力、机械寿命与电气寿命和操作频率等。

1）额定电压和额定电流：额定电压是指主触点的额定工作电压；额定电流是指主触点的额定电流。接触器的额定电压和额定电流的等级如表 8-1 所示。

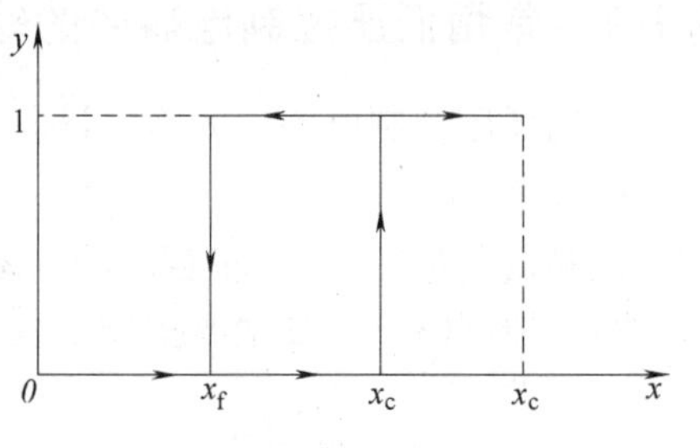

图 8-10　电磁机构的继电特性

表 8-1　接触器的额定电压和额定电流的等级表

技术参数	直流接触器	交流接触器
额定电压/V	110、220、440、660	220、380、500、660
额定电流/A	5、10、20、40、60、100、150、250、400、600	5、10、20、40、60、100、150、250、400、600

2）线圈的额定电压：接触器线圈的额定电压等级如表 8-2 所示。

表 8-2　接触器线圈的额定电压等级表　（单位：V）

直流接触器	交流接触器
24、48、110、220、440	36、110、220、380

3）接通与分断能力：接触器在规定条件下，能在给定电压下可靠接通和分断的预期电流值。接通时，主触点不应发生熔焊；分断时，主触点不应发生长时间燃弧。

4）机械寿命与电气寿命

机械寿命：1000 万次以上；

电气寿命：100 万次以上。

5）操作频率：每小时的操作次数，一般为：300 次/h、600 次/h、1200 次/h 几种。

(4) 接触器选择的基本原则

1）接触器极数和电流种类的确定。

2）根据接触器所控制负载的工作任务来选择相应使用类别的接触器。

3）根据负载功率和操作情况来确定接触器主触头的电流等级。

4）根据接触器主触点接通与分断主电路电压等级来决定接触器的额定电压。

5）接触器吸引线圈的额定电压应由所接控制电路电压确定。

6）接触器触点数和种类应满足主电路和控制电路的要求。

(5) 接触器的选用步骤

1）选择接触器的类型：交流接触器按负荷种类一般分为一类、二类、三类和四类，分别记为 AC1、AC2、AC3 和 AC4。一类交流接触器对应的控制对象是无感或微感负荷，如白炽灯、电阻炉等；二类交流接触器用于绕线式异步电动机的起动和停止；三类交流接触器的典型用途是笼型异步电动机的运转和运行中分断；四类交流接触器用于笼型异步电动机的起动、反接制动、反转和点动。

2）选择接触器的额定参数：根据被控对象和工作参数如电压、电流、功率、频率及工作制等确定接触器的额定参数。

①接触器的线圈电压，一般应低一些为好，这样对接触器的绝缘要求可以降低，使用时也较安全。但为了方便和减少设备，常按实际电网电压选取。

②电动机的操作频率不高，如压缩机、水泵、风机、空调、冲床等，接触器额定电流大于负荷额定电流即可。接触器类型可选用 CJ10、CJ20 等。

③对重任务型电动机，如机床主电动机、升降设备、绞盘、破碎机等，其平均操作频率超过 100 次/min，运行于起动、点动、正反向制动、反接制动等状态，可选用 CJ10Z、CJ12 型的接触器。为了保证电寿命，可使接触器降容使用。选用时，接触器额定电流大于电动机额定电流。

④对特重任务电动机，如印刷机、镗床等，操作频率很高，可达 600 ~ 12000 次/h，经常运行于起动、反接制动、反向等状态，接触器大致可按电寿命及起动电流选用，型号选 CJ10Z、CJ12 等。

⑤交流回路中的电容器投入电网或从电网中切除时，接触器选择应考虑电容器的合闸冲击电流。一般地，接触器的额定电流可按电容器的额定电流的 1.5 倍选取，型号选 CJ10、CJ20 等。

⑥用接触器对变压器进行控制时，应考虑浪涌电流的大小。例如交流电弧焊机、电阻焊机等，一般可按变压器额定电流的 2 倍选取接触器，型号选 CJ10、CJ20 等。

⑦对于电热设备，如电阻炉、电热器等，负荷的冷态电阻较小，因此起动电流相应要大一些。选用接触器时可不用考虑（起动电流），直接按负荷额定电流选取。型号可选用 CJ10、CJ20 等。

⑧由于气体放电灯起动电流大、起动时间长，对于照明设备的控制，可按额定电流 1.1 ~1.4 倍选取交流接触器，型号可选 CJ10、CJ20 等。

⑨接触器额定电流是指接触器在长期工作下的最大允许电流，持续时间≤8h，且安装于敞开的控制板上，如果冷却条件较差，则选用接触器时，接触器的额定电流按负荷额定电流的 110% ~120% 选取。对于长时间工作的电动机，由于其氧化膜没有机会得到清除，使接触电阻增大，导致触点发热超过允许温升。实际选用时，可将接触器的额定电流减小 30% 使用。

2. 继电器

继电器是一种根据电量（如电压和电流等）或非电量（如热、时间、压力、转速等）的变化接通或断开控制电路，以实现自动控制或保护电力拖动装置的电器。继电器一般由感测机构、中间机构和执行机构 3 个基本部分组成。感测机构把感测到的电量或非电量的变化传递给中间机构，将它与所要求的整定值进行比较，当达到控制要求的整定值时，继电器动作，其触头接通或断开交、直流小容量的控制电路。

控制继电器种类繁多，常用的有中间继电器、时间继电器、热继电器等。

（1）中间继电器

中间继电器的触点数多（有 6 对或更多），触点电流容量大，动作灵敏，其结构、工作原理与接触器相似，由电磁系统、触点系统和释放弹簧等组成。其主要用途是当其他继电器的触点数或触点容量不够时，可借助中间继电器来扩大它们的触点数或触点容量，从而起到中间转换的作用。由于继电器用于控制电路，流过触点的电流小，所以不需要灭弧装置。中间继电器主要依据被控制电路的电压等级、触点的数量、种类及容量来选用。中间继电器的文字符为 KA。

（2）时间继电器

时间继电器（KT）是一种用来实现触点延时接通或断开的控制电器。按其动作原理与构造不同，可分为电磁式、空气阻尼式、电动式和晶体管式等类型。机床控制电路中应用较多的是空气阻尼式时间继电器，目前晶体管式时间继电器也获得了愈来愈广泛的应用。

选择时间继电器主要根据控制电路所需要的延时触点的延时方式、瞬时触点的数目以及使用条件来选择。时间继电器的图形及文字符号如图 8-11 所示。

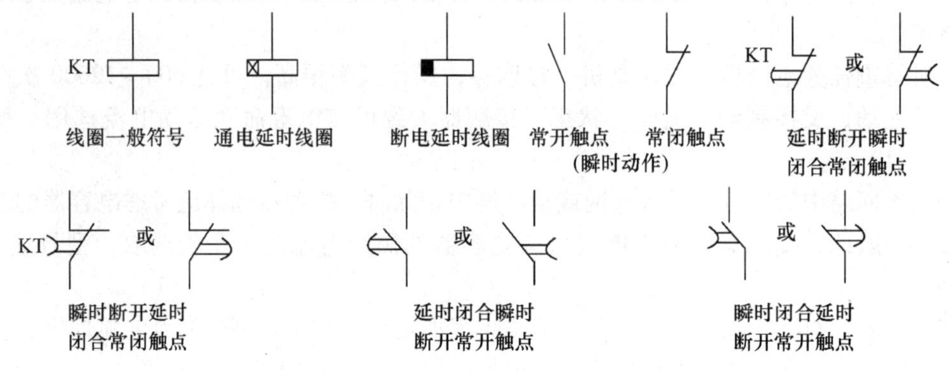

图 8-11　时间继电器的图形及文字符号

（3）热继电器

热继电器（FR）是利用电流的热效应原理来保护设备，使之免受长期过载的危害。主要用于电动机的过载保护、断相保护、三相电流不平衡运行的保护及其他电气设备发热状态的控制。

热继电器的结构如图 8-12 所示，主要由热元件、双金属片和触点 3 部分组成。当电动机过载时，流过热元件的电流增大，热元件产生的热量使双金属片向上弯曲，经过一定时间后，弯曲位移增大，推动板将常闭触点断开。常闭触点是串接在电动机的控制电路中的，控制电路断开使接触器的线圈断电，从而断开电动机的主电路。若要使热继电器复位，则按下复位按钮即可。热继电器由于热惯性，当电路短路时不能立即动作使电路立即断开，因此不能作短路保护。同理，在电动机起动或短时过载时，热继电器也不会动作，这可避免电动机不必要的停车。每一种电流等级的热元件，都有一定的电流调节范围，一般应调节到与电动机额定电流相等，以便更好地起到过载保护作用。

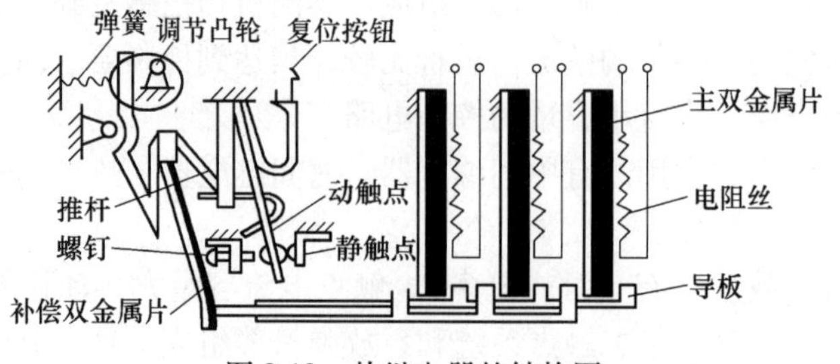

图 8-12　热继电器的结构图

热继电器的图形及文字符号如图 8-13 所示。图 8-13a 的符号用于主电路，图 8-13b 的符号用于控制电路。

热继电器的选择主要根据电动机的额定电流来确定热继电器的型号及热元件的额定电流等级。

3. 指示灯

继电-接触控制系统中的指示灯主要用于显示控制系统的工作状态。红色表示工作状态停止，绿色表示工作状态运行。

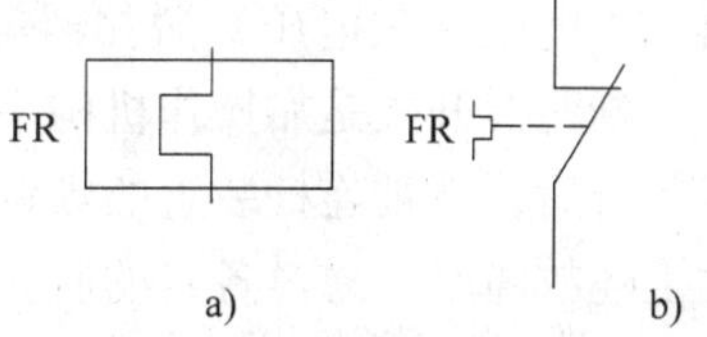

图 8-13　热继电器的图形及文字符号

8.1.3　其他低压控制电器

除了前面所讲的低压电器，还有一些低压电器，在电气控制电路中起保护作用，主要有熔断器和低压断路器等。

1. 熔断器

熔断器（FU）的结构一般分成熔体座和熔体等部分。熔断器是串联在被保护电路中的，当电路短路时，电流很大，熔体急剧升温，立即熔断，从而切断电路起到保护作用。当电路中电流值等于熔体额定电流时，熔体不会熔断。所以熔断器用于短路保护。图 8-14 是熔断器的图形及文字符号。

对熔断器的要求是：在电气设备正常运行时，熔断器不应熔断；在出现短路时，应立即熔断；在电流发生正常变动（如电动机起动过程）时，熔断器不应熔断；在用电设备持续过载时，应延时熔断。对熔断器的选用主要包括类型选择和熔体额定电流的确定。

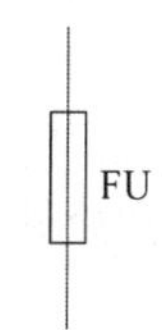

图 8-14　熔断器的图形及文字符号

选择熔断器的类型时，主要依据负载的保护特性和短路电流的大小。例如，用于保护照明和电动机的熔断器，一般是考虑它们的过载保护，这时，希望熔断器的熔化系数适当小些。所以容量较小的照明电路和电动机宜采用熔体为铅锌合金的 RC1A 系列熔断器，而大容量的照明电路和电动机，除过载保护外，还应考虑短路时分断短路电流的能力。

1）电阻性负载或照明电路。这类负载起动过程很短，运行电流较平稳，一般按负载额定电流的 1 ~ 1.1 倍选用熔体的额定电流，进而选定熔断器的额定电流。

2）电动机等感性负载。这类负载的起动电流为额定电流的 4 ~ 7 倍，一般选择熔体的额定电流为电动机额定电流的 1.5 ~ 2.5 倍。

对于多台电动机，要求：$I_{FU} \geqslant (1.5 \sim 2.5) I_{Nmax} + \sum I_N$

式中，I_{FU}为熔体额定电流（A）；I_{Nmax}为最大一台电动机的额定电流（A）。

3）为防止发生越级熔断，上、下级（供电干、支线）熔断器间应有良好的协调配合。为此，应使上一级（供电干线）熔断器的熔体额定电流比下一级（供电支线）大 1 ~ 2 个级差。

2. 断路器

断路器（QF）又称自动空气开关或自动开关。它可用来分配电能，不频繁地起动异步电动机，对电源线路及电动机等实行保护。当它们发生严重的过载或者短路及欠电压等故障时，能自动切断电路。其功能相当于熔断器式开关与过/欠热继电器等的组合。

断路器主要由 3 个基本部分组成，即主触点、灭弧系统和各种脱扣器，包括过电流脱扣器、失电压（欠电压）脱扣器等。图 8-15 所示是低压断路器原理图。

断路器开关是靠操作机构手动合闸的，主触点闭合后，就被连杆装置的锁钩锁住。当电路发生上述故障时，通过各自的脱扣器使脱扣机构动作，自动跳闸以实现保护作用。

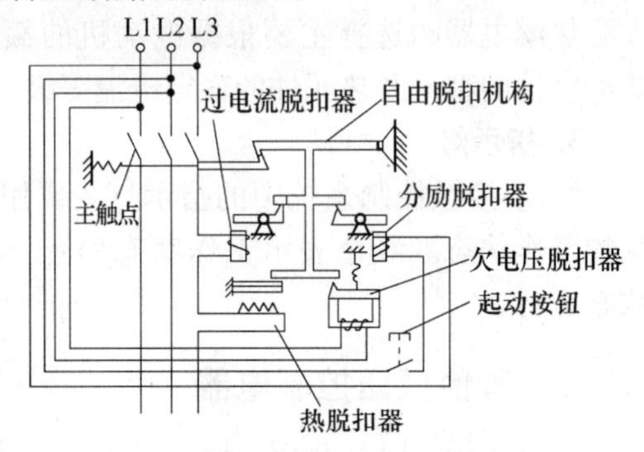

图 8-15　低压断路器原理图

过电流脱扣器用于电路的短路和过电流保护。当电路的电流大于整定的电流值时，过电流脱扣器所产生的电磁力使挂钩脱扣，动触点在弹簧的拉力下迅速断开，实现短路器的跳闸功能。

失电压（欠电压）脱扣器用于失电压保护。失压脱扣器的线圈直接接在电源上，处于吸合状态，断路器可以正常合闸；当停电或电压很低时，失电压脱扣器的吸力小于弹簧的反力，弹簧使动铁心向上使挂钩脱扣，实现短路器的跳闸功能。

练习与思考

8.1.1　热继电器可否作短路保护，为什么？

8.1.2　在电动机的继电-接触控制系统中，零压保护的功能是什么？

8.1.3　为使某工作台作往复运动，并能防止其冲出滑道，应当采用（　　）。

A. 时间控制　B. 速度控制和终端保护　C. 行程控制和终端保护　D. 安全保护

8.2　继电-接触器控制系统的基本电路

任何复杂的电气控制电路都是按照一定的控制原则，由基本的控制电路组成的。基本控制电路是学习电气控制的基础。特别是对生产机械整个电气控制电路工作原理的分析与设计有很大的帮助。本节首先介绍电气控制原理图的基本知识和绘图方法，然后结合上节所讲的常用低压电器，如继电器、接触器和按钮等，介绍其基本的控制电路，包括全压起动控制电路、正反转控制电路、点动与连续运动的控制电路、自动循环控制电路及反接制动控制电路。

8.2.1　常用电气设备图形文字符号及电气控制图绘制原则

1. 图形符号及文字符号

1990 年 1 月 1 日开始执行的，由国家标准局颁布的 GB 4728—1984《电气图用符号》及 GB 6988—1987《电气制图》和 GB 7159—1987《电气技术中的文字符号制订细则》。接线端子的标记符合国家标准 GB 4026—1983《电器接线端子的识别和用字母数字符号标记接线端子的通则》。常用电气图形符号和文字符号可见附录 A。

2. 电气控制图绘制原则

电气控制电路的定义：以各类电机或其他执行电器为被控对象，以继电器、接触器、按钮、行程开关、保护元件等器件组成的自动控制电路，通称为电气控制电路。

电气控制电路的表示方法：电气原理图、安装接线图和电器布置图 3 种。

电气原理图是根据工作原理而绘制的，具有结构简单、层次分明、便于研究和分析电路的工作原理等优点。在各种生产机械的电气控制中，无论在设计部门或生产现场都得到广泛的应用。图 8-16 所示为 CW6132 型卧式车床电气原理图。图中，按被控对象和控制功能的不同对图面区域进行了划分。

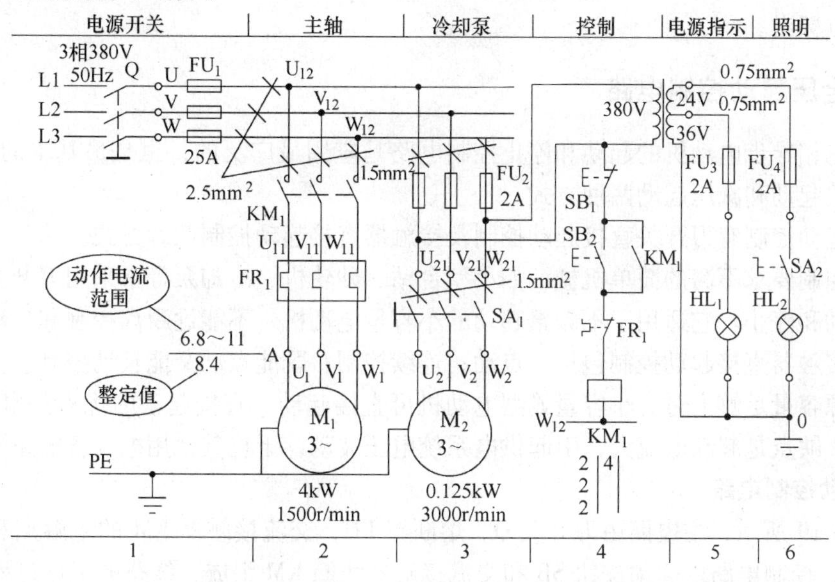

图 8-16　CW6132 型卧式车床电气原理图

图 8-17 中，对符号位置也进行了索引。符号位置的索引用图号、页次和图区编号的组合索引法，索引代号的组成如图 8-17 所示。

当某原理图仅有一页图样时，只写图号和图区的行、列号，在只有一个图号多页图样时，则图号可省略，而元件的相关触点只出现在一张图样上时，只标出图区号。

电气原理图中，接触器和继电器线圈与触点的从属关系应用附图表示。附图中各栏的含义如图 8-18 所示。

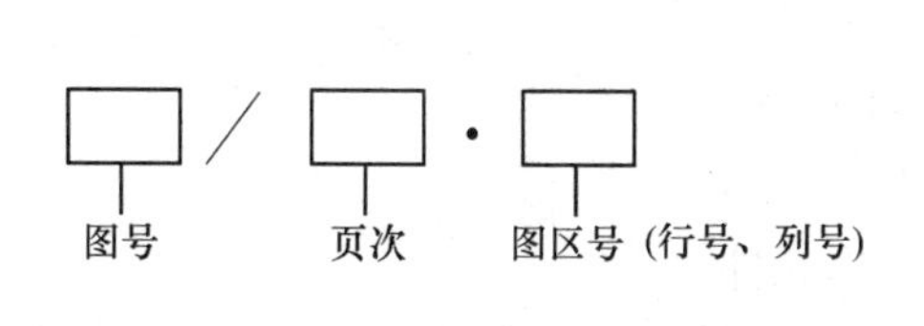

图 8-17　索引代号的组成

接触器KM		
左栏	中栏	右栏
主触点所在区号	辅助常开触点所在图区号	辅助常闭触点所在图区号

继电器KM或KT	
左栏	右栏
常开触点所在图区号	辅助常闭触点所在图区号

图 8-18　附图中各栏的含义

绘制电气原理图应遵循以下原则：

1）电气控制电路根据电路通过的电流大小可分为主电路和控制电路。主电路包括从电源到电动机的电路，是强电流通过的部分。控制电路是通过弱电流的电路，一般由按钮、电器元件的线圈、接触器的辅助触点、继电器的触点等组成。

2）电气原理图中，所有电器元件的图形、文字符号必须采用国家规定的统一标准。

3）采用电器元件展开图的画法。同一电器元件的各部件可以不画在一起，但需用同一文字符号标出。若有多个同一种类的电器元件，可在文字符号后加上数字序号，如 KM_1、KM_2 等。

4）所有按钮、触点均按没有外力作用和没有通电时的原始状态画出。

5）控制电路的分支线路，原则上按照动作先后顺序排列，两线交叉连接时的电气连接点须用黑点标出。

8.2.2　全压起动控制电路

笼型三相异步电动机的起动和停止控制电路是应用最广泛的，也是最基本的控制电路。主要有直接起动和减压起动两种方式。

全压起动控制有刀开关直接起动控制及接触器直接起动控制两种方式。

一些控制要求不高的简单机械，如小型台钻、砂轮机、冷却泵等常采用刀开关直接控制电动机起动和停止。它适用于不频繁起动的小容量电动机，不能远距离控制和自动控制。

采用接触器直接起动控制包括：点动；连续控制；既能点动又能长动控制。

在电源容量足够大时，小容量笼型电动机可直接起动。直接起动的优点是电气设备少，电路简单。缺点是起动电流大，引起供电系统电压波动，干扰其他用电设备的正常工作。

1. 点动控制电路

如图 8-19 所示，主电路由刀开关 Q、熔断器 FU、交流接触器 KM 的主触点和笼型电动机 M 组成；控制电路由起动按钮 SB 和交流接触器线圈 KM 组成，线路的工作过程如下：

起动过程：先合上刀开关 Q→按下起动按钮 SB→接触器 KM 线圈通电→KM 主触点闭合→电动机 M 通电直接起动。

停车过程：松开 SB→KM 线圈断电→KM 主触点断开→M 停电停转。

按下按钮，电动机转动；松开按钮，电动机停转，这种控制就叫点动控制。它能实现电动机短时转动，常用于对机床的刀调整和电动葫芦等。

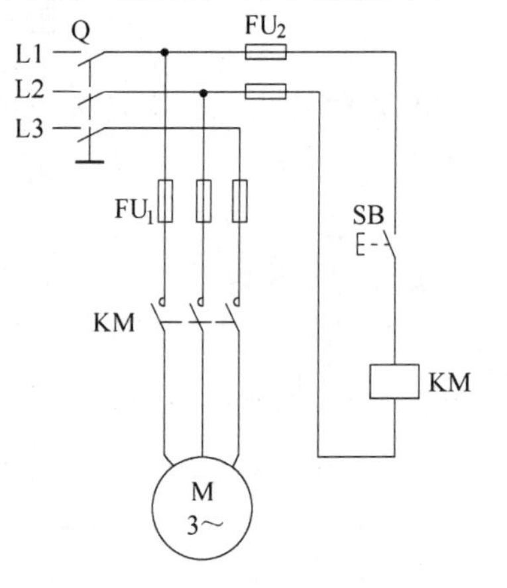

图 8-19　点动控制电路

2. 连续运行控制电路

在实际生产中往往要求电动机实现长时间连续转动，即所谓长动控制，如图 8-20 所示。主电路由刀开关 Q、熔断器 FU、接触器 KM 的主触点、热继电器 FR 的发热元件和电动机 M 组成，控制电路由停止按钮 SB_2、起动按钮 SB_1、接触器 KM 的常开辅助触点和线圈、热继电器 FR 的常闭触点组成。

工作过程如下：

起动过程：合上刀开关 Q→按下起动按钮 SB_1→接触器 KM 线圈通电→KM 主触点和常开辅助触点闭合→电动机 M 接通电源运转；松开 SB_1，利用接通的 KM 常开辅助触点自锁，电动机 M 连续运转。

停车过程：按下停止按钮 SB_2→KM 线圈断电→KM 主触点和辅助常开触点断开→电动机 M 断电停转。

在连续控制中，当起动按钮 SB_1 松开后，接触器 KM 的线圈通过其辅助常开触点的闭合仍继续保持通电，从而保证电动机的连续运行。这种依靠接触器自身辅助常开触点的闭合而使线圈保持通电的控制方式，称自锁或自保。起到自锁作用的辅助常开触点称自锁触点。

线路设有以下保护环节：

短路保护：短路时熔断器 FU 的熔体熔断而切断电路起保护作用。

电动机长期过载保护：采用热继电器 FR。由于热继电器的热惯性较大，即使发热元件流过几倍于额定值的电流，热继电器也不会立即动作。因此在电动机起动时间不太长的情况下，热继电器不会动作，只有在电动机长期过载时，热继电器才会动作，用它的常闭触点断开使控制电路断电。

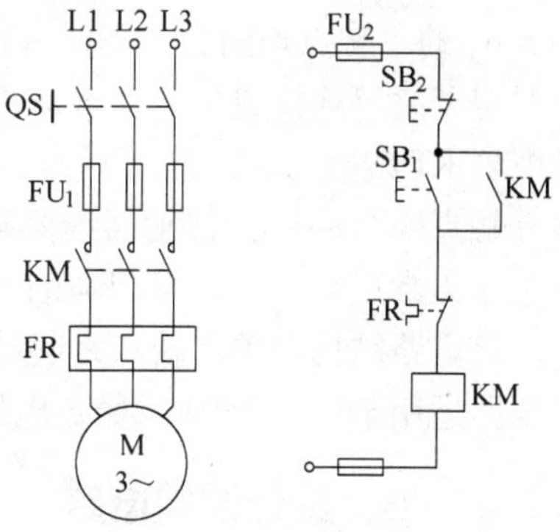

图 8-20　连续运行控制电路

欠电压、失电压保护：通过接触器 KM 的自锁环节来实现。当电源电压由于某种原因而严重欠电压或失电压（如停电）时，接触器 KM 断电释放，电动机停止转动。当电源电压恢复正常时，接触器线圈不会自行通电，电动机也不会自行起动，只有在操作人员重新按下起动按钮后，电动机才能起动。

本控制电路具有如下优点：

1）防止电源电压严重下降时电动机欠电压运行。

2）防止电源电压恢复时，电动机自行起动而造成设备和人身事故。

3）避免多台电动机同时起动造成电网电压的严重下降。

在生产实践中，机床调整完毕后，需要连续进行切削加工，则要求电动机既能实现点动又能实现长动。将图 8-19 和图 8-20 的控制电路结合，就可以实现既能点动控制又能连续控制的控制电路，在此不在详述。

8.2.3　减压起动控制电路

较大容量的笼型异步电动机（大于 10kW）直接起动时，电流为其额定电流的 4 ~ 8 倍，过大的起动电流会对电网产生巨大的冲击，所以一般采用减压方式来起动。具体实现的方案有：定子串电阻或电抗器减压起动、星-三角形（Y-△）变换减压起动、自耦变压器减压起动、延边三角形减压起动等，下面详细讲解星-三角形（Y-△）减压起动控制电路。

图 8-21 所示的星-三角形（Y-△）减压起动控制电路，是按时间原则实现控制的。起动时将电动机定子绕组连接成星形，加在电动机每相绕组上的电压为额定电压的 $1/\sqrt{3}$，从而减小了起动电流。待起动后按预先整定的时间把电动机换成三角形联结，使电动机在额定电

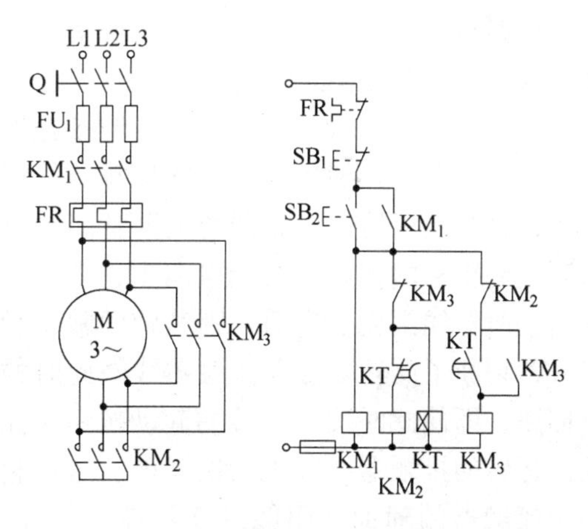

图 8-21　星-三角形（Y-△）减压起动控制电路

压下运行。

起动过程：合上刀开关 Q→按下起动按钮 SB_2，接触器 KM_1 和 KM_2 线圈得电→其 KM_1 和 KM_2 的主触点均闭合，同时 KM_1 的辅助触点使接触器 KM_1 和 KM_2 保持线圈通电状态→此时定子绕组连接成星形，电动机 M 接通电源后降压起动；KM_1 的辅助触点接通后，时间继电器 KT 线圈通电，延时 t(s)→KT 延时常闭辅助触点断开→KM_2 线圈断电；KT 延时闭合常开触点闭合→KM_3 接触器线圈得电，其主触点闭合，定子绕组连接成△→电动机 M 加额定电压正常运行。KM_3 常闭辅助触点断开→KT 线圈断电。

该电路结构简单，缺点是起动转矩也相应下降为三角形联结的 1/3，转矩特性差。因而本线路适用于电网 380V、额定电压 660V/380V、星-三角形联结的电动机轻载起动的场合。

8.2.4　正、反转控制电路

在实际应用中，往往要求生产机械改变运动方向，如工作台的前进和后退；电梯的上升和下降等，这就要求电动机能实现正、反转的运行。对于三相笼型异步电动机来说，可通过两个接触器来改变电动机定子绕组的电源相序来实现。电动机正、反转控制电路如图 8-22 所示，接触器 KM_1 为控制电动机 M 正向运转的接触器；接触器 KM_2 为控制电动机 M 反向运转的接触器。

图 8-22a 所示为无互锁控制电路，其工作过程如下：

正转控制：合上刀开关 Q→按下正向起动按钮 SB_2→正向接触器 KM_1 线圈得电→KM_1 主触点和自锁触点闭合→电动机 M 正转。

反转控制：合上刀开关 Q→按下反向起动按钮 SB_3→反向接触器 KM_2 线圈得电→KM_2 主触点和自锁触点闭合→电动机 M 反转。

停机：按停止按钮 SB_1→KM_1（或 KM_2）断电→M 停转。

该控制电路缺点是，若误操作会使 KM_1 与 KM_2 同时得电，从而引起主电路电源短路，为此要求电路设置必要的联锁环节。

如图 8-22b 所示，将控制正转的接触器的辅助常闭触点串入到控制反转的接触器线圈电路中，将控制反转的接触器的辅助常闭触点串入到控制正转的接触器线圈电路中，则如果当正转接触器线圈先通电后，则其辅助常闭触点打开，切断了反转接触器接触器线圈此时的控制回路，即使此时按下反转的起动按钮，控制反向运转的接触器线圈也无法通电。这种利用两个接触器的辅助常闭触点互相控制的方式，叫电气互锁，或叫电气联锁。起互锁作用的常

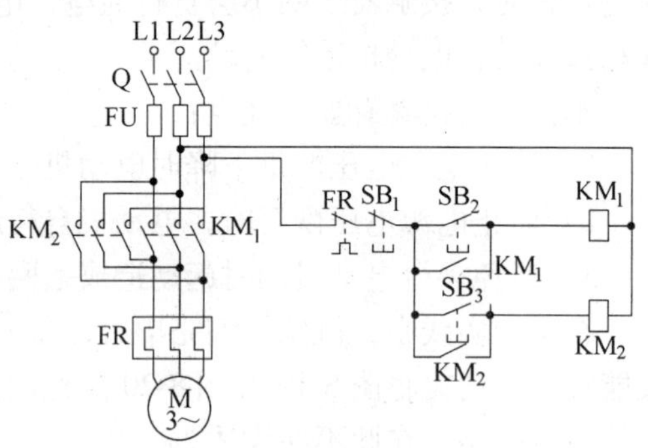

a) 无互锁控制电路

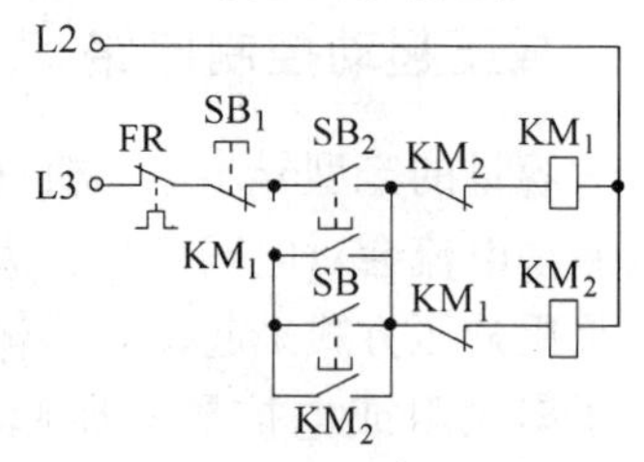

b) 具有电气互锁的控制电路

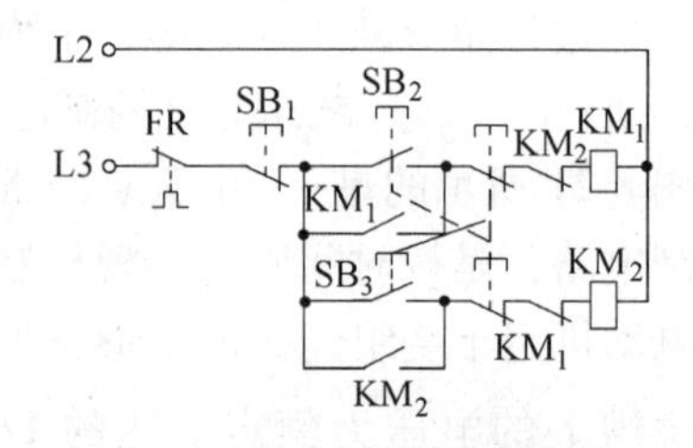

c) 具有复合互锁的控制电路

图 8-22　电动机正、反转控制电路

闭触点叫互锁触点。另外，该电路只能实现“正→停→反”或者“反→停→正”控制，即必须按下停止按钮后，再反向或正向起动。这对需要频繁改变电动机运转方向的设备来说，是很不方便的。

为了提高生产率，直接正、反向操作，利用复合按钮组成“正→反→停”或“反→正→停”的互锁控制。如图8-22c所示，复合按钮的常闭触点同样起到互锁的作用，这样的互锁称做机械互锁。该电路既有接触器常闭触点的电气互锁，也有复合按钮常闭触点的机械互锁，即具有双重互锁。该电路操作方便，安全可靠，故应该广泛应用。

8.2.5　自动循环控制电路

在机床电气设备中，有些是通过工作台自动往复循环工作的，例如龙门刨床的工作台前进、后退。电动机的正、反转是实现工作台自动往复循环的基本环节。自动循环控制电路如图8-23所示。控制电路按照行程控制原则，利用生产机械运动的行程位置实现控制，通常采用限位开关。

工作过程：合上断路器QF→按下起动按钮SB_2→接触器KM_1线圈得电→电动机M正转，工作台向前→工作台前进到一定位置，撞块压动限位开关SQ_2→SQ_2常闭触点断开→KM_1线圈断电→M停止向前。

SQ_2常开触点闭合→KM_2线圈得电→电动机M改变电源相序而反转，工作台向后→工作台后退到一定位置，撞块压动限位开关SQ_1→SQ_1常闭触点断开→KM_2线圈断电→M停止后退。

SQ_1常闭开触点闭合→KM_1线圈得电→电动机M又正转，工作台又前进，如此往复循环工作，直至按下停止按钮SB_1→KM_1（或KM_2）线圈断电→电动机停止转动。

另外，SQ_3、SQ_4分别为反、正向终端保护限位开关，防止限位开关SQ_1、SQ_2失灵时造成工作台从机床上冲出的事故。

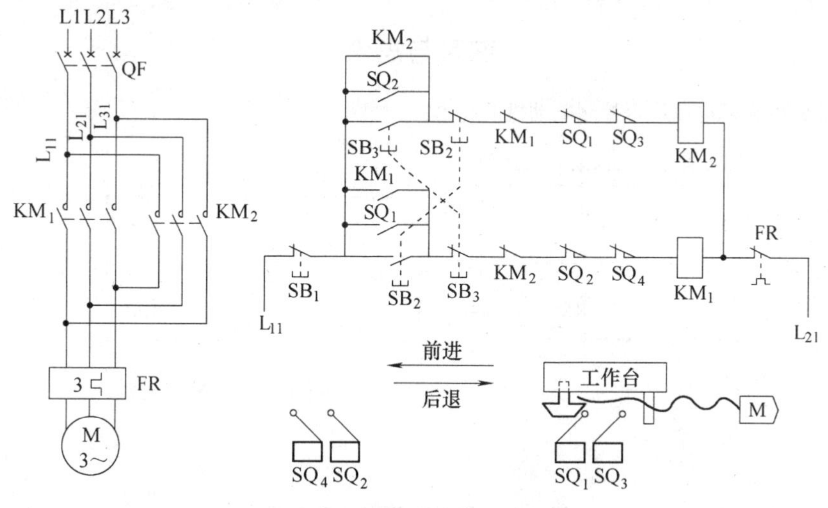

图8-23　自动循环控制电路

8.2.6　反接制动控制电路

三相异步电动机的制动方法有机械制动和电气制动，而电气制动方法中有反接制动、能耗制动、发电制动等，以下重点介绍反接制动控制电路。

断开电动机电源后，电动机由于惯性不会马上停下来，需要一段时间才能完全停止。这种情况对于某些生产机械是不适宜的。如起重机的吊钩需要准确定位，铣床要求立即停转等，都要求采取相应措施使电动机脱离电源后立即停转，反接制动控制是一种很有效的机械制动。

三相异步电动机反接制动是利用改变电动机电源相序，使定子绕组产生的旋转磁场与转子旋转方向相反，因而产生制动力矩的一种制动方法。应注意的是，当电动机转速接近零时，必须立即断开电源，否则电动机会反向旋转。由于反接制动电流较大，制动时需在定子回路中串入电阻以限制制动电流。

单向运行的三相异步电动机反接制动控制电路如图 8-24 所示。控制电路按速度原则实现控制，通常采用速度继电器。速度继电器与电动机同轴相连，在 120 ~ 3000r/min 范围内速度继电器触点动作，当转速低于 100r/min 时，其触点复位。

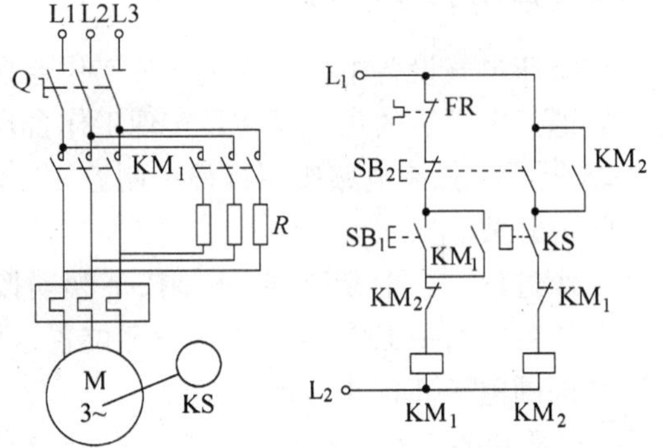

图 8-24　电动机单向运行的反接制动控制电路

工作过程：合上刀开关 Q→按下起动按钮 SB_1→接触器 KM_1 线圈得电→电动机 M 起动运行→速度继电器 KS 常开触点闭合，为制动作准备。制动时按下停止按钮 SB_2→KM_1 线圈断电→KM_2 线圈得电（KS 常开触点尚未打开）→KM_2 主触点闭合，定子绕组串入限流电阻 R 进行反接制动→当 $n\approx0$ 时，KS 常开触点断开→KM_2 线圈断电，电动机制动结束。

此种制动方法适用于 10kW 以下的小容量电动机，特别是一些中小型卧式车床、铣床中的主轴电动机的制动，常采用这种反接制动。

练习与思考

8.2.1　图 8-25 所示电路能否控制电动机的起停？

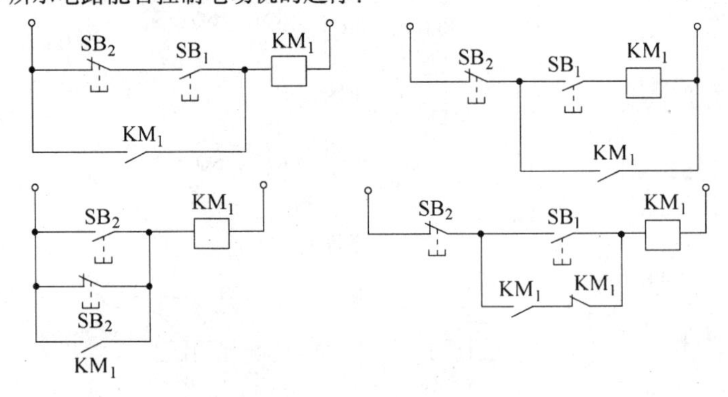

图 8-25　练习与思考 8.2.2 图

8.2.2　画出一台电动机Y-△减压起动控制的电路图，要求有必要的保护环节（包括主回路和控制回路）。

8.2.3　两条传送带运输机分别由两台笼型电动机拖动，用一套起停按钮控制它们的起停，为了避免物体堆积在运输机上，要求电动机的起动、停止顺序为：起动时，M_1 起动后，M_2 才随之起动；停止时，M_2 停止后，M_1 才随之停止。

8.3　可编程序控制器的原理及应用

PLC即可编程序逻辑控制器（简称可编程序控制器），是美国通用汽车公司（GM）于1968年由于生产的需要而提出的，主要用来取代继电-接触控制系统。可编程序控制器的英文名称为Programmable Logic Controller，缩写为PLC。

可编程序控制器是在传统的顺序控制器的基础上引入了微电子技术、计算机技术、自动控制技术和通信技术而形成的一代新型工业控制装置，是一种数字运算操作的电子系统，专为在工业环境下应用而设计。它采用可编程序的存储器，用来在其内部存储执行逻辑运算、顺序控制、定时、计数和算术运算等操作指令，并通过数字式和模拟式的输入和输出，控制各种类型的机械或生产过程。图8-26是继电-接触控制系统与PLC控制系统的比较图。

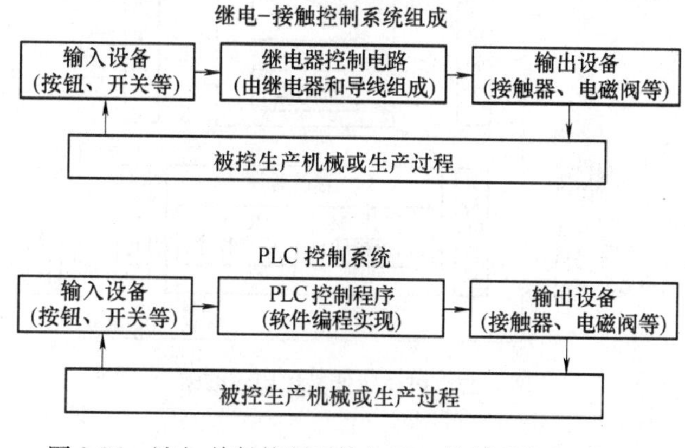

图8-26　继电-接触控制系统与PLC控制系统的比较图

由图8-26可以看出，传统的继电-接触控制系统与PLC控制系统的不同表现在以下几个方面：

1）控制方法：电气控制系统控制逻辑采用硬件接线，继电器的触点数量有限；而PLC采用了所谓的“软继电器”技术，其控制逻辑是以程序的方式存放在存储器中，系统连线少、体积小、功耗小，触点数量是无限的，PLC系统的灵活性和可扩展性好。

2）工作方式：在继电-接触控制电路中，当电源接通时，电路中所有继电器都处于受制约状态，即该吸合的都同时吸合，不该吸合的受某种条件限制而不能吸合，即采用并行工作方式。而PLC采用循环扫描的工作方式，即串行工作方式。

3）从控制速度上看，继电器控制系统的工作频率低，机械触点会出现抖动问题。而PLC的速度快，程序指令执行时间在微秒级，且不会出现触点抖动问题。

4）从定时和计数控制上看，电气控制系统采用时间继电器的延时时间易受环境温度和湿度变化的影响，定时精度不高。而PLC采用半导体集成电路作定时器，精度高，定时范围宽，修改方便，不受环境的影响，且PLC具有计数功能。

5）从可靠性和可维护性上看，由于电气控制系统的机械触点使系统的可靠性和可维护性较差。而 PLC 采用无触点动作，其寿命长，可靠性高，并具有自诊断功能及动态监视功能，为现场调试和维护提供了方便。

8.3.1　可编程序控制器的结构和工作原理

1. PLC 的结构

PLC 包括硬件系统和软件系统两大部分。硬件系统的组成包括：中央处理器、存储器、输入/输出模块、编程器等，其系统构成框图如图 8-27 所示。软件系统包括：系统程序和用户程序。

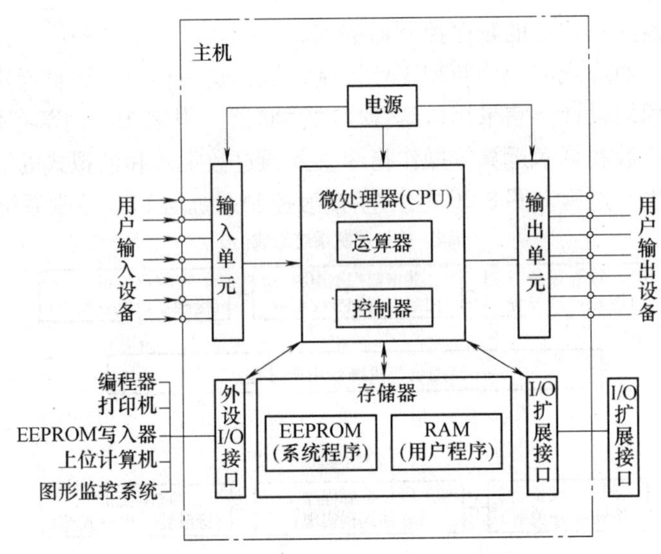

图 8-27　PLC 硬件系统构成框图

PLC 硬件系统各模块简介：

（1）中央处理器 CPU

CPU 按照其系统程序所赋予的功能，完成以下任务：

1）接收编程器或上位机键入的用户程序和数据，存入随机存储器 RAM 中。

2）用扫描的方式接收现场输入设备的状态或数据，并存入输入状态表或数据寄存器中。

3）诊断电源、PLC 内部电路的工作状态和编程过程中的语法错误等。

4）PLC 进入运行状态后，从存储器中逐条读取用户程序，经指令解释后，按指令规定的任务产生相应的控制信号，去接通或断开相关的控制电路，分时、分渠道地去执行数据的存取、传送、组合、比较和变换等操作，完成用户程序中规定的逻辑运算或算术运算等任务。

5）根据运算结果，更新有关标志位的状态和输出寄存器表的内容，再由输出状态表的位状态或数据寄存器的有关内容，实现输出控制、打印或数据通信等功能。

6）CPU 除顺序执行程序以外，还能接收输入输出接口发来的中断请求，并进行中断处理，中断处理完后，再返回原址继续执行。

（2）存储器

PLC中常用的存储器有RAM、ROM和EEPROM。

随机存取存储器（RAM）：读/写存储器，是易失性的存储器，它的电源中断后，储存的信息将会丢失。RAM的工作速度高，价格便宜，改写方便。

只读存储器（ROM）：ROM的内容只能读出，不能写入。它是非易失的，它的电源消失后，仍能保存储存的内容。ROM一般用来存放可编程序控制器的系统程序。

可电擦除可编程的只读存储器（EEPROM或E^2PROM）：它是非易失性的，但是可以用编程装置对它编程，兼有ROM的非易失性和RAM的随机存取优点，但是将信息写入它所需的时间比RAM长得多。EEPROM用来存放用户程序和需长期保存的重要数据。

用户存储器主要用来存储用户从键盘上输入并经过系统程序编译处理后的程序。

（3）输入/输出模块

输入/输出模块（简称I/O）是现场输入设备（如限位开关、操作按钮、选择开关、行程开关等）、输出设备（如驱动电磁阀、接触器、电动机等）或其他外围设备之间的连接部件。

输入/输出模块包括：开关量输入/输出模块；模拟量输入/输出模块。

1）开关量输入模块的基本原理：开关量输入模块的作用是接收现场的开关信号，并将输入的高电平信号转换为PLC内部所需要的低电平信号。开关量输入模块根据使用的电源不同，分为直流输入模块、交流输入模块和交/直流输入模块3种。

2）开关量输出模块的基本原理：开关量输出模块的作用是将PLC的输出信号传送给外部负载（即用户输出设备），并将PLC内部的低电平信号转换为外部所需电平，以满足不同负载的需要。其输出方式的分类如图8-28所示。

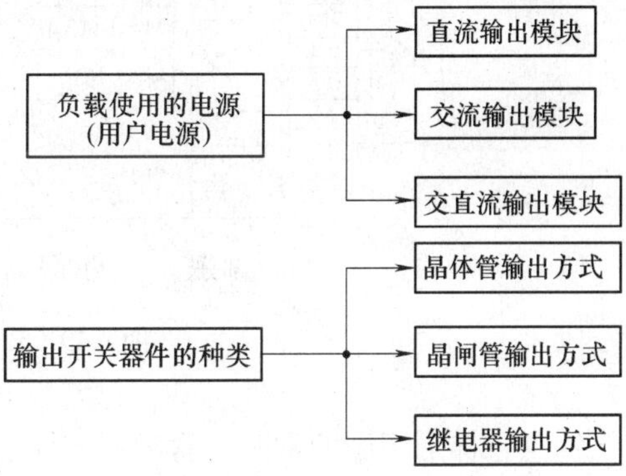

3）模拟量输入模块的基本原理：该模块用来将模拟信号转换成PLC能够接收的数字信号。其主要功能就是进行模拟量到数字量的转换。这种模拟量可以是缓慢变化的温度或电压（电流）信号。

4）S7-200 PLC的模拟量模块：EM231为模拟量输入模块，有4路模拟量输入通道，可以是标准的电压信号，也可以是标准的电流信号。

负载使用的电源（用户电源）
直流输出模块
交流输出模块
交直流输出模块
输出开关器件的种类
晶体管输出方式
晶闸管输出方式
继电器输出方式

图8-28　开关量输出模块的输出方式分类

EM232为模拟量输出模块，有两路模拟量输出通道，可以输出标准的电压信号，也可以输出标准的电流信号。

EM235为模拟量输入/输出组合模块，有4路输入通道、1路输出通道。

（4）编程器

PLC的编程器分简易编程器、图形编程器、手持编程器及计算机4类。

简易编程器：通常把它直接插入PLC的专用接口，与PLC相连接，并由PLC提供电源。它只能与PLC直接联机编程，不能脱机编程。

图形编程器：图形编程器的图形显示屏可以用来显示编程内容、继电器占用情况、程序容量、程序调试与执行时各种信号的状态和错误提示等。这种编程器还可以和打印机、盒式磁带机等设备相连，监控功能强，但价格贵，适用于大、中型 PLC 的编程。

手持编程器及将工业控制计算机作为编程器，是目前使用比较多的情况。

2. PLC 的工作原理

（1）PLC 的等效电路

梯形图中的继电器，不是继电-接触控制电路中的物理继电器，它实际上是存储器中相应的一个触发器，因此称为“软继电器”。当该触发器为“1”状态，表示该“软继电器”线圈通电，对应梯形图中的常开触点闭合，常闭触点断开。

图 8-29 中，左侧是输入继电器线圈与相应输入继电器线圈的控制触点。输入继电器线圈是否接通，取决于外部开关等的状态。当外部开关信号是常开触点时，在未闭合时左侧输入继电器线圈是通电的，所以对应右侧梯形图中的常开触点闭合，常闭触点断开；当开关按下后，输入继电器线圈是断电的，梯形图中的控制触点恢复原始状态。图中的右侧是输出继电器线圈与相应线圈的控制触点。当控制 Q0.0 线圈的逻辑关系满足条件时，Q0.0 线圈得电，其常开触点闭合，使得外部的输出电路电路接通，KM 接触器线圈得电，相应触点动作。

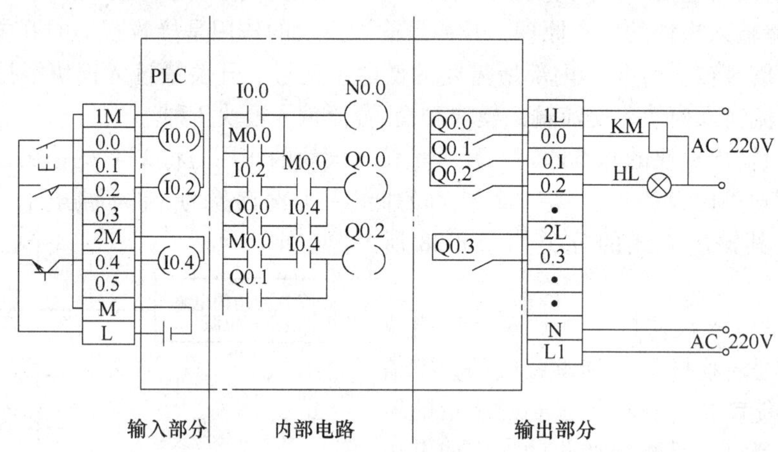

图 8-29　PLC 的等效工作原理

注意：梯形图中的常开、常闭控制触点的状态，都是相对输入继电器线圈不通电时的状态而言，一旦输入继电器线圈通电，梯形图中相应的控制触点动作，常开的闭合，常闭的断开。

（2）PLC 的工作方式

PLC 则采用循环扫描的工作方式。这种工作方式是在系统软件控制下，顺序扫描各个输入点的状态，按用户程序进行运算处理，然后顺序向输出点发出相应的控制信号。整个过程如图 8-30 所示。

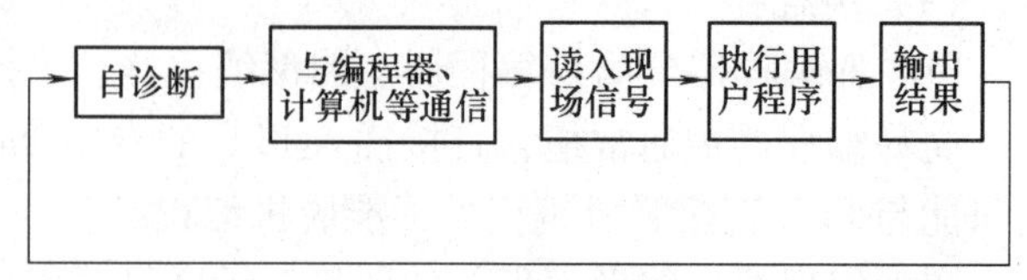

图 8-30　PLC 的工作方式

（3）可编程序控制器的工作过程

PLC 的工作过程如图 8-31 所示。PLC 大多采用成批输入-输出的周期扫描方式工作，按用户程序的先后次序逐条运行。一个完整的周期可分为为输入采样、程序执行和输出刷新 3 个阶段。

输入刷新阶段：程序开始时，监控程序使机器以扫描方式逐个输入所有输入端口上的信号，并依次存入对应的输入映像寄存器。

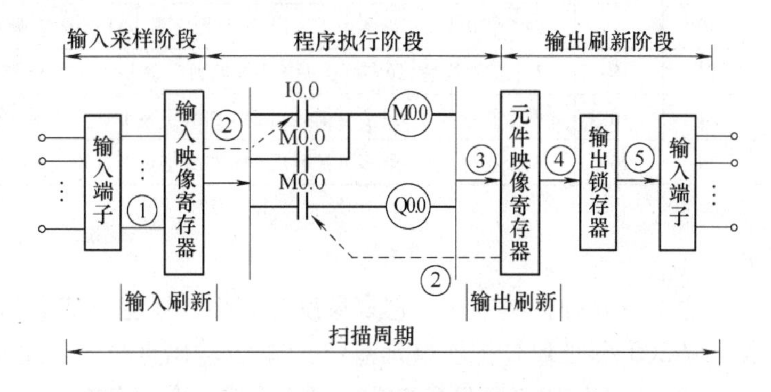

图 8-31　PLC 的工作过程

程序执行阶段：所有的输入端口采样结束后，即开始进行逻辑运算处理，根据用户输入的控制程序，从第一条开始，逐条加以执行，并将相应的逻辑运行结果，存入对应的中间元件和输出元件映像寄存器，当最后一条控制程序执行完成后，即转入输出刷新处理。

输出刷新阶段：将输出元件映像寄存器的内容，从第一个输出端口开始，到最后一个结束，依次读入对应的输出锁存器，从而驱动输出器件形成可编程的实际输出。

（4）可编程序控制器对输入/输出的处理原则

1）输出映像寄存器的数据取决于输入端子板上各输入点在上一刷新周期的接通和断开状态。

2）程序执行结果取决于用户所编程序和输入/输出映像寄存器的内容及其他各元件映像寄存器的内容。

3）输出映像寄存器的数据取决于输出指令的执行结果。

4）输出锁存器的数据，由上一次输出刷新期间输出映像寄存器的数据决定。

5）输出端子的接通和断开状态，由输出锁存器决定。

6）PLC 的输入与输出存在滞后现象。

8.3.2　西门子 S7-200 PLC 的基本指令和编程

西门子公司（Siemens）生产的 S7 系列 PLC 包括：微型 PLC S7-200 系列、较低性能 PLC S7-300 系列和中/高性能 PLC S7-400 系列。本文主要以 S7-200 PLC 系列小型 PLC 为例，介绍 PLC 系统的硬件构成及内部资源。

1. S7-200 系列 PLC 的基本构成

S7-200 系列 PLC 可提供 4 种不同的基本单元和 6 种型号的扩展单元。其系统构成包括基本单元、扩展单元、编程器、存储卡、写入器、文本显示器等。

（1）基本单元

S7-200 系列 PLC 中可提供 4 种不同的基本型号的 8 种 CPU 供选择使用，其输入输出点数的分配如表 8-3 所示。

表 8-3　S7-200 系列 PLC 中 CPU22X 的基本单元

型　　号	输入点	输出点	可带扩展模块数及最多 I/O 点数
S7-200CPU221	6	4	—
S7-200CPU222	8	6	两个扩展模块，最多可扩展出 78 路数字量 I/O 点或 10 路模拟量 I/O 点
S7-200CPU224	14	10	7 个扩展模块，最多可扩展出 168 路数字量 I/O 点或 35 路模拟量 I/O 点
S7-200CPU226	24	16	两个扩展模块，最多可扩展出 248 路数字量 I/O 点或 35 路模拟量 I/O 点
S7-200CPU226XM	24	16	两个扩展模块，最多可扩展出 248 路数字量 I/O 点或 35 路模拟量 I/O 点

（2）扩展单元

S7-200 系列 PLC 主要有 6 种扩展单元，它本身没有 CPU，只能与基本单元相连接使用，用于扩展 I/O 点数，S7-200 系列 PLC 扩展单元型号及输入/输出点数的分配如表 8-4 所示。

表 8-4　S7-200 系列 PLC 扩展单元型号及输入/输出点数

<table>
<tr><th>类　　型</th><th>型　　号</th><th>输入点</th><th>输出点</th><th>类　　型</th><th>型　　号</th><th>输入点</th><th>输出点</th></tr>
<tr><td rowspan="3">数字量扩展模块</td><td>EM221</td><td>8</td><td>无</td><td rowspan="3">模拟量扩展模块</td><td>EM231</td><td>4</td><td>无</td></tr>
<tr><td>EM222</td><td>无</td><td>8</td><td>EM232</td><td>无</td><td>2</td></tr>
<tr><td>EM223</td><td>4/8/16</td><td>4/8/16</td><td>EM235</td><td>4</td><td>1</td></tr>
</table>

（3）编程器

PLC 在正式运行时，不需要编程器。编程器主要用来进行用户程序的编制、存储和管理等，并将用户程序送入 PLC 中，在调试过程中，进行监控和故障检测。S7-200 系列 PLC 可采用多种编程器，一般可分为简易型和智能型。

简易型编程器是袖珍型的，简单实用，价格低廉，是一种很好的现场编程及监测工具，但显示功能较差，只能用指令表方式输入，使用不够方便。智能型编程器采用计算机进行编程操作，将专用的编程软件装入计算机内，可直接采用梯形图语言编程，实现在线监测，非常直观，且功能强大，S7-200 系列 PLC 的专用编程软件为 STEP7-Micro/WIN。

（4）程序存储卡

为了保证程序及重要参数的安全，一般小型 PLC 设有外接 EEPROM 卡盒接口，通过该接口可以将卡盒的内容写入 PLC，也可将 PLC 内的程序及重要参数传到外接 EEPROM 卡盒内作为备份。程序存储卡 EEPROM 有 6ES 7291-8GC00-0XA0 和 6ES 7291-8GD00-0XA0 两种，程序容量分别为 8KB 和 16KB 程序步。

（5）写入器

写入器的功能是实现 PLC 和 EEPROM 之间的程序传送，是将 PLC 中 RAM 区的程序通过写入器固化到程序存储卡中，或将 PLC 中程序存储卡中的程序通过写入器传送到 RAM 区。

（6）文本显示器

文本显示器 TD200 不仅是一个用于显示系统信息的显示设备，还可作为控制单元对某个量的数值进行修改，或直接设置输入/输出量。文本信息的显示用选择/确认的方法，最多可显示 80 条信息，每条信息最多 4 个变量的状态。过程参数可在显示器上显示，并可随时修改。TD200面板上的8个可编程序的功能键，每个都分配了一个存储器位，这些功能键在启动和测试系统时，可以进行参数设置和诊断。

西门子S7-200系列PLC提供了梯形图（LAD）、语句表（STL）、功能块图（FBD）3种编程语言。其中梯形图和语句表是最常用。本章以S7-200 CPU22X系列PLC的指令系统为对象，用举例的形式介绍基本逻辑指令、程序控制指令、定时/计数器指令的使用和编程。

2. 标准触点的位逻辑指令

标准触点：

当常开（NO）触点对应的存储器地址位（bit）为1时，表示该触点闭合，常闭（NC）触点对应的存储器地址位（bit）为0时，表示该触点闭合。

（1）装载常开与装载常闭指令——LD、LDN

当常开触点或常闭触点起于左母线时，分别使用以上命令。

【例8-1】

I0.0　Q0.0　I0.1　Q0.1

```
LD    I0.0
LDN   I0.1
```

（2）与、或及输出指令

1）常开触点的与、或——A、O

【例8-2】

网络1　I0.0　I0.1　Q0.0

```
LD    I0.0
A     I0.1
```

网络2　I0.0　Q0.1　I0.1

```
LD    I0.0
O     I0.1
```

2）常闭触点的与、或——AN、ON

【例8-3】

网络1　I0.0　I0.1　Q0.0

```
LD    I0.0
AN    I0.1
```

网络2　I0.1　I0.0　Q0.1　I0.2

```
LD    I0.0
A     I0.1
ON    I0.2
```

以上指令的操作对象：I、Q、M、SM、T、C、V、S、L

（3）输出指令——=

【例 8-4】

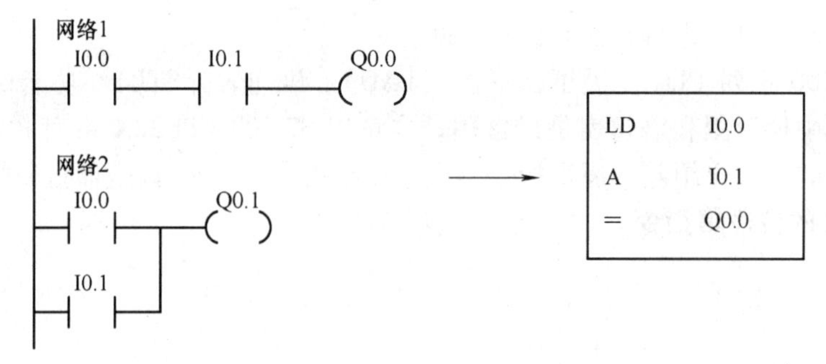

（4）取非指令—— NOT

【例 8-5】

I0.0 NOT Q0.0

```
LD    I0.0
NOT
=     Q0.0
```

（5）正、负跳变指令——EU、ED

正跳变触点：—|P|—在检测到每一次正跳变（从 OFF 到 ON）之后，让能流接通一个扫描周期。

负跳变触点：—|N|—在检测到每一次负跳变（从 ON 到 OFF）之后，让能流接通一个扫描周期。

（6）置位和复位（N 位）指令——S、R

执行置位（置 1）和复位（置 0）指令时，从 bit 或 out 指令的地址参数开始的 N 个点都被置位或复位。

置位、复位的点数 N 可以是 1 ~ 255。当用复位指令时，如果 bit 或 OUT 指令的是 T 或 C 位，那么定时器或计数器被复位，同时计数器或定时器当前值被清零。

梯形符号		语句符号		
	bit (S) N		S	bit,N
	bit (R) N		R	bit,N

（7）空操作指令——NOP

空操作指令不影响程序的执行，操作数 N 是一个 0 ~ 255 之间的数。

N (NOP)　　NOP　N

（8）块操作指令——ALD、OLD

ALD——块串联

OLD——块并联

3. 逻辑堆栈指令

（1）栈装载与指令 ALD（与块）

栈装载与指令在梯形图中用于将并联电路块进行串联连接。

（2）栈装载或指令 OLD（或块）

栈装载或指令在梯形图中用于将串联电路块进行并联连接。

（3）逻辑推入栈指令 LPS（分支或主控指令）

逻辑推入栈指令在梯形图中的分支结构中，用于生成一条新的母线，左侧为主控逻辑块时，第一个完整的从逻辑行从此处开始。

注意：使用 LPS 指令时，本指令为分支的开始，以后必须有分支结束指令 LPP。即 LPS 与 LPP 指令必须成对出现。

（4）逻辑弹出栈指令 LPP（分支结束或主控复位指令）

逻辑弹出栈指令在梯形图中的分支结构中，用于将 LPS 指令生成一条新的母线进行恢复。

注意：使用 LPP 指令时，必须出现在 LPS 的后面，与 LPS 成对出现。

（5）逻辑读栈指令 LRD

在梯形图中的分支结构中，当左侧为主控逻辑块时，开始第二个和后边更多的从逻辑块。

（6）装入堆栈指令 LDS

本指令编程时较少使用。

指令格式：LDS　n（n 为 0 ~ 8 的整数）

4. 比较指令

（1）字节比较指令

用于比较两个字节型整数值 IN1 和 IN2 的大小，字节比较是无符号的。比较式可以是 LDB、AB 或 OB 后直接加比较运算符构成。如：LDB =、AB < >、OB >= 等。

整数 IN1 和 IN2 的寻址范围：VB、IB、QB、MB、SB、SMB、LB、*VD、*AC、*LD 和常数。

【例 8-6】 指令格式

LDB =　VB10，　VB12

AB < >　MB0，　MB1

OB <=　AC1，　116

（2）整数比较指令

用于比较两个一字长整数值 IN1 和 IN2 的大小，整数比较是有符号的（整数范围为 16#8000 和 16#7FFF 之间）。比较式可以是 LDW、AW 或 OW 后直接加比较运算符构成。

如：LDW =、AW < >、OW >= 等。

整数 IN1 和 IN2 的寻址范围：VW、IW、QW、MW、SW、SMW、LW、AIW、T、C、AC、*VD、*AC、*LD 和常数。

【例 8-7】 指令格式

LDW =　VW10，　VW12

AW < >　MW0，　MW4

OW <=　AC2，　1160

（3）双字整数比较指令

用于比较两个双字长整数值 IN1 和 IN2 的大小，双字整数比较是有符号的（双字整数范围为 16#80000000 和 16#7FFFFFFF 之间）。

【例 8-8】 指令格式

```
LDD =   VD10,   VD14
AD < >  MD0,    MD8
OD <=   AC0,    1160000
LDD >=  HC0,    *AC0
```

（4）实数比较指令

用于比较两个双字长实数值 IN1 和 IN2 的大小，实数比较是有符号的（负实数范围为 -1.175495E-38 和 -3.402823E+38，正实数范围为 +1.175495E-38 和 +3.402823E+38）。比较式可以是 LDR、AR 或 OR 后直接加比较运算符构成。

【例 8-9】 指令格式

```
LDR =   VD10,   VD18
AR < >  MD0,    MD12
OR <=   AC1,    1160.478
AR >    *AC1,   VD100
```

5. 定时器的编程

S7-200 PLC 的定时器有 3 种：接通延时定时器（TON）、有记忆接通延时定时器（TONR）和断开延时定时器（TOF）。

（1）TON 和 TONR 的工作

当使能输入接通时，接通延时定时器和有记忆接通延时定时器开始计时，当定时器的当前值（T×××）大于等于预设值 PT 时，该定时器位被置位。当使能输入断开时，清除接通延时定时器的当前值，而对于有记忆接通延时定时器，其当前值保持不变。可以用有记忆接通延时定时器累计输入信号的接通时间，利用复位指令（R）清除其当前值。

（2）TOF 的工作

TOF 用来在输入断开后延时一段时间断开输出。当使能输入接通时，定时器位立即接通，并把当前值设为 0。当输入断开时，定时器开始定时，直到达到预设的时间。当达到预设时间时，定时器位断开，并且停止计时当前值。当输入断开的时间短于预设时间时，定时器位保持不变。

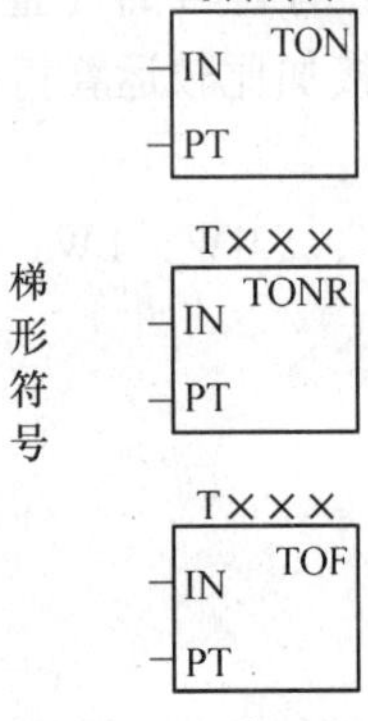

梯形符号：

T×××　TON　IN　PT

T×××　TONR　IN　PT

T×××　TOF　IN　PT

语句符号：

TON	T×××	PT
TONR	T×××	PT
TOF	T×××	PT

注意：不能把一个定时器同时用作 TOF 和 TON。

TON、TONR、TOF 定时器有 3 个分辨率，这些分辨率与定时器号有关，如表 8-5 所示。

表 8-5　定时器工作方式及类型

定时器类型	用毫秒表示的分辨率/ms	用秒表示的最大当前值/s	定时器号
TONR	1	32.767	T0，T64
	10	327.67	T1-T4，T65-T68
	100	3276.7	T5-T31，T69-T95
TON/TOF	1	32.767	T32，T96
	10	327.67	T33-T36，T97-T100
	100	3276.7	T37-T63，T101-T255

6. 计数器的编程

计数器指令有：增计数器指令（CTU）、减计数器指令（CTD）和增/减计数器指令（CTUD）。

（1）增计数器指令

增计数器指令（CTU）在每 CU 输入的上升沿递增计数，直至计数最大值。当当前计数值（C×××）大于或等于预置计数值（PV）时，该计数器被置位。当复位输入（R）置位时，计数器被复位。梯形图指令如图 8-32 所示。

（2）减计数器指令（CTD）

使该计数器在 CD 输入的上升沿从预置值开始递减计数。当当前计数值（C×××）等于 0 时，该计数器被置位。当装载输入（LD）接通时，计数器复位并把预设值（PV）装载当前值。梯形图指令如图 8-33 所示。

图 8-32　增计数器　　图 8-33　减计数器

（3）增/减计数器指令

增/减计数器指令（CTUD）在每 CU 输入的上升沿，从当前计数值开始递增计数，在每一个 CD 输入的上升沿，递减计数。当复位输入（R）置位时，计数器被复位。梯形图指令如图 8-34 所示。

PV：VW、IW、QW、MW、SMW、LW、AIW、AC、T、C、常数等。

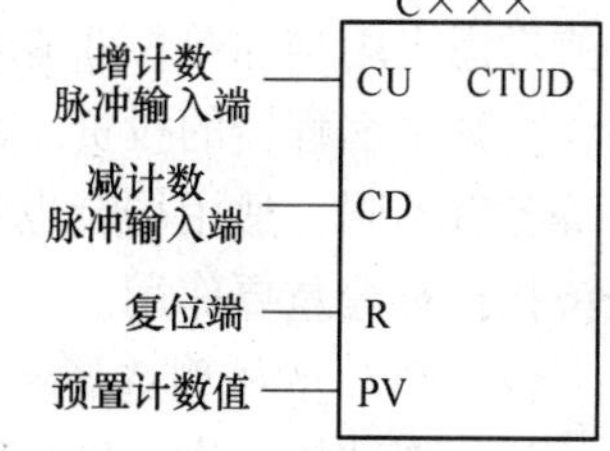

图 8-34　增/减计数器

【例 8-10】　减计数器的应用

减计数器的应用程序如图 8-35 所示的梯形图和语句表所示。

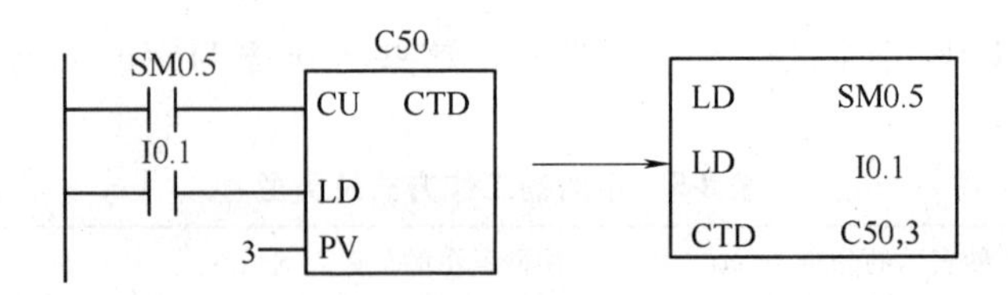

图 8-35　减计数器的应用程序

8.3.3　可编程序控制器系统设计及应用

1. PLC 控制系统设计的内容及步骤

（1）PLC 控制系统设计时应遵循的原则

1）最大限度地满足被控对象的要求。

2）在满足控制要求的前提下，力求使控制系统简单、经济、适用及维护方便。

3）保证系统的安全可靠。

4）考虑生产发展和工艺改进的要求，在选型时应留有适当的余量。

（2）PLC 控制系统设计的主要内容

1）分析控制对象，明确设计任务和要求。

2）选定 PLC 的型号，对控制系统的硬件进行配置。

3）保证系统的安全可靠。

4）选择所需的输入/输出模块，编制 PLC 的输入/输出分配表和输入/输出端子接线图。

5）根据系统设计要求编写程序规格要求说明书，再用相应的编程语言进行程序设计。

6）设计操作台、电气柜、选择所需的电器元件。

7）编写设计说明书和操作使用说明书。

（3）PLC 控制系统设计的一般步骤

1）详细了解被控对象的生产工艺过程，分析控制要求。

2）根据控制要求确定所需的用户输入/输出设备。

3）选择 PLC 类型。

4）分配 PLC 的 I/O 点，设计 I/O 连接图。

5）PLC 软件设计，同时可进行控制台的设计和现场施工。

6）系统调试，固化程序，交付使用。

2. PLC 控制系统的硬件设计

PLC 的硬件设计包括 PLC 机型、容量、I/O 模块、外围设备的选择等多个方面。

选择能满足控制要求的适当型号的 PLC 是应用设计中至关重要的一步。目前，国内外 PLC 生产厂家生产的 PLC 品种已达数百个，其性能各有特点。所以，在设计时，首先要尽可能考虑采用与你单位正在使用的同系列的 PLC，以便于学习和掌握，其次是备件的通用性，可减少编程器的投资。由于 PLC 品种繁多，其结构形式、性能、容量、指令系统、价格等各有不同，适用场合也各有侧重，因此合理选择 PLC，对于提高 PLC 控制系统的技术经济指标有着重要作用。

（1）PLC 的机型选择

从物理结构来讲，PLC 可分为整体式和模块式，对于工作过程比较固定、环境条件较好（维修量较小）的场合，可选用整体结构 PLC，这样可以降低成本。其他情况下可选用模块式PLC，便于灵活地扩展I/O点数，有更多特殊I/O模块可供选择，维修更换模块、判断故障范围也很方便，缺点是价格偏高。

一个企业内部，尽可能地做到机型统一，或者尽可能地采用同一生产厂家的PLC，因为同一机型便于备用件的采购和管理、模块可互为备份，可以减少备件的数量。同一厂家PLC功能和编程式方法统一，利于技术培训，便于用户程序的开发和修改，也便于联网通信。

（2）PLC容量估算

PLC容量的选择包括两个方面：一是I/O点数，二是应用程序存储器容量的选择。

I/O点数的选择除了要满足当前控制系统的要求以外，考虑到以后生产工艺的可能变化及可靠性的要求，适当预留10%～15%的裕量。应用程序存储器量的估算与许多因素有关，例如I/O点数、运算处理量、控制要求、程序结构等。一般用下列公式作粗略估算。

只有开关量控制时，I/O点所需存储量=I/O点数×8

只有模拟量输入时，模拟量所需存储器字数=模拟量路数×120

由于程序设计者水平的差异，即使对一样的系统，由不同的编程人员设计的程序，其长度和执行时间也会有很大差异，因此在考虑存储器容量时应当固有适当裕量，初学者可多留一些，有经验者可少留一些。一般可按计算结果的25%考虑。需要注意的是，一般小型用户程序存储器容量是固定的，不能随意扩充和调整。

存储器容量与系统规模、控制要求、实现方法及编程水平等许多因素有关，其中I/O点数在很大程度上可以反映PLC系统对存储器的要求。因此在工程实践中，存储器容量一般是通过I/O点数并根据统计经验粗略估算的：

开关量输入：总字节数=总点数×10

开关量输出：总字节数=总点数×8

模拟量输入/输出：总字节数=通道数×100

定时器/计数器：总字节数=定时器/计数器个数×2

通信接口：总字节数=接口数量×300

以上计算的结果只具有参考价值，在明确存储器容量时，还应对其进行修正。特别是对初学者来说，应该在估算值的基础上充分考虑余量。

（3）I/O模块的选择

I/O模块的价格占PLC价格的一半以上，不同I/O模块，其结构与性能也不一样，它直接影响到PLC的应用范围和价格。

1）开关量输入模块的选择：根据PLC输入量和输出量的点数和性质。可以确定I/O模块的型号和数量，每一模块的点数可能有4、8、16、32点和64点。按结构来分有共点式、分组式、隔离式，按电压形式范围来可分为直流5V、12V、24V、48V、60V和交流110V、220V。

高密度模块如32点、64点，平均每点的价格较低，但受工作电压、工作电流和环境温度的限制。应注意同时接通的点数不能超过该模块总点数的60%。

隔离式模块平均每点的价格较高，若输入信号之间不需要隔离，可选共点式或分组式。

输入模块的工作电压尽量与现场输入设备（有源设备）一致，可省去转换环节。对无源输入信号，则需根据现场与PLC的距离远近来选择电压的高低。一般直流电压如5V、12V、24V属于低电压，传输距离不宜太长，距离较远或环境干扰较强时，应选用高电压模块。在有粉尘、油雾等恶劣环境下，应选用交流电模块。

2）开关量输出模块的选择：开关量输出模块，按点数分有 16、32、64 点，按电路结构分有共点、分组式、隔离式。它们的选择与输入模块有类似的原则。

按输出方式分，有继电器输出、双向晶闸管输出、晶体管输出。继电器输出模块适用电压范围广，导通压降小，承受瞬时过载能力强，且有隔离作用。但动作速度慢，寿命（动作次数）有一定限制，驱动感性负载时最大通断频率不得超过 1ns，适用于不频繁动作的交/直流负载。晶体管和双向晶闸管模块分别适用于直流和交流负载，它们可取性高，反应速度快，寿命长，但过载能力稍差。

在选用共点式或分组式输出模块时，不仅要考虑每点所允许的输出电流，还应考虑公共端所允许的最大电流，避免同时动作时超出范围而损坏输出模块。

3）模拟量输入/输出模块的选择：连续变换的温度、压力、位移等非电量最终都要采用相应传感器转化成标准电压或电流信号，然后送入输入模块。输入模块有 2、4、8 个通道，根据所需进行选取。按输入信号的形式来分，有电压型和电流型。一般来讲，电流型的抗干扰能力强，但要根据输入设备来确定。另外，输入模块信号还有不同的范围，在选择时应加以注意。一般的模块都具有 12bit 以上的分辨率，能够满足普通生产的精度要求。选择输入模块的另一个考虑基于被控系统的实时性。有的模块转换速度快，有的较慢，因考虑到滤波效果，输入模块大多用积分式转换，速度稍慢，在要求实时性较强的场合，可选用专用的高速模块。输出模块的选择方法与输出模块的选择方法大致相同。

（4）编程器和外围设备的选择

对于小型机，一般选用手持型简易编程器。特点是价格低，移动方便，但功能有限。对于大中型机，一般采用图形编程器。现在采用个人计算机或工业控制计算机作为编程器的应用也很广泛。

为防止由于掉电、干扰而破坏应用程序，存储器一般选用 EPROM、EEPROM 或 Flash 存储器。

（5）输入/输出设备与 PLC 连接时应注意的问题

在 PLC 控制系统中，PLC 是主要的控制设备，它与控制对象中各种输入设备（如按钮、继电器触点、限位开关及其他检测信号等）和输出设备（继电器、接触器、电磁阀等执行元件）相连，连接电路需设计。此外还要考虑设计各种运行方式的电路（自动、半自动、手动、紧急停止电路等）、电气主电路以及一些未纳入 PLC 范围的电气控制电路等。总之，形成一个完整的控制系统所需的 PLC 以外的电路均需要设计。这里要着重介绍的只是与 PLC 连接的有关问题。

1）PLC 的外部输入电路：现场的输入信号如按钮、拨动开关、选择开关、限位开关、行程开关和其他一些检测元件输出的开关量或模拟量，通过连接电路进入 PLC。对于开关触点，当为强电电路的触点时，有些要求 48V、50mA 左右或 110V、15 ~20mA 左右才能可靠接通，而输入模块的输入电源电压一般不高，额定电流也是毫安级，要注意模拟量输入信号的数值范围应与 PLC 的模入口数值相匹配，否则应加变送器或加其他电路解决。

2）PLC 的外部输出电路：PLC 的各输出点与现场各执行元件相连。PLC 的这些执行元件有电感性负载、电阻性负载、电灯负载；有开关量和模拟量；负载电源有交流也有直流。在进行输出电路设计时，有几点是需要注意的：

①建议在 PLC 外部输出电路的电源供电线路上装设电源接触器，用按钮控制其接通/断

开，当外部负载需要紧急断开时，只需按下按钮就可将电源断开，而与PLC无关。另外，电源在停电后恢复，PLC也不会马上起动，只有在按下起动按钮后才会起动。

②电路中加入熔断器（速熔）作短路保护。当输出端的负载短路时，PLC的输出元件和印制电路板将被烧坏，因此应在输出回路中加装熔断器。可一个线圈回路接一个熔断器，也可一组接一个公共熔断器。熔丝电流应选择得适当大于负载电流。

③当输出端接的是感性元件，应注意加装保护。当为直流输出时，感性元件两端应并接续流二极管；当为交流输出时，感性元件两端应并接阻容吸收电路。这样做是用于抑制由于输出触点断开时电感线圈感应出的很高的尖峰电压，对输出触点的危害及对PLC的干扰。

续流二极管可选额定电流为1A左右的二极管，其额定电压应为负载电压3倍以上。阻容吸收电路可选0.5W、100～120Ω的电阻和0.1pF的电容。

白炽灯在室温和工作时的电阻值相差极大，通电瞬间产生很大的冲击电流，所以额定电流2A继电器输出电路最多允许带100W、AC220V的白炽灯负载。

双向晶闸管输出电路的负载电流小于10mA时，可能出现晶闸管工作不正常的现象，这时应在负载两端并联一只电阻。

④对于一些危险性大的电路，除了在软件上采取联锁措施外，在PLC外部硬件电路上也应采取相应的措施。如异步电动机正、反转接触器的常闭触点在PLC外部再组成互锁电路，以确保安全。过载保护用的热继电器也可接在PLC的外部电路中。

⑤PLC的模拟量输出用于控制如变速电动机的调节装置、阀门开度的大小（有的要先通过电-气转换装置，再去控制气动调节阀）等。模拟量输出有电流输出如DC4～20mA，也有电压输出如DC0～10V等，用户设计时自行选择。

在硬件设计中，为了保护人身安全和设备安全，还应考虑安全回路设计以及可靠性设计问题。在此由于篇幅所限，不再详述。

3. PLC控制系统软件设计

（1）编程软件的选择

软件系统的设计主要是用户程序的编写。西门子S7-200系列PLC的编程软件采用STEP 7-Micro/WIN 32（可在西门子公司的网站上下载），按要求安装后即可使用。

（2）编程方法的选择

经验设计法：在一些典型的控制环节和电路的基础上，根据被控制对象对控制系统的具体要求，凭经验进行选择、组合。有时为了得到一个满意的设计结果，需要进行多次反复地调试和修改，增加一些辅助触点和中间编程元件。

经验设计法对于一些比较简单的控制系统的设计是比较奏效的，可以收到快速、简单的效果。但是，由于这种方法主要是依靠设计人员的经验进行设计，所以对设计人员的要求也比较高，特别是要求设计者有一定的实践经验。

逻辑设计法：工业电气控制电路中，有不少都是通过继电器等电器元件来实现，因此，用“0”和“1”两种取值的逻辑代数设计电器控制电路是完全可以的，用逻辑设计法设计PLC应用程序的一般步骤如下：

1）列出执行元件动作节拍表。

2）绘制电气控制系统的状态转移图。

3）进行系统的逻辑设计。

4）编写程序。

5）对程序检测、修改和完善。

顺序功能图法：顺序功能图法是首先根据系统的工艺流程设计顺序功能图，然后再依据顺序功能图设计顺序控制程序。在顺序功能图中，实现转换时使前级步的活动结束而使后续步的活动开始，步之间没有重叠。顺序控制继电器（SCR）指令是基于顺序功能图（SFC）的编程方式，专门用于编制顺序控制程序。使用它必须依据顺序功能图进行编程。

（3）梯形图程序设计注意事项

1）每个网络以接点开始，以线圈或功能指令结束，信号总是从左向右传递。

2）内部和中间继电器触点可以使用无数次，但继电器线圈在一个程序中只能使用一次。

3）有些系统要求程序结束时必须使用 END 指令，但有些可以不用。

4）中间继电器、定时器和计数器等功能性指令不能直接产生输出，必须用 OUT 指令才能输出。

5）在一个网络中要将得电条件和失电条件综合考虑，以保证控制的可靠性和准确性。

6）在一个程序中，同一编号的线圈如果使用两次，称为双线圈输出，它很容易引起误操作，应尽量避免。

7）在梯形图中没有真实的电流流动，为了便于分析 PLC 的周期扫描原理和逻辑上的因果关系，假定在梯形图中有“电流”流动，这个“电流”只能在梯形图中单方向流动——即从左向右流动，层次的改变只能从上向下。图 8-36 就是一种错误的桥式梯形图。

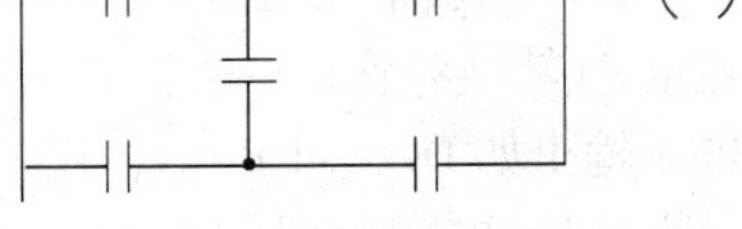

图 8-36　一种错误的桥式电路梯形图

4. PLC 控制系统的应用

现以 8.2.3 节中的电动机星形-三角形减压起动控制为例，说明 PLC 控制系统梯形图设计的一般步骤。

（1）PLC 机型的选择

选用 S7-200（CPU222）进行电动机星形-三角形减压起动控制。

（2）输入/输出分配表的设计

根据设计要求，列出系统所有的输入和输出信号，并分配地址，如表 8-6 所示。本例中只有开关量。

（3）画出控制系统模块硬件控制接线图，如图 8-37 所示。

表 8-6　输入/输出分配表

输入信号	停止按钮 SB_1	I0.0
	起动按钮 SB_2	I0.1
输出信号	接触器 KM_1	Q0.1
	接触器 KM_2	Q0.2
	接触器 KM_3	Q0.3

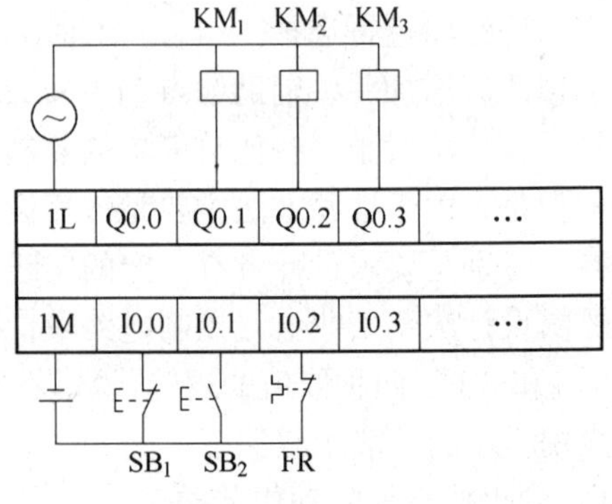

图 8-37　电动机星形-三角形减压起动控制 I/O 接线图

（4）编写控制系统梯形图及语句表，如图8-38所示。

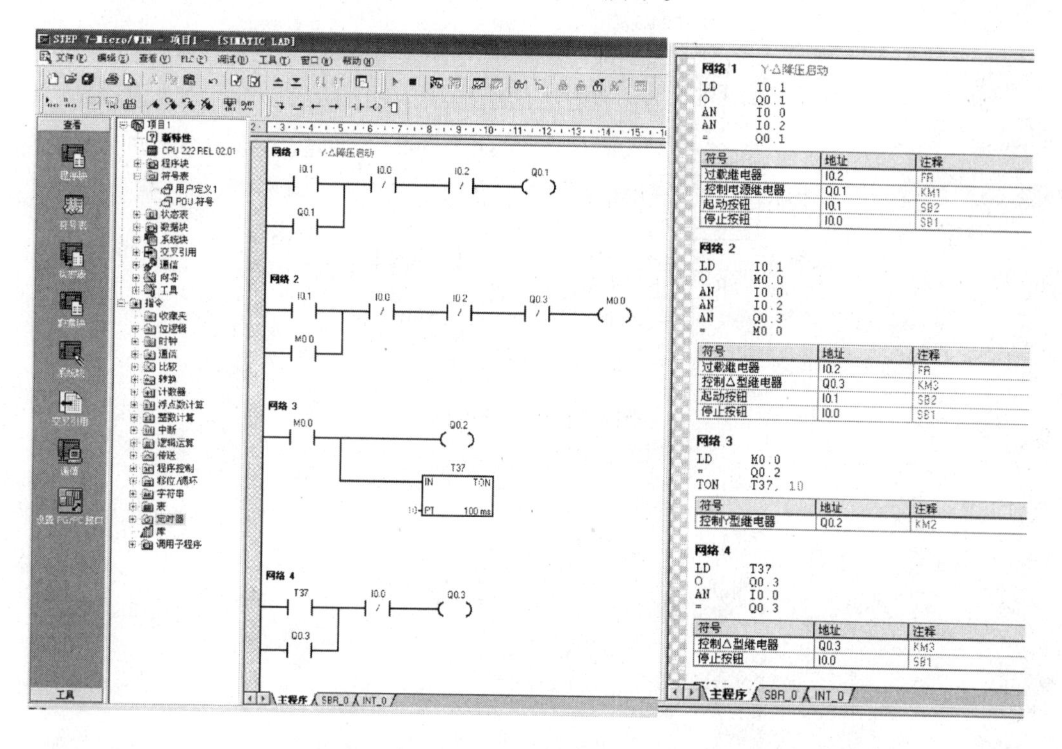

图8-38 Y-△减压起动的梯形图及语句表

练习与思考

8.3.1 简述PLC的工作过程。

8.3.2 PLC控制系统中的模拟量I/O模块的作用是什么？

8.3.3 在PLC控制系统设计时，如何进行容量估算？

习　题

8-1 通常用哪种继电器作三相异步电动机的过载保护？

A. 热继电器　　B. 熔断器　　C. 组合开关

8-2 电气原理图中的Q、FU、KM、KA、KT、KS、FR、SB、SQ、ST分别代表什么电气元器件的文字符号？并说明Q、KA在电气控制电路中各起什么作用？

8-3 自锁环节中与起动按钮并联的是KM的____。

A. 常闭辅助触点　　B. 常开主触点　　C. 常开辅助触点

8-4 在三相异步电动机的正、反转控制电路中，正转接触器与反转接触器间的互锁环节功能是：

A. 防止电动机同时正转和反转　　B. 过载保护　　C. 防止误操作时电源短路

8-5 某机床有两台笼型电动机分别为M_1和M_2，要求起动时M_1起动后M_2才能起动，停止时M_2能单独停车。绘出其电气控制的主电路和控制电路。

8-6 指出图8-39所示的笼型电动机正反转控制电路中有几处错误，并绘出正确电路。

8-7 画出电动机M能实现正反转的控制电路。

8-8 PLC有哪几种输入和输出方式？各有什么特点？各适用于什么场合？

8-9 继电-接触控制系统与PLC控制系统有何异同？

8-10　参照 8.3.3 节的应用实例，设计三相笼型异步电动机的正、反转的梯形图程序。

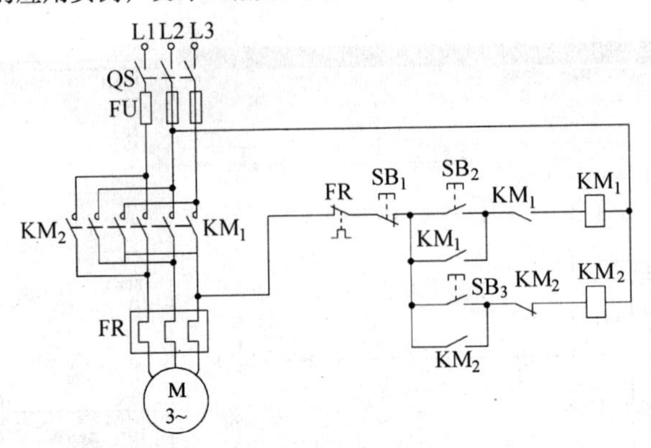

图 8-39　习题 8-6 图

附　　录

附录 A　S7-200 CPU 的存储器范围和特性汇总

描　　述	范　　围				存取格式			
	CPU221	CPU222	CPU224	CPU226	位	字节	字	双字
用户程序区/KB	2	2	4	4				
用户数据区/KB	1	1	2.5	2.5				
输入映像寄存器	I0.0 ~ I15.7	I0.0 ~ I15.7	I0.0 ~ I15.7	I0.0 ~ I15.7	Ix.y	IBx	IWx	IDx
输出映像寄存器	Q0.0 ~ I15.7	Q0.0 ~ I15.7	Q0.0 ~ I15.7	Q0.0 ~ I15.7	Qx.y	QBx	QWx	QDx
模拟输出(只读)	—	AIW0 ~ AIW30	AIW0 ~ AIW30	AIW0 ~ AIW30			AIWx	
模拟输出(只写)	—	AQW0 ~ AQW30	AQW0 ~ AQW30	AQW0 ~ AQW30			AQWx	
变量存储器(V)①	VB0.0 ~ VB2047.7	VB0.0 ~ VB2047.7	VB0.0 ~ VB5199.7	VB0.0 ~ VB5199.7	Vx.y	VBx	VWx	VDx
局部存储器(V)②	LB0.0 ~ LB63.7	LB0.0 ~ LB63.7	LB0.0 ~ LB63.7	LB0.0 ~ LB63.7	Lx.y	LBx	LWx	LDx
位存储器(SM)	M0.0 ~ M31.7	M0.0 ~ M31.7	M0.0 ~ M31.7	M0.0 ~ M31.7	Mx.y	MBx	MWx	MDx
特殊存储器(SM)只读	SM0.0 ~ SM179.7 SM0.0 ~ SM29.7	SM0.0 ~ SM179.7 SM0.0 ~ SM29.7	SM0.0 ~ SM179.7 SM0.0 ~ SM29.7	SM0.0 ~ SM179.7 SM0.0 ~ SM29.7	SMx.y	SMBx	SMWx X	SMDx X
定时器	256(T0 ~ T255)	256(T0 ~ T255)	256(T0 ~ T255)	256(T0 ~ T255)	Tx		Tx	
保持接通延时 1ms	T0,T64	T0,T64	T0,T64	T0,T64				
保持接通延时 10ms	T1 ~ T4, T65 ~ T68	T1 ~ T4, T65 ~ T68	T1 ~ T4, T65 ~ T68	T1 ~ T4, T65 ~ T68				
保持接通延时 100ms	T5 ~ T31, T69 ~ T95	T5 ~ T31, T69 ~ T95	T5 ~ T31, T69 ~ T95	T5 ~ T31, T69 ~ T95				
接通/断开延时 1ms	T32,T96	T32,T96	T32,T96	T32,T96				
接通/断开延时 10ms	T33 ~ T36	T33 ~ T36	T33 ~ T36	T33 ~ T36				
接通/断开延时 100ms	T97 ~ T100, T101 ~ T255	T97 ~ T100, T101 ~ T255	T97 ~ T100, T101 ~ T255	T97 ~ T100, T101 ~ T255				
计数器	C0 ~ C255	C0 ~ C255	C0 ~ C255	C0 ~ C255	Cx		Cx	
高数计数器	HC0,HC3 HC4,HC5	HC0,HC3 HC4,HC5	HC0 ~ HC5	HC0 ~ HC5				HCx
顺序继电器(S)	S0.0 ~ S31.7	S0.0 ~ S31.7	S0.0 ~ S31.7	S0.0 ~ S31.7	Sx.y	SBx	SWx	SDx
累加器	AC0 ~ AC3	AC0 ~ AC3	AC0 ~ AC3	AC0 ~ AC3		ACx	ACx	ACx
跳转/标号	0 ~ 255	0 ~ 255	0 ~ 255	0 ~ 255				
调用/子程序	0 ~ 63	0 ~ 63	0 ~ 63	0 ~ 63				
中断程序	0 ~ 127	0 ~ 127	0 ~ 127	0 ~ 127				
PID 回路	0 ~ 7	0 ~ 7	0 ~ 7	0 ~ 7				
通信口	1	1	1	2				

① 所有 V 存储器可以保存在永久存储器中。

② LB60 ~ LB63 为 STEP7 ~ Micro/WIN32 V3.0 或更高版本保留。

附录B　西门子S7-200 PLC指令表

布尔指令	
LD N	装载（开始的常开触点）
LDI N	立即装载
LDN N	取反后装载（开始的常闭触点）
LDNIN	取反后立即装载
A N	与（串联的常开触点）
AI N	立即与
AN N	取反后与（串联的常开触点）
ANIN	取反后立即与
O N	或（并联的常开触点）
OI N	立即或
ON N	取反后或（并联的常开触点）
ONIN	取反后立即与
LDBx N1，N2	装载字节比较结果 N1（x：<，<=，=，>=，>，<>=）N2
ABx N1，N2	与字节比较结果 N1（x：<，<=，=，>=，>，<>=）N2
OBx N1，N2	或字节比较结果 N1（x：<，<=，=，>=，>，<>=）N2
LDWx N1，N2	装载字比较结果 N1（x：<，<=，=，>=，>，<>=）N2
AWx N1，N2	与字节比较结果 N1（x：<，<=，=，>=，>，<>=）N2
OWx N1，N2	或字比较结果 N1（x：<，<=，=，>=，>，<>=）N2
LDDx N1，N2	装载双字比较结果 N1（x：<，<=，=，>=，>，<>=）N2
ADx N1，N2	与双字比较结果 N1（x：<，<=，=，>=，>，<>=）N2
ODx N1，N2	或双字比较结果 N1（x：<，<=，=，>=，>，<>=）N2
LDRx N1，N2	装载实数比较结果 N1（x：<，<=，=，>=，>，<>=）N2
ARx N1，N2	与实数比较结果 N1（x：<，<=，=，>=，>，<>=）N2
ORx N1，N2	或实数比较结果 N1（x：<，<=，=，>=，>，<>=）N2
NOT	栈顶值取反
EU	上升沿检测
ED	下降沿检测
=N	赋值（线圈）
=I N	立即赋值
S S_BIT，N	置位一个区域
R S_BIT，N	复位一个区域
SI S_BIT，N	立即置位一个区域
RI S_BIT，N	立即复位一个区域

（续）

传送、移位、循环和填充指令	
MOVB IN，OUT MOVW IN，OUT MOVD IN，OUT MOVR IN，OUT BIR IN，OUT BIW IN，OUT	字节传送 字传送 双字传送 实数传送 立即读取物理输入字节 立即写物理输出字节
BMB IN，OUT，N BMW IN，OUT，N BMD IN，OUT，N	字节块传送 字块传送 双字块传送
SWAP IN	交换字节
SHRB DATA，S_BIT，N	移位寄存器
SRB OUT，N SRW OUT，N SRD OUT，N	字节右移 N 位 字右移 N 位 双字右移 N 位
SLB OUT，N SLW OUT，N SLD OUT，N	字节左移 N 位 字左移 N 位 双字左移 N 位
RRB OUT，N RRW OUT，N RRD OUT，N	字节右移 N 位 字右移 N 位 双字右移 N 位
RLB OUT，N RLW OUT，N RLD OUT，N	字节左移 N 位 字左移 N 位 双字左移 N 位
FILL IN，OUT，N	用指定的元素填充存储器空间
逻辑操作	
ALD OLD	电路块串联 电路块并联
LPS LRD LPP LDS	入栈 读栈 出栈 装载堆栈
AENO	对 ENO 进行与操作
ANDB IN1，OUT ANDW IN1，OUT ANDD IN1，OUT	字节逻辑与 字逻辑与 双字逻辑与
ORB IN1，OUT ORW IN1，OUT ORD IN1，OUT	字节逻辑或 字逻辑或 双字逻辑或

（续）

逻辑操作	
XORB IN1，OUT XORW IN1，OUT XORD IN1，OUT	字节逻辑异或 字逻辑异或 双字逻辑异或
INVB OUT INVW OUT INVD OUT	字节取反（1的补码） 字取反 双字取反
表、查找和转换指令	
ATT TABLE，DATA	把数据加到表中
LIFO TABLE，DATA FIFO TABLE，DATA	从表中取数据，后入先出 从表中取数据，先入先出
FND = TBL，PATRN，INDX FND < > TBL，PATRN，INDX FND < TBL，PATRN，INDX FND > TBL，PATRN，INDX	在表中查找符合比较条件的数据
BCDI OUT IBCD OUT	BCD码转换成整数 整数转换成BCD码
BTI IN，OUT IBT IN，OUT ITD IN，OUT TDI IN，OUT	字节转换成整数 整数转换成字节 整数转换成双整数 双整数转换成整数
DTR IN，OUT TRUNC IN，OUT ROUND IN，OUT	双整数转换成实数 实数四舍五入为双整数 实数截位取整为双整数
ATH IN，OUT，LEN HTA IN，OUT，LEN ITA IN，OUT，FMT DTA IN，OUT，FMT RTA IN，OUT，FMT	ASCII码→16进制数 16进制数→ASCII码 整数→ASCII码 双整数→ASCII码 实数→ASCII码
DECO IN，OUT ENCO IN，OUT	译码 编码
SEG IN，OUT	7段译码
中断指令	
CRETI	从中断程序有条件返回
ENI DISI	允许中断 禁止中断
ATCH INT，EVENT DTCH EVENT	给事件分配中断程序 解除中断事件

（续）

通信指令	
XMT TABLE，PORT RCV TABLE，PORT	自由端口发送 自由端口接收
NETR TABLE，PORT NETW TABLE，PORT	网络读 网络写
GPA ADDR，PORT SPA ADDR，PORT	获取端口地址 设置端口地址
高速计数器指令	
HDEF HSC，MODE	定义高速计数器模式
HSC N	激活高速计数器
PLS X	脉冲输出
数学、加 1 减 1 指令	
+I IN1，OUT +D IN1，OUT +R IN1，OUT	整数，双整数或实数法 IN1 + OUT = OUT
-I IN1，OUT -D IN1，OUT -R IN1，OUT	整数，双整数或实数法 OUT - IN1 = OUT
MUL IN1，OUT *R IN1，OUT *I IN1，OUT *D IN1，OUT	整数乘整数得双整数 实数、整数或双整数乘法 IN1 × OUT = OUT
MUL IN1，OUT /R IN1，OUT /I IN1，OUT /D IN1，OUT	整数除整数得双整数 实数、整数或双整数除法 OUT/IN1 = OUT
SQRT IN，OUT	平方根
LN IN，OUT	自然对数
LXP IN，OUT	自然指数
SIN IN，OUT	正弦
COS IN，OUT	余弦
TAN IN，OUT	正切
INCB OUT INCW OUT INCD OUT	字节加 1 字加 1 双字加 1
DECB OUT DECW OUT DECD OUT	字节减 1 字减 1 双字减 1
PID Table，Loop	PID 回路

（续）

定时器和计数器指令	
TON Txxx，PT TOF Txxx，PT TONR Txxx，PT	通电延时定时器 断电延时定时器 保持型通延时定时器
CTU Txxx，PV CTD Txxx，PV CTUD Txxx，PV	加计数器 减计数器 加/减计数器
实时时钟指令	
TODR T TODW T	读实时时钟 写实时时钟
程序控制指令	
END	程序的条件结束
STOP	切换到 STOP 模式
WDR	看门狗复位（300 ms）
JMP N LBL N	跳到指定的标号 定义一个跳转的标号
CALL N（N1，…） CRET	调用子程序，可以有 16 个可选参数 从子程序条件返回
FOR INDX，INIT，FINAL NEXT	For/Next 循环
LSCR N SCRT N SCRE	顺控继电器段的启动 顺控继电器段的转换 顺控断电器段的结束

参 考 文 献

［1］ 秦曾煌. 电工学（电工技术）［M］. 7版. 北京：高等教育出版社，2009.
［2］ 李喜武. 电工与电子技术：上册［M］. 北京：北京航空航天大学出版社，2011.
［3］ 周新云. 电工技术［M］. 北京：科学出版社，2005.
［4］ 王鼎，王桂琴. 电工电子技术［M］. 北京：机械工业出版社，2006.
［5］ 王英. 电工技术基础（电工学Ⅰ）［M］. 北京：机械工业出版社，2008.
［6］ 蒋中，刘国林. 电工学［M］. 北京：北京大学出版社，2006.
［7］ 张晓辉，荣雅君. 电工技术（非电类）［M］. 北京：机械工业出版社，2007.
［8］ 方承远. 工厂电气控制技术［M］. 2版. 北京：机械工业出版社，2002.
［9］ 余建明，同向前，苏文成. 供电技术［M］. 3版. 北京：机械工业出版社，2006.
［10］ 唐介. 电工学（少学时）［M］. 北京：高等教育出版社，2004.
［11］ 刘建平，高玉良，李继林. 电工电子［M］. 北京：人民邮电出版社，2008.
［12］ 王永华. 现代电气控制及PLC应用技术［M］. 北京：北京航空航天大学出版社，2007.
［13］ 廖常初. PLC应用技术问答［M］. 北京：机械工业出版社，2006.
［14］ 殷洪义. 可编程序控制器选择、设计与维护［M］. 北京：机械工业出版社，2003.
［15］ 陈志新，等. 电器与PLC控制技术［M］. 北京：北京大学出版社，2006.